utb 4118

Eine Arbeitsgemeinschaft der Verlage

Böhlau Verlag · Wien · Köln · Weimar
Verlag Barbara Budrich · Opladen · Toronto
facultas · Wien
Wilhelm Fink · Paderborn
A. Francke Verlag · Tübingen
Haupt Verlag · Bern
Verlag Julius Klinkhardt · Bad Heilbrunn
Mohr Siebeck · Tübingen
Nomos Verlagsgesellschaft · Baden-Baden
Ernst Reinhardt Verlag · München · Basel
Ferdinand Schöningh · Paderborn
Eugen Ulmer Verlag · Stuttgart
UVK Verlagsgesellschaft · Konstanz, mit UVK/Lucius · München
Vandenhoeck & Ruprecht · Göttingen · Bristol
Waxmann · Münster · New York

basics

Birgit Friedl

General Management

UVK/Lucius

Prof. Dr. **Birgit Friedl** lehrt an der Christian-Albrechts-Universität zu Kiel.

Online-Angebote oder elektronische Ausgaben sind erhältlich unter
www.utb-shop.de

Umfangreicher Web-Service zu diesem Buch:
www.uvk-lucius.de/generalmanagement

Die Deutsche Bibliothek – CIP Einheitsaufnahme
Die Deutsche Nationalbibliothek verzeichnet diese Publikation in der Deutschen Nationalbibliographie; detaillierte bibliographische Daten sind im Internet über «http://dnb.ddb.de» abrufbar.

Einbandgestaltung: Atelier Reichert, Stuttgart

Covermotiv: © Fotolia; XtravaganT

Druck und Bindung: Pustet, Regensburg

UVK Verlagsgesellschaft mbH
Schützenstr. 24 · 78462 Konstanz
Tel. 07531-9053-0 · Fax 07531-9053-98

UTB-Band-Nr.: 4118
ISBN 978-3-8252-4118-6

Vorwort

Das Basislehrbuch »General Management« möchte Studierenden der Bachelor-Studiengänge an Hochschulen eine kompakte Einführung in die Planung, die Organisation, den Personaleinsatz, die Führung und die Kontrolle der Unternehmung bieten. Es eignet sich als Grundlage für Lehrveranstaltungen zum Management und zur Unternehmungsführung, aber auch als Einführung für Lehrveranstaltungen, die einzelne Managementfunktionen oder Fragen des Managements in den Funktionsbereichen der Unternehmung zum Inhalt haben. Erleichtert wird die Einarbeitung in einzelne Managementfunktionen durch die gezielten Verweise auf andere Kapitel und das QR-Glossar, in dem übergreifende Fachbegriffe einfach nachgelesen werden können. Zudem beginnt jedes Kapital mit einer Einführung, die Beziehungen zu den anderen Managementfunktionen aufzeigt.

Der Titel »General Management« macht deutlich, dass das Management der Unternehmung betrachtet wird. Das *erste Kapitel* beginnt deshalb mit Erläuterungen zu den Merkmalen der Unternehmung, die ein General Management erforderlich machen. Zudem wird ein Überblick über die Aufgaben des Managements gegeben und es wird gezeigt, wer in der Unternehmung Träger dieser Aufgaben ist. Das Management hat bei allen seinen Aufgaben Entscheidungen zu treffen. Die Entscheidungsfindung ist eine grundlegende Aufgabe des Managements. Ihr ist deshalb das gesamte *zweite Kapitel* gewidmet. Die sachbezogenen Aufgaben des Managements, zu denen die Planung und Kontrolle zählen, bilden den Gegenstand des *dritten Kapitels*. In diesem wird in die Grundlagen der Planung und Kontrolle eingeführt. Da die Unternehmung der Planungsbereich der strategischen Planung ist, bildet dieser Teilbereich der Planung den Schwerpunkt dieses Kapitels. Die Gestaltung der Organisation der Unternehmung wird im *vierten Kapitel* behandelt. Nach den Merkmalen der Organisationsstruktur und möglicher Merkmalsausprägungen werden die organisatorischen Strukturmodelle der Primär- und Sekundärorganisation thematisiert. Der Personaleinsatz und die Führung sind die personenbezogenen Aufgaben des Managements. Sie zeichnen sich dadurch aus, dass sie die Mitarbeiter mit ihren persönlichen Fachkenntnissen und individuellen Zielen in die Betrachtung einbeziehen. Diese Aufgaben des Managements bilden den Gegenstand des *fünften Kapitels*.

Bei der Arbeit an diesem Buch bin ich von Mitarbeiterinnen und Mitarbeitern unterstützt worden. Bedanken möchte ich mich vor allem bei Frau Hille Rowehl und den studentischen Mitarbeitern Kathrin Behrendt, Lukas Funken, Jan Kleine und Julian Schnaedelbach.

Birgit Friedl

Benutzungshinweise

Zu diesem Buch stellen Verlag und Autorin eine Webseite bereit, auf der für Studierende und Dozenten zusätzliche Beiträge, Aufgaben mit Lösungen, ein Gesamtliteraturverzeichnis, ein Glossar und vieles mehr zur Verfügung steht: Diesen Web-Service finden Sie unter http://www.uvk-lucius.de/generalmanagement

Wichtige Begriffe sind zudem mit einem QR-Code am Seitenrand markiert. Sobald Sie diesen mit einem internetfähigen Smartphone scannen, wird der Begriff kurz und knapp erklärt. Die gängigen QR-Reader-Anwendungen speichern die aufgerufenen QR-Codes, so dass die Begriffe vor einer Prüfung wie ein digitales Lernkarten-Set verwendet werden können.

Wir hoffen, Ihnen das Lernen und die Vorbereitung auf eine anstehende Prüfung auf diese Weise erleichtert zu haben.

Inhalt

1 | General Management als Management von Unternehmungen

Inhalt

Übersicht

Management bedeutet »Leitung«. Warum bedarf eine Unternehmung einer Leitung und wie vollzieht sich diese in der Unternehmung? Zur Beantwortung dieser Fragen wird aufgezeigt, wodurch sich eine Unternehmung auszeichnet (→ Abschnitt 1.1). Aus diesen Merkmalen werden die Aufgaben des Managements der Unternehmung hergeleitet und die Aktivitäten betrachtet, die zur Ausübung dieser Aufgaben durchgeführt werden müssen (→ Abschnitt 1.2). Weiterhin wird erläutert, welche Personen in der Unternehmung über die Befugnisse verfügen, um Managementaufgaben ausüben zu können, und in welcher Beziehung diese Personen zur Unternehmung stehen. Diese Leitungsbefugnisse können an Mitarbeiter delegiert werden. Es werden die sich daraus ergebenden Strukturen des Managements beschrieben. Schließlich wird die Stellung des General Managements in dieser Struktur aufgezeigt (→ Abschnitt 1.3).

1.1 | Unternehmung als Gegenstand des General Managements

1.1.1 | Begriff der Unternehmung

AIDA Cruises, Beiersdorf, Bosch, Deutsche Bahn, Ergo, Faber-Castell, HSH Nordbank, Maritim Hotels, Meyer Werft und Rhön-Klinikum sind bekannte Unternehmungen aus den verschiedensten Branchen. Unternehmungen sind aber auch der Strandkiosk, der von einer Familie betrieben wird, sowie der Malermeister mit seinem Gesellen. Andererseits sind Universitäten, Kommunen und private Haushalte keine Unternehmungen. Von diesen Institutionen werden Unternehmungen durch ihre *konstitutiven Merkmale* abgegrenzt. Nur wenn eine Institution alle konstitutiven Merkmale aufweist, ist sie eine Unternehmung. *Ergänzende Merkmale* beschreiben charakteristische Eigenschaften von Unternehmungen. Abbildung 1.1 gibt einen Überblick über die Merkmale der Unternehmung.

Merkmale der Unternehmung

Konstitutive Merkmale	Ergänzende Merkmale
Wirtschaftseinheit Fremdbedarfsdeckung Wirtschaftliche Selbstständigkeit Risikoübernahme	Arbeitsteilung Soziale Einheit Umweltbezug

Abb 1.1

Merkmale der Unternehmung

Mit den konstitutiven (vgl. KOSIOL (1962b), Sp. 5540 ff.) und ergänzenden Merkmalen kann der Begriff der Unternehmung wie folgt definiert werden:

Begriff der Unternehmung

Definition

Eine *Unternehmung* ist eine wirtschaftlich selbstständige, soziale und umweltbezogene Wirtschaftseinheit, die Sach- oder Dienstleistungen für die Deckung eines fremden Güterbedarfs arbeitsteilig erstellt und verwertet und die damit verbundenen Risiken selbst trägt.

Konstitutive Merkmale der Unternehmung

1.1.2

(1) Wirtschaftseinheit

Wirtschaftseinheit

In einer Wirtschaftseinheit werden Sach- und Dienstleistungen zur Deckung eines Bedarfs erstellt. Für die Erstellung dieser Leistungen werden knappe Mittel planvoll eingesetzt, um festgelegte Ziele zu erreichen.

Erstellung von Sach- und Dienstleistungen

Zur Erstellung von Sach- und Dienstleistungen werden Einsatzgüter kombiniert und zu Ausbringungsgütern transformiert. Ausbringungsgüter werden auch als *Produkte* bezeichnet. Einsatzgüter sind die *Produktionsfaktoren*, die im Produktionsprozess gebraucht oder verbraucht werden. Nach ihrer Nutzung werden Potential- und Repetierfaktoren unterschieden (vgl. HEINEN (1983), S. 247). *Potentialfaktoren* sind Einsatzgüter, die nicht beliebig teilbar sind und bei der Leistungserstellung gebraucht werden. Sie verkörpern ein Leistungspotential, von dem bei jedem Einsatz in den Produktionsprozess ein Teil abgegeben wird. Zu den Potentialfaktoren zählen die menschliche Arbeit und die Betriebsmittel. *Repetierfaktoren* sind beliebig teilbare Einsatzgüter, die nur einmal in den Produktionsprozess eingesetzt werden können. Sie gehen im Produktionsprozess unter und müssen in relativ kurzen Abständen neu beschafft werden. Repetierfaktoren sind die Roh-, Hilfs- und Betriebsstoffe sowie die Einbauteile. Abbildung 1.2 nennt Beispiele für die verschiedenen Produktionsfaktoren.

Abb 1.2

Produktionsfaktoren bei der Produktion von Fahrzeugen

Art des Produktionsfaktors		Beispiele
Potentialfaktoren	Menschliche Arbeit	Buchhalter, Verkäufer, Dreher, Monteur
	Betriebsmittel	Gebäude, Maschinen, Werkzeuge, Transporteinrichtungen
Repetierfaktoren	Rohstoffe	Bleche
	Hilfsstoffe	Lacke, Schrauben, Klebstoffe
	Betriebsstoffe	Energie, Schmiermittel, Kühlmittel
	Einbauteile	Reifen, Sitze, Radio

Ziele

Unternehmungen verfolgen Ziele. Nach den Zielen werden erwerbswirtschaftliche Unternehmungen und Non-Profit-Unternehmungen unterschieden. Die Ziele *erwerbswirtschaftlicher Unternehmungen* haben die Gewinnerzielung oder die Wertgenerierung als Einkommen für die Eigentümer zum Inhalt. Bei *Non-Profit-Unternehmungen* steht als Ziel die Bedarfsdeckung im Vordergrund. Das schließt nicht aus, dass auch Non-Profit-Unternehmungen nach Gewinnen streben. Die Gewinne dienen jedoch nicht der Einkommenserzielung, sondern werden wieder zur Leistungserstellung für die Bedarfsdeckung eingesetzt.

planvoll ausgewählte Vorgehensweisen

Für die zur Verfügung stehenden knappen Mittel gibt es in einer Unternehmung meist mehrere Verwendungen und für die Leistungserstellung mehrere alternative Vorgehensweisen. In Unternehmungen werden die Art der Mittelverwendung und der Leistungserstellung planvoll ausgewählt, d.h. unter der *systematischen gedanklichen Vorwegnahme der erwarteten Wirkungen* aller Alternativen auf die verfolgten Ziele.

(2) Fremdbedarfsdeckung

marktliche Leistungsverwertung

Mit dem Merkmal »Fremdbedarfsdeckung« wird zum Ausdruck gebracht, dass Unternehmungen Sach- und Dienstleistungen für unternehmungsexterne Kunden erstellen. *Kunden* können Konsumenten sein, die diese Güter gebrauchen oder verbrauchen. Kunden können jedoch auch andere Unternehmungen sein, welche die erworbenen Sach- und Dienstleistungen wiederum für die Erstellung und Verwertung von Leistungen für einen Markt verwenden. In Unternehmungen findet danach neben der technischen Leistungserstellung auch eine marktliche Leistungsverwertung statt (vgl. KOSIOL (1972), S. 129 ff.).

Unternehmungsprozess

Die Gesamtheit der Aktivitäten (→ QR-Glossar) zur technischen Leistungserstellung und marktlichen Leistungsverwertung bilden den Unternehmungsprozess. Diese Aktivitäten können in die folgenden *Phasen* gegliedert werden, die durch Güter- und Geldströme verbunden sind (vgl. Abbildung 1.3):

- *Beschaffung finanzieller Mittel:* Die Unternehmung stattet sich über den Geld- und Kapitalmarkt oder über Subventionen vom Staat mit finanziellen Mitteln aus.
- *Beschaffung von Einsatzgütern bzw. Verwendung finanzieller Mittel:* Die finanziellen Mittel werden für die Bereitstellung von Potential- und Repetierfaktoren verwendet. Durch Auszahlungen an die Lieferanten nimmt der Bestand an finanziellen Mitteln ab. Werden Produktionsfaktoren früher

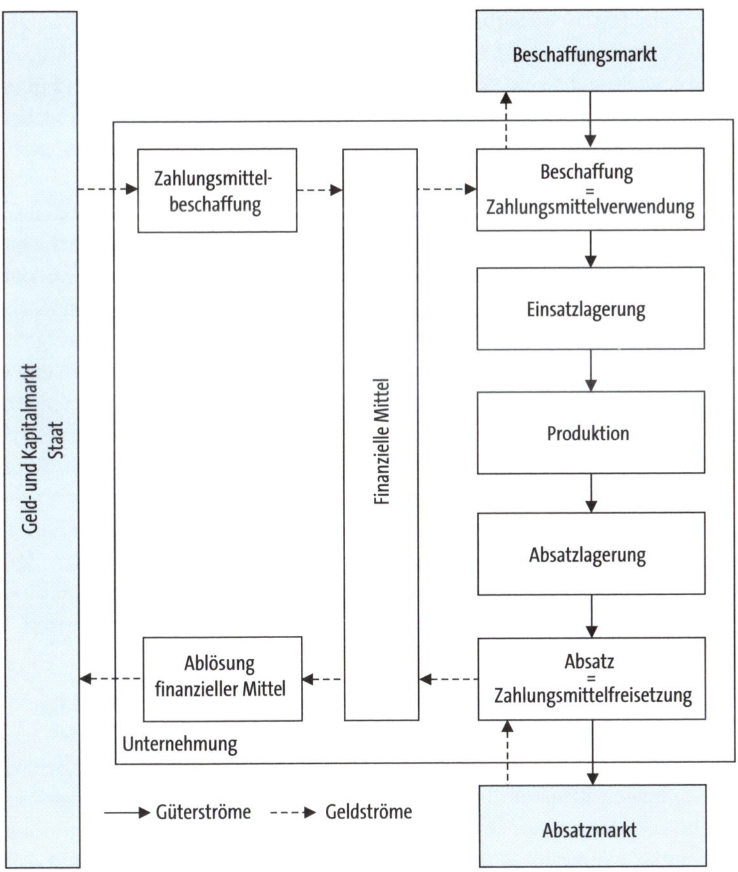

Abb 1.3
Unternehmungsprozess

als benötigt bereitgestellt, wird die Zeit zwischen der Beschaffung und der Produktion durch eine *Einsatzlagerung* überbrückt.

- *Produktion:* Die bereitgestellten Potential- und Repetierfaktoren werden kombiniert und zu Produkten transformiert.
- *Absatz bzw. Freisetzung finanzieller Mittel:* Durch die Verwertung der Produkte am Absatzmarkt fließen finanzielle Mittel durch die Einzahlungen von Kunden in die Unternehmung zurück. Werden Produkte nach der Produktion nicht unmittelbar auf dem Absatzmarkt verwertet, führt das zu einer *Absatzlagerung*.
- *Ablösung finanzieller Verpflichtungen:* Für die Rückzahlung des überlassenen Kapitals, das Entgelt für die Kapitalüberlassung (z.B. Zinsen und Dividenden) und Steuern leistet die Unternehmung aus ihrem Bestand finanzieller Mittel Zahlungen an den Geld- und Kapitalmarkt sowie an den Staat.

(3) Wirtschaftliche Selbstständigkeit

Ziele

Unternehmungen sind Einheiten, die *finanziell eigenständig* und *in ihren Entscheidungen frei* sind. Sie können ihre Ziele selbst bestimmen und über die Beschaffung und Verwendung finanzieller Mittel sowie die Ausführung des Unternehmungsprozesses selbst entscheiden.

Definition

***Ziele* der Unternehmung sind Aussagen über erwünschte Zustände, die als Ergebnis des Unternehmungsprozesses eintreten sollen.**

Sach- und Formalziele

Generell lassen sich Sach- und Formalziele unterscheiden. Mit der Festlegung des Sachziels wird der Fremdbedarf abgegrenzt, der von der Unternehmung gedeckt werden soll. Das *Sachziel* beschreibt die Gesamt- oder Marktaufgabe der Unternehmung, d.h. die Art und die terminierten Mengen der in einer Periode von der Unternehmung zu erstellenden und zu verwertenden Sach- und Dienstleistungen. Welcher Zustand mit der Erstellung und Verwertung von Sach- und Dienstleistungen angestrebt werden soll, wird durch das *Formalziel* bestimmt. Durch das Formalziel werden die Kriterien festgelegt, nach denen der zu deckende Fremdbedarf und die Vorgehensweise im Unternehmungsprozess ausgewählt werden. Beispiele für den Inhalt der Formalziele erwerbswirtschaftlicher Unternehmungen sind Gewinnerzielung, Wachstum und Selbstständigkeit der Unternehmung.

(4) Risikoübernahme

Unternehmungen legen ihr Leistungsprogramm für die Fremdbedarfsdeckung und die Vorgehensweisen im Unternehmungsprozess für künftige Perioden fest. Während der künftigen Perioden kann sowohl der Bedarf der externen Kunden als auch das Angebot an Einsatzgütern unerwarteten Veränderungen unterliegen. Aufgrund der Zukunftsbezogenheit der Entscheidungen (→ QR-Glossar) über das Leistungsprogramm und den

Unternehmungsprozess sowie der Unsicherheit (→ QR-Glossar) über die Entwicklung der Unternehmungs- und Umweltbedingungen können die verfolgten Ziele verfehlt werden. Die Gefahr einer negativen Zielabweichung wird als *Risiko* bezeichnet. Bei einer *Chance* wird eine positive Zielabweichung erwartet. Die Eigentümer der Unternehmung tragen diese Risiken selbst. Das bedeutet, dass sie einen Einkommensverlust oder im ungünstigsten Fall einen Kapitalverlust erleiden können. Dafür stehen ihnen aber auch die Vorteile einer positiven Zielabweichung zu.

Unsicherheit

Ergänzende Merkmale der Unternehmung

1.1.3

(1) Arbeitsteilung

Umfang und Komplexität der Gesamtaufgabe können eine arbeitsteilige Ausführung des Unternehmungsprozesses erfordern, d.h. die Aufteilung der Gesamtaufgabe in Teilaufgaben und die Verteilung auf mehrere Mitarbeiter. Nach der Art der Aufteilung einer Aufgabe in Teilaufgaben werden die mengen- und die artmäßige Arbeitsteilung unterschieden (vgl. ALEWELL (2004), Sp. 39f.). Der Anstieg der Zahl der zu bearbeitenden Objekte kann durch eine *mengenmäßige Arbeitsteilung* bewältigt werden. Bei dieser Form der Arbeitsteilung werden gleichartige Teilaufgaben gebildet und den Mitarbeitern übertragen. Zur Erfüllung der Gesamtaufgabe führt jeder Mitarbeiter sämtliche Verrichtungen (→ QR-Glossar) an einer Teilmenge der zu bearbeitenden Objekte aus. Die Komplexität der Aufgabe kann eine *artmäßige Arbeitsteilung* notwendig machen. Diese wird auch als Spezialisierung bezeichnet und sieht die Aufteilung der Aufgabe in unterschiedliche Teilaufgaben vor. Jeder Mitarbeiter führt bei dieser Form der Arbeitsteilung an allen zu bearbeitenden Objekten nur einen Teil der Verrichtungen aus.

mengen- und artmäßige Arbeitsteilung

(2) Soziale Einheit

Die Unternehmung ist eine soziale Einheit, d.h., in einer Unternehmung sind mehrere Personen einzeln oder in Gruppen tätig. Jeder Mitarbeiter hat seine individuellen Ziele, die er auch bei der Arbeit in der Unternehmung zu erfüllen sucht (z.B. Einkommens- und Aufstiegsziele). Diese individuellen Ziele stimmen nicht zwingend mit den Zielen der Unternehmung überein.

individuelle Ziele

Info

Beispiele für individuelle Ziele

- Ein Ingenieur im Entwicklungsbereich kann sich dem Streben nach Erkenntnis verpflichtet fühlen und der technischen Perfektion des Produktes dem Erfolgsziel der Unternehmung den Vorrang geben.
- Einem Mitarbeiter in der Beschaffung wird die Sicherung der Versorgung der Produktion mit einem Einsatzgut aufgegeben, das sehr lange Lieferzeiten hat. Hinzu

kommt, dass die Ausschussquote bei diesem Einsatzgut starken Schwankungen unterliegt. Aus Angst vor einer negativen Beurteilung sichert der Mitarbeiter die Versorgung durch den Aufbau umfangreicher Lagerbestände, die sehr hohe Lagerkosten verursachen.

- Ein Mitarbeiter kann eine Verringerung seines Arbeitseinsatzes anstreben, um eine Entlastung zu erreichen oder hoch dotierte oder ehrenvolle Aufgaben außerhalb der Unternehmung wahrnehmen zu können.

(3) Umweltbezogene Einheit

Stakeholder

Die Unternehmung ist mit ihrer *Umwelt* durch vielfältige Beziehungen verbunden. Die für die Unternehmung relevante Umwelt umfasst die Gesamtheit ihrer Stakeholder. Das sind Personen, Gruppen und Institutionen, die Einfluss auf die Zielerreichung der Unternehmung haben oder von der Zielerreichung der Unternehmung betroffen sind. Nach ihren Interessen an der Unternehmung werden die Stakeholder in mehrere *Anspruchsgruppen* gegliedert. Abbildung 1.4 gibt einen Überblick über diese Anspruchsgruppen und ihre Interessen (vgl. Freeman (1984), S. 24 f.).

Abb 1.4 *Anspruchsgruppen der Unternehmung*

Gruppe	Interessen
Eigentümer (Aktionäre)	Erhaltung, Verzinsung, Steigerung des Marktwertes des eingesetzten Kapitals
Fremdkapitalgeber	Sichere Kapitalanlage, zufriedenstellende Verzinsung, fristgerechte Zins- und Tilgungszahlungen
Interessenverbände	Umweltschutz, Verbot von Tierversuchen
Kunden	Qualitativ hochwertige Produkte, Lieferzuverlässigkeit, günstige Preise
Verbraucherverbände	Vertretung der Interessen der Konsumenten (sichere und gesundheitlich unbedenkliche Produkte, fairer Umgang mit den Kunden)
Gewerkschaften	Vertretung der Interessen der Arbeitnehmer (Entlohnung, Arbeitszeitverkürzung, Chancengleichheit, Arbeitsbedingungen), Mitbestimmung
Arbeitnehmer	Leistungsgerechte Entlohnung, Arbeitsplatzsicherheit, Entfaltung der eigenen Fähigkeiten, Anerkennung
Wirtschaftsverbände	Berücksichtigung technischer und rechtlicher Standards, Einhaltung von Tarifverträgen und Ausbildungsstandards
Wettbewerber	Stabilisierung oder Steigerung des Marktanteils
Lieferanten	Stabile Abnahmemengen, Zahlungsfähigkeit, günstige Konditionen
Öffentliche Hand	Steuerzahlungen, Einhaltung der Rechtsvorschriften, Beiträge an kulturelle und wissenschaftliche Institutionen sowie Bildungseinrichtungen
Medien	Berichterstattung über die Unternehmung

Durch die Vielfalt der Anspruchsgruppen und die Vielzahl ihrer Beziehungen zur Unternehmung ist die Umwelt für eine Unternehmung nicht transparent und in ihren Anforderungen unübersehbar. Die Folge ist die Unsicherheit (→ QR-Glossar) über die Entwicklung der Unternehmungsumwelt.

Unsicherheit

Info

Stakeholder von Beiersdorf (April 2011)

»Unsere Stakeholder sind alle Menschen und Gruppen, zu denen wir in einer direkten oder indirekten Beziehung stehen. Durch die Vielfalt unserer Stakeholder ergeben sich individuelle Themen und Berührungspunkte.«

Kunden	Handel, Verbraucher
Lieferanten	Lieferanten, Dienstleister, Subunternehmer
Kapitalmarkt	Aktionäre, Rating Agenturen, institutionelle Investoren, Analysten
Wissenschaft und Forschung	Ärzte, Universitäten, Trendforscher, Kompetenzzentren
Politik und Verwaltung	Landespolitik, Europäische Union, Vereinte Nationen
Mitarbeiter	Trainees, Auszubildende, potentielle Mitarbeiter, Mitarbeiter, ehemalige Mitarbeiter
Non-Government-Organizations	Umwelt, Diversity, Menschenrechte, Gesellschaft, Globalisierung

(vgl. http://www.nachhaltigkeit.beiersdorf.de/Dialog/Our-Stakeholders.aspx?l=1)

Zusammenfassung

Eine Unternehmung ist eine wirtschaftlich selbstständige Wirtschaftseinheit, die Sach- oder Dienstleistungen zur Deckung des Güterbedarfs unternehmungsexterner Kunden erstellt und die damit verbundenen Risiken selbst trägt. Folgende charakteristische Eigenschaften von Unternehmungen sind für das Management von Bedeutung:

- **Der Unternehmungsprozess wird *arbeitsteilig* vollzogen.**
- **In Unternehmungen sind mehrere Personen tätig, die auch ihre *individuellen Ziele* verfolgen.**
- **Die Unternehmung interagiert mit einer Vielzahl von Stakeholdern. Diese Interaktion ist die Quelle für die *Chancen und Risiken* der Unternehmung.**

Fragen

1 In welche Phasen lässt sich der Unternehmungsprozess gliedern?
2 Was ist unter wirtschaftlicher Selbstständigkeit zu verstehen?
3 Worin besteht der Unterschied zwischen den Sach- und den Formalzielen?
4 Erläutern Sie die mengen- und die artmäßige Arbeitsteilung an einem Beispiel.
5 Nennen Sie die Stakeholder von AIDA Cruises und dem Strandkiosk, der von einer Familie betrieben wird.

1.1.4 | Literatur

Merkmale von Unternehmungen werden in allen Lehrbüchern zur Allgemeinen Betriebswirtschaftslehre erläutert. Beispielhaft seien hier genannt: Thommen/Achleitner (2012), Schierenbeck/Wöhle (2012), Wöhe (2013).

1.2 | Abgrenzung des Managements

1.2.1 | Begriff und Aufgaben des Managements

wirtschaftlich selbstständige Wirtschaftseinheit

Als wirtschaftlich selbstständige Wirtschaftseinheit bestimmen Unternehmungen ihre Sach- und Formalziele selbst und entscheiden frei über die Ausführung des Unternehmungsprozesses. Neben die Erstellung und Verwertung von Sach- oder Dienstleistungen zur Fremdbedarfsdeckung treten damit weitere Aufgaben (→ QR-Glossar), die in Unternehmungen wahrgenommen werden: die Bildung von Zielen und die Gestaltung des Unternehmungsprozesses.

Arbeitsteilung

Durch die Arbeitsteilung führen die Mitarbeiter immer nur Teilaufgaben aus. Diese Teilaufgaben sind jedoch nicht unabhängig voneinander. Die Aktivitäten eines Mitarbeiters können Einfluss auf die Aktivitäten mindestens eines anderen Mitarbeiters haben. Diese Abhängigkeiten zwischen den Teilaufgaben verschiedener Mitarbeiter werden als *Sachinterdependenzen* bezeichnet. Die Teilaufgaben, die den Mitarbeitern zugeordnet sind, und ihr Vollzug müssen aufgrund der Sachinterdependenzen quantitativ, qualitativ und zeitlich so aufeinander abgestimmt werden, dass die Ziele der Unternehmung erreicht werden.

Info

Beispiele für den Abstimmungsbedarf bei Arbeitsteilung

- Wird im Absatzbereich eine Werbemaßnahme durchgeführt, ist im Produktionsbereich die Produktionsmenge in einem Umfang zu steigern, dass die zusätzliche Nachfrage gedeckt werden kann (quantitative Abstimmung).

- In verschiedenen Produktionsabteilungen produzierte Teile müssen Abmessungen aufweisen, die eine Montage zu einem funktionsfähigen Produkt zulassen (qualitative Abstimmung).
- Die Produktion der Teile eines Produktes muss zeitlich abgestimmt werden, damit die Montage rechtzeitig vor dem zugesagten Liefertermin abgeschlossen werden kann (zeitliche Abstimmung).

Ursachen von Sachinterdependenzen können sein (vgl. FRESE/GRAUMANN/THEUVSEN (2012), S. 112 ff.): Lieferbeziehungen zwischen den Mitarbeitern, Konkurrenz der Mitarbeiter um knappe Ressourcen und die gemeinsame, jedoch nicht konkurrierende Nutzung von Ressourcen. Nach diesen Ursachen werden folgende Arten von Sachinterdependenzen unterschieden (vgl. Abbildung 1.5):

Arten von Sachinterdependenzen

Prozessverbund
Ursache eines Prozessverbundes sind *innerbetriebliche Leistungsverflechtungen*, wie sie z.B. zwischen der Teilefertigung und der Montage, der Beschaffung und der Produktion sowie zwischen der Produktion und dem Absatz bestehen.

Restriktionenverbund
Ein Restriktionenverbund liegt vor, wenn bei der *gemeinsamen Nutzung* von Ressourcen oder Märkten durch verschiedene Mitarbeiter *Engpässe* entstehen. Die Nutzung der Ressourcen oder Märkte durch einen Mitarbeiter verringern in diesem Fall die Nutzungsmöglichkeiten der anderen Mitarbeiter. Gemeinsam genutzte Ressourcen können sein: Betriebsmittel (→ QR-Glossar), Leistungen eines Unternehmungsbereichs (z.B. IT) oder die finanziellen Mittel, die in der Unternehmung für Investitionen zur Verfügung stehen.

Zielverbund
Ein Zielverbund entsteht, wenn bei der *gemeinsamen Nutzung* von Ressourcen oder Märkten Verbundvorteile entstehen. Unter einem *Verbundvorteil* wird der höhere Zielbeitrag verstanden, der bei gemeinsamer Nutzung der Ressourcen oder Märkte im Vergleich zur getrennten Nutzung erzielt wird. Die getrennte Nutzung der Ressourcen oder Märkte durch einen Mitarbeiter führt in diesem Fall dazu, dass sich auch der Zielerreichungsbeitrag der Aktivitäten anderer Mitarbeiter verringert. Beispielsweise bearbeiten drei Mitarbeiter jeweils einen Auftrag eines bestimmten Kunden. Bei gemeinsamer Lieferung aller drei Aufträge ist nur eine Fahrt des LKWs zum Kunden notwendig. Nur bei zeitlicher Abstimmung der Aktivitäten der drei Mitarbeiter können überflüssige Transportkosten vermieden werden.

Abb 1.5 | *Arten von Sachinterdependenzen*

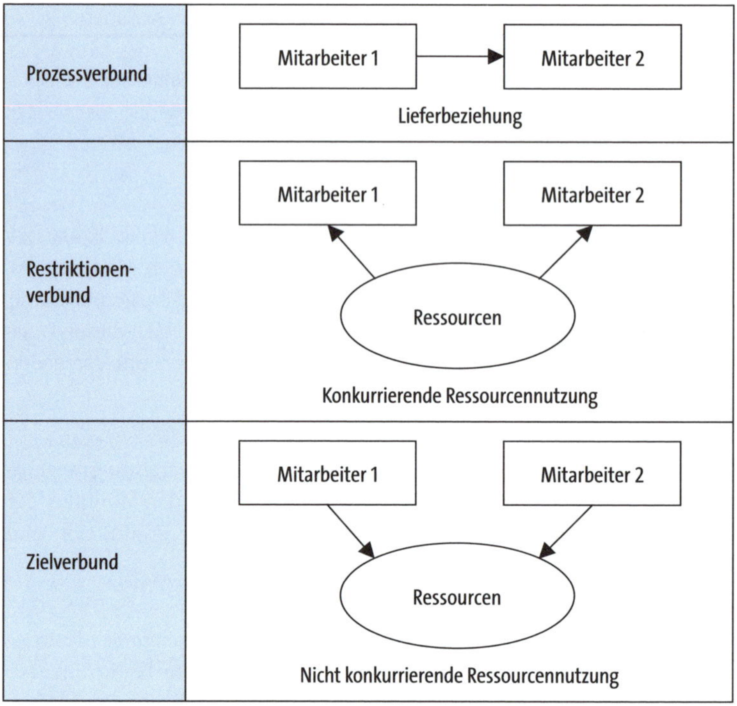

soziale Einheit

Die Unternehmung ist eine soziale Einheit. Die Personen, die in der Unternehmung tätig sind, verfolgen neben den Unternehmungszielen auch ihre individuellen Ziele. Da die individuellen Ziele im Konflikt zu den Unternehmungszielen stehen können, kann das Arbeitsverhalten (→ QR-Glossar) der Mitarbeiter eine Abweichung von den verfolgten Zielen verursachen. Das Arbeitsverhalten der Mitarbeiter muss deshalb an den Zielen der Unternehmung ausgerichtet werden.

Koordination

Aus der Arbeitsteilung und der Möglichkeit eines nicht zielkonformen Arbeitsverhaltens der Mitarbeiter folgt die Notwendigkeit der horizontalen und vertikalen Koordination.

Definition

Die *horizontale Koordination* ist die Abstimmung arbeitsteilig ausgeführter interdependenter Aktivitäten im Hinblick auf das Ziel der Unternehmung. Die *vertikale Koordination* bezeichnet die Ausrichtung der Aktivitäten der Mitarbeiter an den Zielen der Unternehmung (vgl. Rühli (1992), Sp. 1166).

Aufgaben des Managements

Aus den Merkmalen der Unternehmung lassen sich drei Aufgaben des Managements herleiten:

- Sachbezogene Aufgaben
  Sie betreffen die Festlegung der Sach- und Formalziele und der zu ihrer Realisation durchzuführenden Handlungen (→ QR-Glossar).
- Strukturbezogene Aufgaben
  Sie dienen der Gestaltung und Koordination eines arbeitsteilig ausgeführten Unternehmungsprozesses durch die Strukturierung der Aufgaben (→ QR-Glossar), die zur Realisation der Ziele ausgeführt werden müssen.
- Personenbezogene Aufgaben
  Sie zielen auf die Mitarbeiter mit ihren persönlichen Fachkenntnisse und individuellen Ziele, die Träger der Aufgaben sind, um den zielorientierten Vollzug des Unternehmungsprozesses sicherzustellen.

Management als Funktion

Das Management kann als Funktion oder als Institution definiert werden. Mit der Definition des Managements als Funktion werden die Aufgaben beschrieben, die das Management ausübt.

Definition

Management **ist die Gesamtheit der Aufgaben zur Festlegung von Zielen und der Sicherstellung der Zielerreichung durch Mitarbeiter und mit Mitarbeitern in einem arbeitsteilig ausgeführten Unternehmungsprozess.**

Managements als Institution

Die Definition des Managements als Institution grenzt den Personenkreis ab, der zur Ausführung von Managementaufgaben berechtigt ist, d. h. der über Leitungsbefugnisse (→ Abschnitt 4.2.1.3, S. 156 f.) verfügt. Die *Leitungsbefugnisse* setzen sich aus den folgenden Befugnissen zusammen (vgl. Krüger (1993a), S. 49):

- Befugnis zur Fremdentscheidung
  Sie berechtigt zu Entscheidungen, die von Mitarbeitern zu realisieren sind.
- Weisungsbefugnis
  Sie ist das Recht, den Mitarbeitern Anordnungen zur Realisation der getroffenen Entscheidungen zu erteilen.
- Befugnisse zur Fremdkontrolle
  Sie autorisieren zur Kontrolle der Mitarbeiter hinsichtlich der ordnungsgemäßen Realisation der angewiesenen Entscheidungen.

Definition

Zum *Management* gehören alle Personen in der Unternehmung, die über Leitungsbefugnisse verfügen. Die Träger dieser Befugnisse sind die *Manager*.

1.2.2 Funktionen des Managements

Konzepte zur Gliederung der Managementfunktionen

Das Management vollzieht sich in einer Vielzahl verschiedenartiger Aktivitäten (→ QR-Glossar). Es sind mehrere Konzepte zur Systematisierung dieser Aktivitäten und ihrer Zusammenfassung zu Funktionen des Managements vorgeschlagen worden, die sich in der Zahl und der Abgrenzung der Managementfunktionen unterscheiden. Abbildung 1.6 gibt einen Überblick über Konzepte zur Gliederung der Managementfunktionen.

Abb 1.6 *Konzepte zur Funktionsgliederung des Managements*

Konzept nach FAYOL (1929)	POSDCORB-Konzept nach GULICK (1937)	Konzept nach KOONTZ/O'DONNELL (1955)
▶ Prévoir (Planung) ▶ Organiser (Organisation) ▶ Commander (Anweisung) ▶ Coordonner (Koordination) ▶ Contrôler (Kontrolle)	▶ **P**lanning (Planung) ▶ **O**rganizing (Organisation) ▶ **S**taffing (Personaleinsatz) ▶ **D**irecting (Führung) ▶ **Co**-ordinating (Koordination) ▶ **R**eporting (Berichterstattung) ▶ **B**udgeting (Budgetierung)	▶ Planning (Planung) ▶ Organizing (Organisation) ▶ Staffing (Personalausstattung) ▶ Leading (Führung) ▶ Controlling (Kontrolle)

Managementfunktionen

Alle Konzepte basieren auf der Gliederung, die 1916 von HENRI FAYOL vorgeschlagen worden ist (vgl. FAYOL (1929), S. 34 ff.). Diese ist 1937 von GULICK zu dem bekannten POSDCORB-Konzept erweitert worden, das nach den Anfangsbuchstaben seiner sieben Managementfunktionen benannt worden ist (vgl. GULICK (1937), S. 13). Um die Überschneidungen und Abgrenzungsprobleme zu umgehen, wie sie zwischen den Funktionen im POSDCORB-Konzept bestehen, sind die Aktivitäten 1955 von KOONTZ/O'DONNELL zu fünf Managementfunktionen zusammengefasst worden (vgl. KOONTZ/WEIHRICH (1988), S. 15 ff.). Diese sind:

- *Planung:* Es werden die Sach- und Formalziele (→ QR-Glossar) festgelegt sowie die Handlungen, die zur Realisation dieser Ziele ausgeführt werden sollen. Beginnend mit der Zielplanung wird eine Folge von Plänen mit immer detaillierteren und präziseren inhaltlichen, mengenmäßigen und zeitlichen Angaben zu den Handlungen erstellt, die zur Zielerreichung durchgeführt werden sollen.
- *Organisation:* Die Aufgaben, die zur Realisation der Sach- und Formalziele auszuführen sind, werden spezifiziert und zu Aufgabeneinheiten (Stellen) zusammengefasst, die von einem Mitarbeiter bewältigt werden können. Die Stellen (→ QR-Glossar) werden mit den zur Aufgabenerfüllung erforderlichen Befugnissen ausgestattet. Es werden Regelungen zur Verknüpfungen der Stellen sowie zum Aufgabenvollzug festgelegt.
- *Personaleinsatz:* Damit die Aufgaben plangemäß ausgeführt werden können, sind die geschaffenen Stellen anforderungsgerecht zu besetzen. Das verlangt nach einer Analyse der Anforderungen, die ein Arbeitsplatz an die Mitarbeiter stellt, sowie die Auswahl und Qualifizierung geeigneter Mitarbeiter.
- *Führung:* Zur Sicherung einer plangemäßen Ausführung der Aufgaben ist Einfluss auf das Arbeitsverhalten (→ QR-Glossar) der Mitarbeiter zu nehmen, um es an den Sach- und Formalzielen auszurichten.
- *Kontrolle:* Um die Realisation des Planes zu sichern, werden Informationen über die Aufgabenerfüllung erfasst und ausgewertet. Genutzt werden die Informationen zur Beeinflussung des Arbeitsverhaltens von Mitarbeitern und bei erwarteten oder bereits eingetretenen Planabweichungen zur Korrektur der Planung, der Organisation, des Personaleinsatzes oder der Führung (vgl. Frese (1987), S. 184 f.). Kontrollen finden auf individueller und institutioneller Ebene statt. Kontrollen auf individueller Ebene beziehen sich auf konkrete Mitarbeiter und ihr tatsächliches Arbeitsverhalten (vgl. Meyer/Bleicher (1976), S. 65 ff.). Sie dienen der Durchsetzung der aus den Plänen resultierenden Anforderungen an das Arbeitsverhalten der Mitarbeiter. Auf der institutionellen Ebene werden die Planungs- und Realisationsprozesse kontrolliert, um Abweichungen von den Plänen und ihre Ursachen festzustellen (vgl. Siegwart/Menzl (1978), S. 105 ff.).

Abbildung 1.7 zeigt die Zuordnung der Managementfunktionen zu den drei Kategorien von *Managementaufgaben*.

Abb 1.7

Aufgaben und Funktionen des Managements

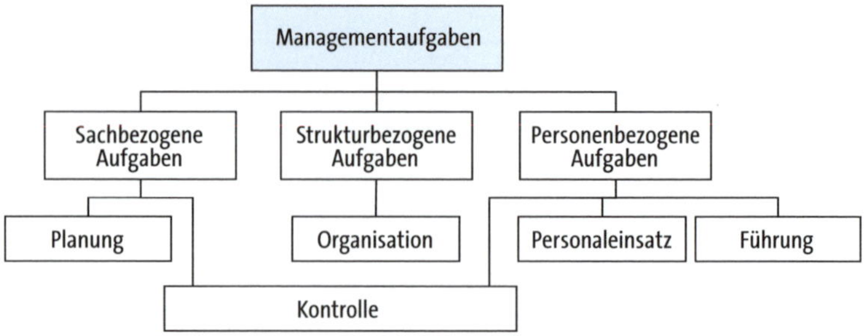

Entscheidungsfindung

Die Festlegung von Zielen und Handlungen zu ihrer Realisation, die Organisation, die Übertragung von Aufgaben auf Mitarbeiter, die Festlegung von Anordnungen sowie von Handlungen zur Korrektur von Abweichungen verlangt jeweils die Auswahl einer aus mehreren nicht gleichzeitig realisierbaren Alternativen. Die sach-, struktur- und personenbezogenen Aufgaben werden damit vor allem durch die Vorbereitung und das Treffen von Entscheidungen vollzogen (vgl. Robbins/Coulter/Fischer (2014), S. 169). Die Entscheidungsfindung ist Bestandteil jeder Managementfunktion. Sie kann als eine *übergreifende Managementaufgabe* verstanden werden.

1.2.3 Prozess des Managements

Planung als Primärfunktion

Dem Konzept nach Koontz/O'Donnell liegt die Vorstellung einer linearen Abfolge der Managementfunktionen als Phasen eines Managementprozesses mit der Planung als Primärfunktion zugrunde (vgl. Schreyögg (1991), S. 258 f.). Nach dieser Vorstellung beginnt der Managementprozess mit der Planung. Sie bildet einen Orientierungsrahmen für alle weiteren Managementfunktionen, d. h., alle anderen Managementfunktionen richten sich an den Ergebnissen der Planung aus.

idealtypische Struktur der Managementaktivitäten

Die Phasen des Managementprozesses sind durch eine Vielzahl von Informationsströmen untereinander, mit dem Unternehmungsprozess und der Umwelt verbunden. Abbildung 1.8 zeigt eine Darstellung der klassischen Vorstellung vom Managementprozess. Dieser ist jedoch nur eine idealtypische Struktur der Managementaktivitäten, um die Zusammenhänge zwischen den Managementfunktionen und ihrem Umfeld zu verdeutlichen. Er ist keine Beschreibung realer Abläufe im Management. In der Unternehmungspraxis können die Phasen in einer anderen Reihenfolge, teilweise parallel oder überlappend ausgeführt werden. Die Phasen können von Unterzyklen, Vor- und Rückkopplungen überlagert werden.

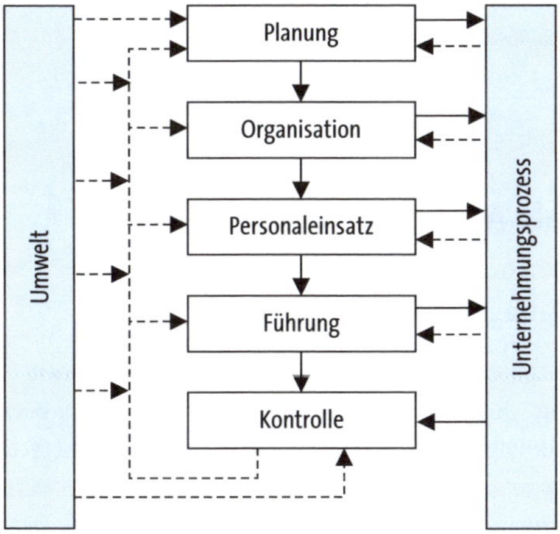

Abb 1.8

Managementprozess

Zusammenfassung

In diesem Abschnitt wurden die Aufgaben, die Befugnisse und die Funktionen des Managements erläutert.

- **Das Management hat sach-, struktur- und personenbezogene *Aufgaben*.**
- **Zur Ausübung dieser Aufgaben verfügt das Management über *Leitungsbefugnisse*, zu denen die Befugnis zur Fremdentscheidung, die Weisungsbefugnis und die Befugnis zur Fremdkontrolle zählen.**
- **Die Aktivitäten zum Vollzug der Managementaufgaben werden in fünf *Funktionen* gegliedert: die Planung, die Organisation, den Personaleinsatz, die Führung und die Kontrolle.**
- **Die *Entscheidungsfindung* ist Bestandteil aller Managementfunktionen.**
- **Der *Managementprozess* ist eine idealtypische Struktur der Managementfunktionen.**

Fragen

1 Was wird unter Sachinterdependenzen verstanden?
2 Wie unterscheiden sich der Prozess-, der Restriktionen- und der Zielverbund?
3 Erläutern Sie die sachbezogenen Managementaufgaben.
4 Wozu berechtigt die Befugnis zur Fremdentscheidung?
5 Worin besteht der Unterschied zwischen Management und Führung?

1.2.4 Literatur

Schreyögg/Koch (2015), Robbins/Coulter (2012)

1.3 Institutionale Aspekte des Managements

1.3.1 Träger des Managements

Träger des Managements sind Personen, Gruppen oder Organe in der Unternehmung, die mit Aufgaben des Managements betraut sind und über Leitungsbefugnisse verfügen. Nach der Beziehung der Träger des Managements zur Unternehmung werden eigentümer- und managergeführte Unternehmungen unterschieden. Bei der eigentümergeführten Unternehmung liegen die Managementaufgaben und die Leitungsbefugnisse bei den Eigentümern.

eigentümergeführte Unternehmung

managergeführte Unternehmung

Managergeführte Unternehmungen zeichnen sich dadurch aus, dass die Managementaufgaben und die Leitungsbefugnisse an *angestellte Manager* übertragen worden sind. Angestellte Manager beziehen primär ein vertraglich festgelegtes Einkommen für die geleistete Arbeit, können darüber hinaus aber auch einen vertraglich festgelegten Anspruch auf den erzielten Gewinn haben. Sie tragen nur ein Arbeitsplatzrisiko. Das Kapitalrisiko wird von den Eigentümern getragen. Die angestellten Manager unterliegen deshalb einer direkten oder indirekten Kontrolle durch die Eigentümer.

Rechtsformen

Die Einflussmöglichkeiten der Eigentümer auf die Leitung managergeführter Unternehmungen werden u.a. durch die Rechtsform der Unternehmung bestimmt. Abbildung 1.9 nennt die wichtigsten Rechtsformen der Unternehmung.

Abb 1.9 | *Rechtsformen der Unternehmung*

Rechtsform	Gesetzliche Grundlagen
Einzelunternehmen	§§ 1-104a HGB
Personengesellschaften	
► Offene Handelsgesellschaft (OHG)	§§ 105-160 HGB
► Kommanditgesellschaft (KG)	§§ 161-177a HGB
► Stille Gesellschaft	§§ 230-237 HGB
Kapitalgesellschaften	
► Gesellschaft mit beschränkter Haftung (GmbH)	GmbHG
► Aktiengesellschaft (AG)	AktG

Info

Überblick über die Rechtsformen

Ein *Einzelunternehmen* ist ein Handelsgewerbe (→ QR-Glossar) mit einer natürlichen Person als alleinigem Eigentümer. Der Einfluss des Eigentümers auf die Leitung der Unternehmung ist nicht begrenzt. Er kann die Unternehmung nach seinen eigenen Vorstellungen leiten. Unternehmungen mit dieser Rechtsform sind eigentümergeführt.

Eine *Personengesellschaft* ist ein Zusammenschluss natürlicher Personen, die gemeinsam Eigentümer eines Handelsgewerbes sind. Die Gesellschaft kann unter ihrem Namen u. a. Rechte erwerben und Verbindlichkeiten (→ QR-Glossar) eingehen, insbesondere Eigentum an Grundstücken erwerben. Die Gesellschafter bleiben jedoch die maßgeblichen für die Gesellschaft stehenden Rechtssubjekte. Ihnen steht das Gesamtvermögen gesamthänderisch (→ QR-Glossar) zu, sie haften persönlich für die Verbindlichkeiten der Unternehmung und sind zur Geschäftsführung berechtigt und verpflichtet, wobei einzelne Gesellschafter durch den Gesellschaftsvertrag von der Geschäftsführung ausgeschlossen werden können.

Eine *Kapitalgesellschaft* ist eine Gesellschaft mit eigener Rechtspersönlichkeit, d. h. eine juristische Person. Durch ihre Rechtsfähigkeit kann sie selbst am Rechtsverkehr als Träger von Rechten und Pflichten teilnehmen. Für die Verbindlichkeiten der Unternehmung haftet die Gesellschaft mit ihrem gesamten Vermögen. Die Gesellschafter sind durch Kapitaleinlagen an der Kapitalgesellschaft beteiligt. Ihre Handlungsfähigkeit erhält eine Kapitalgesellschaft durch die Bestellung von Organen mit gesetzlich geregelten Leitungs- und Kontrollbefugnissen. Beispiele für diese Organe sind der Vorstand, der Aufsichtsrat und die Hauptversammlung einer Aktiengesellschaft.

Das deutsche Gesellschaftsrecht (→ QR-Glossar) kennt für *Personen- und Kapitalgesellschaften* drei Leitungsmodelle, die sich in den Einflussmöglichkeiten der Eigentümer auf die Leitung unterscheiden (vgl. CHMIELEWICZ (1992), Sp. 2464 ff.). Diese gesellschaftsrechtlichen Leitungsmodelle sind das Eingremium-, das Zweigremien- und das Dreigremien-Modell (vgl. Abbildung 1.10).

gesellschaftsrechtliche Leitungsmodelle

	Eigentum	Kontrolle der Leitung	Leitung
Eingremium-Modell (OHG)	Gesellschafter(versammlung)		
Zweigremien-Modell (KG, kleine GmbH)	Gesellschafterversammlung		Geschäftsführung
Dreigremien-Modelle			
► GmbH	Gesellschafterversammlung	Aufsichtsrat	Geschäftsführung
► AG	Hauptversammlung	Aufsichtsrat	Vorstand

Abb 1.10

Gesellschaftsrechtliche Leitungsmodelle

Eingremium-Modell

Das Eingremium-Modell sieht vor, dass die Unternehmung von allen Gesellschaftern gemeinschaftlich geleitet wird. Es kann auch das Prinzip der Einzelgeschäftsführung gelten, nach dem jeder Gesellschafter berechtigt ist, allein zu handeln. In diesem Fall hat jeder Gesellschafter ein Vetorecht. Widerspricht ein Gesellschafter der Vornahme einer Handlung durch einen anderen Gesellschafter, muss diese unterbleiben. Eine Unternehmung mit einer nach dem Eingremium-Modell organisierten Leitung ist *eigentümergeführt*. Jeder Eigentümer hat einen erheblichen Einfluss auf die Leitung der Unternehmung.

Zweigremien-Modell

Beim Zweigremien-Modell tritt neben die Gesellschafterversammlung ein Leitungsorgan. Bei Personengesellschaften ist es mit Gesellschaftern besetzt. Bei Kapitalgesellschaften sind die Mitglieder des Leitungsorgans nicht zwingend Gesellschafter, sondern können auch angestellte Manager sein. Eine Leitung nach dem Zweigremien-Modell kann es damit sowohl in *eigentümer-* als auch in *managergeführten Unternehmungen* geben. Gesellschafter, die nicht der Geschäftsführung angehören, haben nur eingeschränkten Einfluss auf die Leitung der Unternehmung. Die Befugnis zur Kontrolle der Leitung liegt sowohl bei den Personen- als auch bei den Kapitalgesellschaften bei der Gesellschafterversammlung, der stets alle Gesellschafter angehören.

Dreigremien-Modell

Das Dreigremien-Modell ist ausschließlich für Kapitalgesellschaften vorgesehen. Das Leitungsorgan ist mit angestellten Managern besetzt. Die Unternehmungen sind *managergeführt*. Die Kontrolle der Leitung wird auf den Aufsichtsrat als Kontrollorgan übertragen. Die Mitglieder des Aufsichtsrats werden von der Versammlung der Anteilseigner bestellt. In mitbestimmungspflichtigen Kapitalgesellschaften tritt neben die Vertreter der Anteilseigner auch eine vom Mitbestimmungsrecht vorgeschriebene Anzahl von Arbeitnehmervertretern. Neben der Bestellung ihrer Vertreter im Aufsichtsrat hat die Versammlung der Anteilseigner noch Entscheidungsrechte bei Maßnahmen, die erhebliche Eingriffe in die Rechte und Interessen der Anteilseigner bedeuten. Darüber hinaus haben sie nur Informationsrechte. Die Einflussmöglichkeiten der Anteilseigner auf die Leitung der Unternehmung sind damit noch weiter eingeschränkt als bei einer managergeführten Unternehmung mit einer Leitung nach dem Zweigremien-Modell.

1.3.2 | Delegation und Managementhierarchie

Delegation

Die Leitungsbefugnisse können bei einer Person oder einer Gruppe zusammengefasst sein. Leitungsbefugnisse können jedoch auch delegiert werden. Bei der Delegation überträgt ein Vorgesetzter Leitungsbefugnisse an einen Mitarbeiter. Als *Zwecke der Delegation* lassen sich nennen (vgl. STEINLE (1992), Sp. 500 f.):

- Entlastung des Vorgesetzten
- Nutzung der Fachkenntnisse und Informationen der Mitarbeiter
- Stärkung der Reaktionsfähigkeit
  Die Mitarbeiter verfügen über eine größere Nähe zu den Problemen und können deshalb schneller und problemadäquat auf unternehmungsinterne oder -externe Veränderungen reagieren.
- Stärkung der Motivation von Mitarbeitern
  Eigenständige Gestaltungsmöglichkeiten haben einen günstigen Einfluss auf die Motivation der Mitarbeiter.

Managementhierarchie

Durch die Delegation von Leitungsbefugnissen entsteht eine Managementhierarchie (vgl. Abbildung 1.11). Als Ebenen dieser Hierarchie werden das obere, das mittlere und das untere Management (Top, Middle, Lower Management) unterschieden. Das *obere Management* erteilt Anweisungen, ihm werden jedoch keine Anweisungen erteilt. Es unterliegt allenfalls der Kontrolle durch den Aufsichtsrat oder die Eigentümer, die nicht mit der Geschäftsführung betraut sind. Das *mittlere Management* erhält einerseits Anweisungen von einer übergeordneten Managementebene. Andererseits erteilt es Mitarbeitern Anweisungen, die ebenfalls dem Personenkreis des Managements angehören. Vom mittleren unterscheidet sich das *untere Management* dadurch, dass es nur noch Mitarbeiter anweist, die ausschließlich Ausführungsaufgaben im Unternehmungsprozess erfüllen.

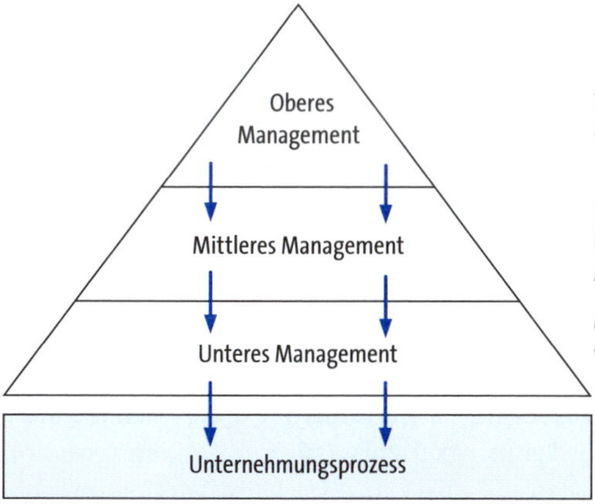

Abb 1.11

Managementhierarchie

Verantwortungsbereiche

Durch die Delegation von Leitungsbefugnissen entstehen Verantwortungsbereiche. Das sind Unternehmungsbereiche, die von einem Manager der mittleren oder unteren Hierarchieebene geleitet werden. Diese *Bereichsmanager* verfügen in ihrem Bereich über Leitungsbefugnisse und sind für die Erreichung der Ziele des Unternehmungsbereichs verantwortlich. Nach dem Umfang der übertragenen Leitungsbefugnisse sowie der Zielverantwortung werden folgende Verantwortungsbereiche unterschieden (ANTHONY/GOVINDARAJAN (2007), S. 128 ff.; EWERT/WAGENHOFER (2014), S. 393):

- *Cost Center:* Die Leitungsbefugnisse des Bereichsmanagers erstrecken sich auf die technische Erstellung einer vorgegebenen Leistung, nicht jedoch auf deren marktliche Verwertung. Der Bereichsmanager ist für die *Wirtschaftlichkeit* (→ QR-Glossar) der Leistungserstellung verantwortlich. Cost Center finden sich im Produktionsbereich der Unternehmung.
- *Service Center:* Der Bereichsmanager verfügt ebenfalls über die Leitungsbefugnisse für die technische Erstellung einer vorgegebenen Leistung. Von einem Cost Center unterscheidet sich ein Service Center dadurch, dass der Manager für die *Kosten* oder die *Ausgaben* verantwortlich ist. Diese Einschränkung der Verantwortung wird vorgenommen, wenn die Leistungsmenge nicht erfasst werden kann, wie es bei der Erstellung interner Dienstleistungen der Fall ist. Als Service Center werden z.B. Werbeabteilungen und der Forschungs- und Entwicklungsbereich ausgestaltet.
- *Revenue Center:* An den Bereichsmanager werden Leitungsbefugnisse für die marktliche Verwertung von Sach- und Dienstleistungen übertragen, nicht jedoch für ihre technische Erstellung. Der Bereichsmanager ist deshalb nur für die *Erlöse* oder die *Einnahmen* der marktlichen Leistungsverwertung verantwortlich. Revenue Center sind im Vertriebsbereich der Unternehmung angesiedelt.
- *Profit Center:* In diesen Verantwortungsbereichen erstrecken sich die Leitungsbefugnisse des Bereichsmanagers von der technischen Erstellung von Sach- und Dienstleistungen aus dem Leistungsprogramm der Unternehmung bis zu ihrer marktlichen Verwertung. Der Bereichsmanager trägt die Verantwortung für den *Gewinn* oder die *Rentabilität* (→ QR-Glossar) des Bereichs. Profit Center treten in Unternehmungen mit divisionaler Organisation (→ Abschnitt 4.3.2.2, S. 176 f.) auf.

1.3.3 | Merkmale des General Managements

Das *General Management* zeichnet sich dadurch aus, dass sich die Managementaufgaben und die Leitungsbefugnisse über einen kompletten Unternehmungsprozess erstrecken. Dabei kann es sich um den Unternehmungsprozess der Unternehmung oder den eines Profit Centers handeln (vgl. ULRICH/FLURI (1995), S. 15; MACHARZINA/WOLF (2015), S. 40). Werden Leitungsbefugnisse für funktional abgegrenzte Bereiche delegiert, tritt neben das General Management das Management einzelner Funktionsbereiche, wie z.B. das Beschaffungs-, das Produktions- und das Absatzmanagement.

Management einzelner Funktionsbereiche

Das General Management obliegt dem oberen Management oder im Falle der Leitung eines Profit Centers dem mittleren Management. Es unterscheidet sich vom Management eines Funktionsbereichs durch folgende *Merkmale* (vgl. COLLEY u.a. (2007), S. 3ff.):

General Management

- Ergebnisverantwortung und
- Koordination der Funktionsbereiche.

Funktionsbereichsmanager sind entweder nur für den Output in der Form von Erträgen, Erlösen oder Einzahlungen oder nur für den Input in der Form von Aufwendungen, Kosten oder Auszahlungen verantwortlich. Das General Management trägt dagegen stets Ergebnisverantwortung, d.h. Verantwortung für die Differenz aus Output und Input. Diese Verantwortung kann sich auf ein *absolutes Ergebnis* beziehen, z.B. Bilanzgewinn und -verlust, oder ein *relatives Ergebnis*, z.B. Rentabilität.

Ergebnisverantwortung

Das Management von Funktionsbereichen koordiniert die Aktivitäten innerhalb des Funktionsbereichs. Die Koordination zwischen den Funktionsbereichen obliegt dem General Management. Bei der *horizontalen Koordination* der Funktionsbereiche werden die Aktivitäten verschiedener Funktionsbereiche im Hinblick auf die Unternehmungsziele abgestimmt. Die Ausrichtung der Aktivitäten der Funktionsbereiche an den Unternehmungszielen bildet den Gegenstand der *vertikalen Koordination* der Funktionsbereiche. Abbildung 1.12 stellt die Koordinationsprobleme des General Managements und des Funktionsbereichsmanagements am Beispiel des Produktionsmanagements gegenüber.

Koordination

Abb 1.12

Koordinationsprobleme

Koordination \ Bereich	General Management	Produktionsmanagement
Ziele	Ergebnisziele der Unternehmung oder des Profit Centers (z.B. Gewinn, Rentabilität)	Ziele der Produktion (z.B. Wirtschaftlichkeit, Kapazitätsauslastung, Durchlaufzeit)
Horizontale Koordination	Abstimmung zwischen den Beschaffungs-, Produktions- und Absatzaktivitäten im Hinblick auf die Ziele der Unternehmung oder des Profit Centers	Abstimmung der Dreh-, Fräs- und Montageaktivitäten im Hinblick auf die Ziele der Produktion
Vertikale Koordination	Ausrichtung der Beschaffungs-, Produktions- und Absatzaktivitäten an den Zielen der Unternehmung oder des Profit Centers	Ausrichtung der Dreh-, Fräs- und Montageaktivitäten an den Zielen der Produktion

Zusammenfassung

In diesem Abschnitt wurde erläutert, wer Träger der Managementaufgaben und der Leitungsbefugnisse in der Unternehmung ist.

- ***Träger des Managements*** **können Eigentümer oder angestellte Manager sein. Danach werden eigentümer- oder managergeführte Unternehmungen unterschieden.**
- **Das deutsche Gesellschaftsrecht sieht für die Leitung und die Kontrolle der Leitung von** ***Personen- und Kapitalgesellschaften*** **das Eingremium-, das Zweigremien- und das Dreigremien-Modell vor.**
- **Durch die Delegation von Leitungsbefugnissen entsteht eine** ***Managementhierarchie,*** **in der drei Ebenen unterschieden werden: das Top, das Middle und das Lower Management.**
- **Durch die Delegation von Leitungsbefugnissen entstehen** ***Verantwortungsbereiche.*** **Diese sind die Cost, die Service, die Revenue und die Profit Center.**
- **Das** ***General Management*** **ist das Management des gesamten Unternehmungsprozesses einer Unternehmung oder eines Profit Centers. Vom Management der Funktionsbereiche unterscheidet es sich durch die Ergebnisverantwortung und die Koordination über die Funktionsbereiche.**

Fragen

1. Wer ist Träger der Leitung und der Kontrolle der Leitung einer OHG, einer GmbH und in einer AG?
2. Aus welchen Gründen werden Leitungsbefugnisse delegiert?
3. Was zeichnet das Middle Management aus?
4. Worin unterscheiden sich Cost, Service und Revenue Center von Profit Centern?
5. Auf welcher Ebene der Managementhierarchie ist das General Management eingeordnet?
6. Erläutern Sie die Koordinationsaufgaben des General Managements.

1.3.4 | Literatur

Zu den institutionalen Aspekten des Managements: Macharzina/Wolf (2015); zur differenzierten Abgrenzung des General Managements: Colley u. a. (2007).

Grundlagen der Entscheidungsfindung |2

Inhalt

Übersicht

Das Management hat in allen Phasen des Managementprozesses Entscheidungen zu treffen. Zur Beantwortung der Frage, wie Entscheidungen getroffen werden, werden zunächst die Struktur eines Entscheidungsproblems aufgezeigt und die Elemente von Entscheidungsmodellen beschrieben. Ein Entscheidungsmodell ist eine vereinfachende Abbildung eines Entscheidungsproblems. Erst durch diese Abbildung wird ein Entscheidungsproblem einer Lösung zugänglich gemacht (→ Abschnitt 2.1). Im Abschnitt 2.2 werden Entscheidungsregeln diskutiert. Diese schreiben vor, wie in einem Entscheidungsmodell aus der Menge der Alternativen diejenige ausgewählt wird, die am besten zur Zielerreichung beiträgt. Auf die Aktivitäten zur Feststellung eines Entscheidungsproblems, zur Abbildung in einem Entscheidungsmodell und zur Lösung wird in Abschnitt 2.3 eingegangen.

Kennzeichnung von Entscheidungsproblemen |2.1

Struktur von Entscheidungsproblemen |2.1.1

Info

Beispiele für Entscheidungsprobleme

- In einer Unternehmung wird eine neue Vertriebssoftware eingeführt. Die Notebooks der zehn Außendienstmitarbeiter genügen nicht den Anforderungen der neuen Software und müssen ersetzt werden. Die Anforderungen betreffen die

Prozessorgeschwindigkeit, den Umfang des Arbeitsspeichers sowie die Kapazität und die Geschwindigkeit der Festplatte. Es sind vier Modelle identifiziert worden, die den gestellten Anforderungen genügen.

- Ein Hotel hat Strandkörbe, die an Gäste vermietet werden. In den vergangenen Jahren konnte die Nachfrage nach Strandkörben nicht immer gedeckt werden. Es ist zu entscheiden, ob und in welchem Umfang der Bestand an Strandkörben erweitert werden soll.

Entscheidungsproblem

Ein Entscheidungsproblem liegt vor, wenn es mehrere, nicht gleichzeitig zu verwirklichende Handlungsmöglichkeiten gibt, einen Ausgangszustand in einen angestrebten Endzustand zu überführen, und nach Maßgabe bestimmter Ziele eine dieser Handlungsmöglichkeiten auszuwählen ist (vgl. FRESE/GRAUMANN/THEUVSEN (2012), S. 93 ff.). Ein Entscheidungsproblem lässt sich durch den Ausgangszustand, die Handlungsmöglichkeiten, die Entscheidungsziele und die Handlungskonsequenzen beschreiben. Abbildung 2.1 beschreibt die Beispiele aus dem Infokasten anhand dieser Merkmale.

Ausgangszustand

Der Ausgangszustand ist ein Zustand der Realität, der gegeben ist oder eintreten wird, beispielsweise durch eine Gesetzesänderung oder die Entwicklung der Gesamtwirtschaft. Er beschreibt die Faktoren der Realität, die für die Art und den Umfang der sich bietenden Handlungsmöglichkeiten maßgebend sind. Nach ihrer Beeinflussbarkeit durch den Entscheidungsträger werden die internen und externen Faktoren unterschieden. Die internen Faktoren können durch den Entscheidungsträger gestaltet werden, um den Ausgangs- in den Endzustand zu überführen. Sie sind die *Entscheidungsvariablen* des Problems. Die externen Faktoren liegen außerhalb des Einflussbereichs des Entscheidungsträgers. Sie wirken auf die Konsequenzen der Handlungsmöglichkeiten und werden als *Umweltfaktoren* bezeichnet.

Handlungsmöglichkeiten

Eine *Handlung* ist eine bewusste Verhaltensweise, durch die der Ausgangszustand in einem unter bestimmten Bedingungen ablaufenden Prozess des Einsatzes und der Kombination von Ressourcen in den angestrebten Endzustand überführt wird. Handlungsmöglichkeiten sind alle Handlungen, die sich zur Erreichung des angestrebten Endzustandes eignen.

Entscheidungsziele

Bei Entscheidungszielen handelt es sich um die normativen Aussagen des Entscheidungsträgers, die einen gewünschten, mit der Entscheidung anzustrebenden zukünftigen Zustand der Realität beschreiben (vgl. HAUSCHILDT (1980), Sp. 2419). Sie bilden die unterste Ebene der Zielhierarchie der Unternehmung und sind nicht nur den Unternehmungs-, sondern auch den Bereichszielen untergeordnet. Es sind die Ziele, die durch die Auswahl und Durchführung einer Handlungsmöglichkeit realisiert werden sollen. Durch ihre Realisation wird der bestehende Unternehmungszustand materiell in Richtung des durch das Unternehmungsziel (→ QR-Glossar) erwünschten Unternehmungszustandes verändert (vgl. HAMEL (1989), Sp. 2307). Die Beschreibung eines Entscheidungsproblems verlangt die Unterscheidung von:

- Sachzielen und
- Formalzielen.

Das *Sachziel* der Entscheidung beschreibt den angestrebten Endzustand. Das *Formalziel* dient als Beurteilungsmaßstab für die Auswahl einer Handlungsmöglichkeit (vgl. LAUX/LIERMANN (2003), S. 33).

Handlungskonsequenzen

Die Handlungskonsequenzen beschreiben die Wirkungen, die Handlungsmöglichkeiten bei gegebenen Ausprägungen der Umweltfaktoren auf die Formalziele haben. Sie werden auch als *Ergebnisse* der Handlungsmöglichkeiten bezeichnet.

Abb 2.1

Merkmale eines Entscheidungsproblems

Merkmale	Entscheidung über Notebook-Modelle	Entscheidung über Strandkörbe
Ausgangszustand ▶ Entscheidungsvariable ▶ Umweltfaktoren	 Notebook-Modell Angebot der Anbieter, Systemvoraussetzungen der neuen Vertriebssoftware	 Anzahl der Strandkörbe Nachfrage der Gäste nach Strandkörben
Sachziele (angestrebter Endzustand)	Ausstattung der Vertriebsmitarbeiter mit anforderungsgerechten Notebooks	Ausstattung des Hotels mit Strandkörben
Formalziele	z. B. Maximierung des Preis-Leistungs-Verhältnisses der Notebooks	z. B. Maximierung des Erfolgs der Strandkorbvermietung
Handlungsmöglichkeiten	Kauf von zehn Notebooks des Modells 1, des Modells 2, des Modells 3 oder des Modells 4 usw.	Kauf von keinem oder einem Strandkorb, von zwei, drei, vier oder fünf Strandkörben
Handlungskonsequenzen	Preis- und Leistungsmerkmale der Notebook-Modelle	Kosten der beschafften Strandkörbe und Erlöse aus ihrer Vermietung

Entscheidungsmodell

Zur Lösung wird ein Entscheidungsproblem durch ein strukturiertes Entscheidungsmodell abgebildet. Ein Entscheidungsmodell ist eine Abbildung der Handlungsmöglichkeiten, der Umweltfaktoren, der Formalziele und der Handlungskonsequenzen in einer Form, bei der genau eine Handlungsalternative ausgewählt werden kann, die den bestmöglichen Beitrag zur Erreichung der Formalziele leistet (vgl. Zelewski (2008), S. 80). Die Handlungsmöglichkeit mit dieser Eigenschaft wird als »*optimale Alternative*« bezeichnet. Die *Elemente eines Entscheidungsmodells* sind (vgl. Laux/Liermann (2003), S. 36 f.):

- die Alternativen,
- die Umweltzustände,
- das Zielsystem sowie
- die Ergebnisse.

Abbildung 2.2 gibt einen Überblick über diese Elemente sowie die zwischen ihnen bestehenden Beziehungen (in Anlehnung an Sieben/Schildbach (1994), S. 16).

Abb 2.2 | *Elemente eines Entscheidungsmodells*

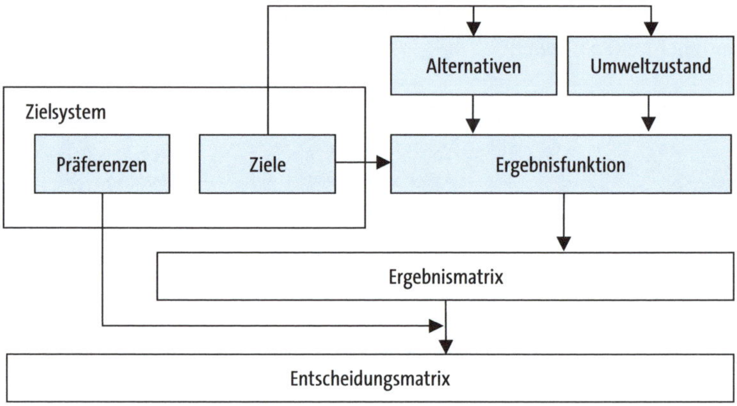

2.1.2 | Elemente von Entscheidungsmodellen

2.1.2.1 | Zielsystem

Zielsystem

Mit dem Zielsystem drückt der Entscheidungsträger aus, welche Ergebnisse er bei seiner Entscheidung mit welcher Intensität anstrebt. Das Zielsystem eines Entscheidungsträgers lässt sich charakterisieren als die Menge der von ihm verfolgten Ziele sowie seine Präferenzen hinsichtlich der Ergebnisse der Alternativen. Die *Ziele* definieren die Ergebnisse, die der Entscheidungsträger anstrebt. Sie bilden die Formalziele des Entscheidungsproblems ab. Die relative Intensität, mit denen er diese Ergebnisse anstrebt, kommt in den *Präferenzen* zum Ausdruck (vgl. Bamberg/Coenenberg/Krapp (2012), S. 26 ff.).

(1) Ziele

Mit den Zielen hebt der Entscheidungsträger aus der Vielzahl möglicher Ergebnisse der Alternativen diejenigen hervor, die er mit der Entscheidung anstrebt oder vermeiden möchte. Ein Entscheidungsträger kann mit einer Entscheidung nur ein Ziel, aber auch mehrere Ziele anstreben. Beschrieben wird ein Ziel durch folgende Zielmerkmale (vgl. SCHILDBACH (2005), S. 14 f.): Ergebnisse der Alternativen

- das Artenmerkmal,
- das Höhenmerkmal,
- das Zeitmerkmal und
- das Sicherheitsmerkmal.

Mit dem Artenmerkmal legt der Entscheidungsträger die Zielgröße fest. Sie setzt sich zusammen aus der Zieleigenschaft und dem Zielmaßstab. Die *Zieleigenschaft* definiert die Art der Ergebnisse, die der Entscheidung zugrunde gelegt werden, der *Zielmaßstab* legt die Vorschrift zur Messung der Ergebnisse fest (vgl. HAUSCHILDT (1980), Sp. 2420). Bei der Entscheidung über das Notebook-Modell sind der Preis und die Leistung die Zieleigenschaften. Mit dem Zielmaßstab wird festgelegt, dass die Leistung über die maximale Akkulaufzeit (Stunden), die Bildschirmgröße (Zoll) und das Gewicht (kg) erfasst werden soll. Artenmerkmal

Durch das Höhenmerkmal legt der Entscheidungsträger fest, welche Höhe der Ergebnisse er anstrebt. Nach dem Höhenmerkmal kann zwischen Extremal-, Bereichs- und Punktzielen unterschieden werden (vgl. SIEBEN/SCHILDBACH (1994), S. 25). Höhenmerkmal

- *Extremalziele:* Das Ergebnis ist zu maximieren oder zu minimieren. Im Beispiel ist der Preis zu minimieren und die Akkulaufzeit zu maximieren.
- *Bereichsziele:* Das Ergebnis soll in einem Intervall liegen. Beispielsweise soll das Notebook ein Gewicht von 3,0 kg nicht überschreiten oder eine Akkulaufzeit von mindestens 8 Stunden haben.
- *Punktziele:* Es soll ein bestimmtes Ergebnis erreicht werden, z. B. eine Bildschirmgröße von 16,4 Zoll.

Ein Entscheidungsträger kann gleiche Ergebnisse, die zu verschiedenen Zeitpunkten eintreten, unterschiedlich bewerten. Dieser Fall tritt beispielsweise auf, wenn ein höherer Jahreserfolg ausgewiesen werden soll und damit ein Ergebnis vor dem Bilanzstichtag einem Ergebnis nach dem Bilanzstichtag vorgezogen wird. Das Zeitmerkmal bestimmt den Zeitpunkt, zu dem das Ergebnis eintreten soll. Vorgegeben werden kann auch ein Zeitintervall. Zeitmerkmal

Sicherheitsmerkmal

Mit dem Sicherheitsmerkmal legt der Entscheidungsträger das Risiko fest, das er mit der Entscheidung einzugehen bereit ist, d.h., die Eintrittswahrscheinlichkeit eines Verlustes. Es trägt dem Umstand Rechnung, dass der Entscheidungsträger gleiche Ergebnisse in Abhängigkeit von der Eintrittswahrscheinlichkeit unterschiedlich bewertet.

(2) Präferenzen

relative Vorziehenswürdigkeit von Ergebnissen

Präferenzen definieren die relative Vorziehenswürdigkeit von Ergebnissen, die sich in der Art, der Höhe, dem Eintrittszeitpunkt oder der Eintrittswahrscheinlichkeit unterscheiden. Haben die Alternativen jeweils mehrere *Ergebnisse* können diese mit Präferenzen untereinander vergleichbar und zu einem Gesamtergebnis zusammengefasst werden. *Alternativen* mit nur einem Ergebnis können mit Präferenzen hinsichtlich der Vorziehenswürdigkeit ihrer Ergebnisse in eine Rangfolge gebracht werden. Nach den Unterschieden zwischen den Ergebnissen können folgende Präferenzen erforderlich sein (vgl. SIEBEN/SCHILDBACH (1994), S. 25 ff.):

- Höhenpräferenzen,
- Artenpräferenzen,
- Zeitpräferenzen und
- Sicherheitspräferenzen.

Höhenpräferenz

Die Höhenpräferenz wird benötigt, wenn sich die Ergebnisse der Alternativen im Höhenmerkmal unterscheiden, d.h. in der Ergebnishöhe. Sie bringt die relative Vorteilhaftigkeit zum Ausdruck, die der Entscheidungsträger Ergebnissen allein aufgrund ihrer Höhe beimisst. Mit der Höhenpräferenz können Alternativen mit unterschiedlich hohen Ergebnissen in eine Rangfolge gebracht werden.

Artenpräferenz

Die Artenpräferenz ist von Bedeutung, wenn der Entscheidungsträger gleichzeitig mehrere Zielgrößen anstrebt. Sie drückt die relative Vorteilhaftigkeit aus, die Ergebnisse ausschließlich durch unterschiedliche Artenmerkmale für den Entscheidungsträger haben.

Zeitpräferenz

Eine Zeitpräferenz ist zu definieren, wenn eine Alternative in mehreren Zeitpunkten zu Ergebnissen führt oder sich die Ergebnisse verschiedener Alternativen im Zeitmerkmal unterscheiden. Sie gibt die relative Vorteilhaftigkeit von Ergebnissen an, die sie allein aufgrund des jeweiligen Eintrittszeitpunktes für den Entscheidungsträger haben. Die Zeitpräferenz kann zwei Ursachen haben: Zum einen kann ein früherer Konsum einem späteren vorgezogen werden. Zum anderen lassen sich früher bereitstehende finanzielle Mittel verzinslich anlegen, so dass zu einem späteren Zeitpunkt ein höherer Betrag zur Verfügung steht (vgl. NEUS (2013), S. 320).

Sind für eine Alternative in Abhängigkeit von der Umweltentwicklung verschiedene Ergebnisse möglich und ist zum Zeitpunkt der Entscheidung nicht bekannt, welches dieser Ergebnisse eintreten wird, ist eine Sicherheitspräferenz erforderlich. Die Sicherheitspräferenz bringt die relative Vorteilhaftigkeit möglicher Ergebnisse zum Ausdruck, die sich allein aufgrund ihrer unterschiedlichen Eintrittwahrscheinlichkeiten ergeben.

Sicherheitspräferenz

Info

Beispiele zu den Präferenzen

Höhenpräferenz:

- Je größer die maximale Akkulaufzeit, desto besser.
- Die Vorziehenswürdigkeit der Ergebnisse ist proportional zu den Ergebnishöhen (Beispiel: Ein Erfolg von 1.000 € ist viermal so vorteilhaft wie ein Erfolg von 250 €).

Artenpräferenz:

- Ein Euro Gewinn ist vorteilhafter als (doppelt so vorteilhaft wie) ein Euro Umsatz.
- Die Ergebnisse der Notebook-Modelle hinsichtlich Akkulaufzeit, Bildschirmgröße und Gewicht sind in der Form der Noten 1 (sehr gut) – 5 (nicht ausreichend) erfasst worden. Die Vorziehenswürdigkeit der Ergebnisse zu diesen drei Zielarten wird durch die Gewichte 0,6 : 0,3 : 0,1 beschrieben. Das bedeutet, dass eine Akkulaufzeit, die mit 3 bewertet worden ist, doppelt so vorteilhaft ist, wie eine Bildschirmgröße, die ebenfalls mit 3 bewertet worden ist.

Zeitpräferenz:

- Je früher, desto besser.
- Ein Euro Gewinn heute ist 1,1-mal vorteilhafter als ein Euro Gewinn in einem Jahr.

Sicherheitspräferenz:

- Je größer die Eintrittswahrscheinlichkeit des Ergebnisses, desto besser.
- Die Vorziehenswürdigkeit von ansonsten gleichen Ergebnissen ist proportional zu ihren Eintrittswahrscheinlichkeiten. Ein Euro Gewinn, der mit einer Wahrscheinlichkeit von 0,8 erzielt wird, ist viermal vorteilhafter als ein Euro Gewinn, der mit einer Wahrscheinlichkeit von 0,2 anfällt.

Alternativen

2.1.2.2

Alternativen sind sich gegenseitig ausschließende Handlungsmöglichkeiten. Die Gesamtheit der zulässigen Alternativen bildet den *Aktionsraum*. Zulässig sind Alternativen, wenn sie hinsichtlich der verfügbaren Ressourcen, des technischen Wissens und sonstiger Bedingungen (z.B. gesetzliche Vorschriften) realisierbar sind. Da genau eine Alternative zu wählen ist, muss der Aktionsraum den folgenden *Anforderungen* genügen:

Aktionsraum

- Jede Alternative schließt alle anderen aus, d.h., die Alternativen können nicht gleichzeitig verwirklicht werden.
- Die Unterlassungsalternative gehört ebenso zum Aktionsraum wie die Möglichkeit der Gewinnung weiterer Informationen.

Damit sich Alternativen *gegenseitig ausschließen*, muss jede einzelne Alternative geeignet sein, den angestrebten Endzustand zu erreichen. Eine Alternative kann deshalb auch eine Kombination aus mehreren Handlungen sein. Beispielsweise können Qualitätsmängel in der Produktion mehrere Ursachen haben. Um diesen zu begegnen kann es notwendig sein, sowohl die Wartung der Maschinen zu verbessern als auch den Lieferanten für eine bestimmte Materialart zu wechseln. Bei der Auswahl der *Unterlassungsalternative* wird der angestrebte Endzustand nicht länger angestrebt. Die Alternative »*Gewinnung weiterer Informationen*« verlangt, dass (einzelne) Phasen des Entscheidungsprozesses (→ Abschnitt 2.3, S. 66f.) nochmals durchgeführt werden.

2.1.2.3 Umweltzustände

Umweltfaktoren

Die Ergebnisse einer Alternative hängen von einer Vielzahl von *Umweltfaktoren* ab. Darunter sind Einflussgrößen auf die Zielwirkungen der Alternativen zu verstehen, die der Entscheidungsträger nicht oder nicht innerhalb des Wirkungshorizontes der Entscheidung verändern kann. Wenn mindestens ein Umweltfaktor verschiedene Ausprägungen annehmen kann, kann die Umwelt verschiedene Zustände annehmen. Ein *Umweltzustand* ist eine denkbare Konstellation der für ein bestimmtes Entscheidungsproblem relevanten Umweltfaktoren.

Info

Beispiel zum Umweltzustand

Der Erfolg des Hotels aus der Strandkorbvermietung hängt von zwei Umweltfaktoren ab: der Attraktivität der Region für Touristen und dem Wetter während der Saison. Wenn die Attraktivität durch die Entwicklung anderer Urlaubsregionen beeinflusst wird, könnten die folgenden vier *Umweltzustände* eintreten:

- hohe Attraktivität und gutes Wetter,
- hohe Attraktivität und schlechtes Wetter,
- geringe Attraktivität und gutes Wetter und
- geringe Attraktivität und schlechtes Wetter.

Entscheidungssituationen

Nach dem Informationsstand des Entscheidungsträgers über das Eintreten der Umweltzustände lassen sich die in Abbildung 2.3 genannten Entscheidungssituationen unterscheiden. Bei *Sicherheit* ist der eintretende Umweltzustand bekannt. Bei *Unsicherheit* kann die Umwelt einen von mehreren in Betracht gezogenen Umweltzuständen annehmen. Es ist aber nicht sicher, welcher dieser Umweltzustände eintreten wird. Nach den Informationen, die über den Eintritt der Umweltzustände vorliegen, werden Risiko- und Ungewissheitssituationen unterschieden. In *Risikosituationen* kennt der Entscheidungsträger die Eintrittswahrscheinlichkeiten der möglichen Umweltzustände. Es müssen keine objektiven Wahrscheinlichkeiten im Sinne statistisch ermittelbarer Häufigkeiten sein. Es genügen subjektive Wahrscheinlichkeiten, die eine personengebundene Einschätzung des Eintritts eines Umweltzustandes ist. Können den möglichen Umweltzuständen keine Eintrittswahrscheinlichkeiten zugeordnet werden, liegt der Fall der *Ungewissheit* vor.

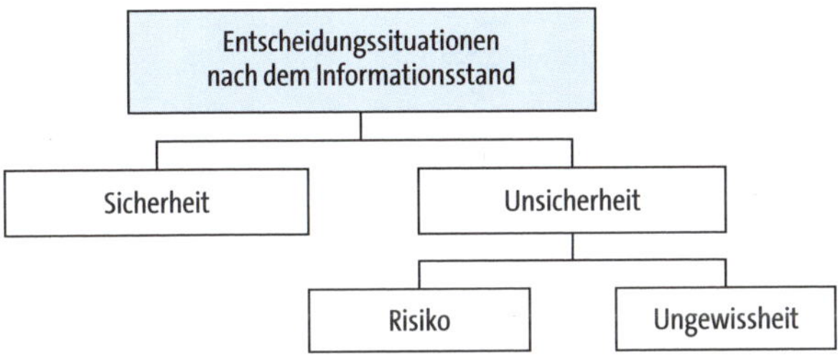

Abb 2.3

Entscheidungs-situationen

Ergebnisse

2.1.2.4

Ein *Ergebnis* ist die Wirkung hinsichtlich eines Ziels im Zielsystem des Entscheidungsträgers, die bei der Wahl einer Alternative bei einem bestimmten Umweltzustand in einem Zeitpunkt eintreten. Ein Entscheidungsträger kann mehrere Ziele anstreben. Die Konsequenzen können zu verschiedenen Zeitpunkten gewünscht sein. Bei Unsicherheit tritt einer von mehreren in Betracht gezogenen Umweltzuständen ein. Einer Alternative können deshalb mehrere Ergebnisse zugeordnet sein, die sich in der Art, dem Zeitpunkt oder der Eintrittswahrscheinlichkeit unterscheiden. Die *Ergebnismatrix* gibt für alle Alternativen die Ergebnisse in den verschiedenen Zeitpunkten hinsichtlich aller Ziele bei jedem möglichen Umweltzustand an. Voraussetzung für die Ermittlung der Ergebnismatrix für ein Entscheidungsproblem ist eine Ergebnisfunktion. Diese ordnet jeder Kombination aus einer Alternative, einem Ziel, einem Zeitpunkt und einem Umweltzustand ein Ergebnis eindeutig zu (vgl. SIEBEN/SCHILDBACH (1994), S. 20 f.). Ergebnisfunktion

Der Aufbau einer Ergebnismatrix kann durch die Gliederung ihrer Zeilen und Spalten beschrieben werden. In der Kopfspalte werden die einzelnen *Alternativen* genannt. Die erste Kopfzeile führt die *Umweltzustände* Ergebnismatrix an. In Risikosituationen werden unter den Umweltzuständen auch ihre Eintrittswahrscheinlichkeiten angegeben. Jede der so gebildeten Spalten der Entscheidungsmatrix besitzt eine zweite Kopfzeile mit den *Zielen* der Entscheidung. Abbildung 2.4 zeigt die Struktur der Entscheidungsmatrix bei zwei Alternativen, drei Umweltzuständen und zwei Zielen. Fallen die Ergebnisse zu verschiedenen Zeitpunkten an, kann eine dritte Kopfzeile mit den Angaben zu den *Eintrittszeitpunkten* hinzutreten. In den Ergebnisfeldern finden sich die Ergebnisse. e_{inj} ist das Ergebnis der Alternative i hinsichtlich der Zielgröße j beim Eintreten des Umweltzustandes n.

Abb 2.4 | *Struktur einer Ergebnismatrix*

Umweltzustand/ Ziel / Alternative	s_1		s_2		s_3	
	z_1	z_2	z_1	z_2	z_1	z_2
a_1	e_{111}	e_{112}	e_{121}	e_{122}	e_{131}	e_{132}
a_2	e_{211}	e_{212}	e_{221}	e_{222}	e_{231}	e_{232}

(1) Ergebnismatrix bei Sicherheit und mehrfacher Zielsetzung

Die *Beschaffung der Notebooks* erfordert eine Entscheidung bei Sicherheit und mehrfacher Zielsetzung. Bei Sicherheit nimmt die Umwelt den vorab bekannten Zustand an. Jedes Notebook-Modell hat für jedes der verfolgten Ziele ein eindeutiges Ergebnis. Die Entscheidungssituation kann durch eine Entscheidungsmatrix mit einer Kopfzeile abgebildet werden, welche die verschiedenen Ziele nennt. Abbildung 2.5 zeigt die Struktur der Ergebnismatrix.

Abb 2.5 | *Ergebnismatrix bei Sicherheit und mehrfacher Zielsetzung*

Ziel / Alternative	Preis	Maximale Akkulaufzeit	Bildschirmgröße	Gewicht
Modell 1	599 €	5,0 Std.	17,3 Zoll	2,6 kg
Modell 2	674 €	4,0 Std.	16,4 Zoll	2,6 kg
Modell 3	759 €	8,0 Std.	15,6 Zoll	2,6 kg
Modell 4	859 €	9,5 Std.	13,3 Zoll	1,4 kg

(2) Ergebnismatrix bei einfacher Zielsetzung und Unsicherheit

Im Beispiel der Entscheidung über die *Beschaffung von Strandkörben* hat das Wetter während der Badesaison Einfluss auf die Nachfrage der Hotelgäste nach Strandkörben und damit auf den Erfolg des Hotels aus der Strandkorbvermietung. Die Umwelt kann einen von mehreren möglichen Zuständen (gutes, normales, schlechtes Wetter) annehmen. Da mit dem Erfolg nur ein Ziel angestrebt wird, handelt es sich in diesem Beispiel um eine Entscheidung bei einfacher Zielsetzung und Unsicherheit. In dieser Entscheidungssituation werden für jede Alternative die Ergebnisse hinsichtlich des einen verfolgten Zieles bei den verschiedenen für möglich gehaltenen Umweltzuständen ermittelt. Diese Entscheidungssituation kann durch eine Ergebnismatrix mit einer Kopfzeile abgebildet werden, welche die Spalten nach den möglichen Umweltzuständen einteilt (vgl. Abbildung 2.6).

Umwelt-zustand / Alternative	Gute Wetterlage	Normale Wetterlage	Schlechte Wetterlage
0 Strandkörbe	2.250 €	1.200 €	350 €
1 Strandkorb	2.340 €	1.165 €	215 €
2 Strandkörbe	2.430 €[1)]	1.130 €	80 €
3 Strandkörbe	2.220 €	870 €	– 205 €[2)]
4 Strandkörbe	2.010 €	610 €	– 490 €
5 Strandkörbe	1.800 €	350 €	– 775 €

1) 1.020 V · 5 €/V – 2 St. · 105 €/St. – 205 €/St. · 12 St. = 2.430 €
2) 555 V · 5 €/V – 3 St. · 105 €/St. – 205 €/St. · 13 St. = – 205 €

Abb 2.6

Ergebnismatrix bei einem Ziel und Unsicherheit

Info

Ermittlung der Ergebnismatrix

Das Hotel hat bereits 10 Strandkörbe, die für 5 €/Tag an Gäste vermietet werden. Die Anschaffungskosten eines Strandkorbs mit einer Nutzungsdauer von 10 Jahren liegt bei 1.050 €. Im Winter werden die Strandkörbe bei einem Strandkorbvermieter eingelagert, der die Strandkörbe im Herbst vom Strand abholt, repariert und in der neuen Saison auch wieder aufstellt. Der Preis für diesen Service beträgt 135 € für einen Strandkorb. Der Strandkorbvermieter bietet diesen Service für maximal 15 Strandkörbe an. Für die Reinigung und Pflege eines Strandkorbes während der Saison entstehen dem Hotel in jedem Jahr Kosten in Höhe von 70 €.

Die Auswertung der Daten vergangener Jahre hat ergeben, dass an heißen Tagen im Durchschnitt 18 Strandkörbe nachgefragt worden sind, an warmen Tagen 12 und an kühlen Tagen 2 Strandkörbe. An Regentagen werden keine Strandkörbe nachgefragt. Aus den regionalen Wetterdaten wurde die Zahl der heißen, warmen und kühlen Tage sowie der Regentage in einer Saison mit guter, normaler und schlechter *Wetterlage* ermittelt:

Tageswetter / Wetterlage	Heiße Tage	Warme Tage	Kühle Tage	Regentage
Gute Wetterlage	20 T	60 T	30 T	10 T
Normale Wetterlage	10 T	45 T	50 T	15 T
Schlechte Wetterlage	5 T	30 T	65 T	20 T

T = Anzahl der Tage

Folgende Tabelle gibt Auskunft über die *Anzahl der Vermietungen* bei Realisation der verschiedenen Alternativen und verschiedenen Wetterlagen während der Saison. Dabei ist zu berücksichtigen, dass sich bereits zehn Strandkörbe im Bestand des Hotels befinden.

Umweltzustand / Alternative	Gute Wetterlage	Normale Wetterlage	Schlechte Wetterlage
0 Strandkörbe	860 V[1)]	650 V	480 V
1 Strandkorb	940 V	705 V	515 V
2 Strandkörbe	1.020V	760 V	550 V
3 Strandkörbe	1.040 V	770 V	555 V
4 Strandkörbe	1.060 V	780 V	560 V
5 Strandkörbe	1.080 V[2)]	790 V	565 V

1) 20 T · 10 v + 60 T · 10 v + 30 T · 2 v = 860 V
2) 20 T · 15 v + 60 T · 12 v + 30 T · 2 v = 1.080 V
mit V = Anzahl der Vermietungen während der Saison, v = Anzahl der Vermietungen pro Tag

Abbildung 2.6 zeigt die *Ergebnismatrix* für diese Entscheidung. Sie gibt für jede Alternative den Erfolg der Strandkorbvermietung bei den verschiedenen Wetterlagen während der Saison an. Bei der Berechnung der Erfolge ist zur Vereinfachung angenommen worden, dass die alten Strandkörbe bereits abgeschrieben sind.

2.1.2.5 Entscheidungsmatrix

Um die optimale Alternative bestimmen zu können, müssen die Alternativen entsprechend ihrer Vorziehenswürdigkeit in eine Rangfolge gebracht werden. Das verlangt, dass die Ergebnisse in der Ergebnismatrix verglichen werden können. Ergebnisse, die sich in der Höhe, der Art, dem Eintrittszeitpunkt oder der Eintrittswahrscheinlichkeit unterscheiden, sind jedoch nicht unmittelbar vergleichbar. Um die Ergebnisse vergleichbar zu machen, wird die Ergebnismatrix in eine Entscheidungsmatrix überführt. Hierzu wird jedem Ergebnis eine Maßzahl $u_{ij} = u(e_{ij})$ derart zugeordnet, dass die Anordnung der Ergebnisse nach den zugeordneten Maßzahlen den Präferenzen des Entscheidungsträgers entspricht. Die Bewertungsfunktion u ist meist eine Nutzenfunktion. Die Maßzahlen der Vorziehenswürdigkeit der Ergebnisse werden in diesem Fall als Nutzenwerte bezeichnet. Die Bewertungsfunktionen können aber auch Schadens- oder Opportunitätskostenfunktionen sein.

Nutzenfunktion

Entscheidungsregel

Die optimale Alternative wird mit einer Entscheidungsregel ausgewählt. Entscheidungsregeln bestehen aus einer Präferenzfunktion $\Phi(a_i)$ und einem Optimalitätskriterium. Die *Präferenzfunktion* ordnet jeder

Alternative einen Präferenzwert zu. Dieser kann als Indikator für den Grad der Zielerreichung verstanden werden, der bei der Wahl der jeweiligen Alternative erreicht werden kann. Die angestrebte Ausprägung des Präferenzwertes wird durch das *Optimalitätskriterium* zum Ausdruck gebracht. Eine Entscheidungsregel lautet generell

$$\Phi(a_i) \rightarrow \underset{i}{\mathrm{Max}}!$$

Sie besagt, dass die Alternative mit dem maximalen Präferenzwert optimal ist (vgl. LAUX/GILLENKIRCH/SCHENK-MATHES (2012), S. 33 f.). Für die verschiedenen Entscheidungssituationen sind mehrere Entscheidungsregeln vorgeschlagen worden. Einige dieser Entscheidungsregeln werden in Kapitel 2.2 erläutert. Abbildung 2.7 verdeutlicht den Zusammenhang zwischen Ergebnissen, Nutzenwerten und Präferenzwerten.

Ziel / Alternative	Preis (in €)	...	Gewicht (in kg)
Modell 1	e_{1P}	...	e_{1G}
⋮	⋮	⋮	⋮
Modell 4	e_{4P}	...	e_{4G}

⇩ Nutzenfunktion

Ziel / Alternative	Preis (in €)	...	Gewicht (in kg)
Modell 1	$u_{1P} = f(e_{1P})$	...	$u_{1G} = f(e_{1G})$
⋮	⋮	⋮	⋮
Modell 4	$u_{4P} = f(e_{4P})$	...	$u_{4G} = f(e_{4G})$

⇩ Präferenzfunktion

Modell	Präferenzwerte
Modell 1	Φ (Modell 1) = $g(u_{1P}, ..., u_{1G})$
⋮	⋮
Modell 4	Φ (Modell 4) = $g(u_{4P}, ..., u_{4G})$

Abb 2.7

Ergebnis- und Entscheidungsmatrix

Zusammenfassung

Gibt es mehrere, nicht gleichzeitig zu verwirklichende Handlungsmöglichkeiten, einen Ausgangszustand in eine angestrebten Endzustand zu überführen, von denen eine nach Maßgabe bestimmter Ziele auszuwählen ist, liegt ein *Entscheidungsproblem* vor. Merkmale zur Beschreibung eines Entscheidungsproblems sind der Ausgangs-

zustand mit den Entscheidungsvariablen und den Umweltfaktoren, die Handlungsmöglichkeiten, die Entscheidungsziele und die Handlungskonsequenzen.

Ein *Entscheidungsmodell* ist die Abbildung eines Entscheidungsproblems, die es erlaubt, genau eine Alternative auszuwählen, die den bestmöglichen Beitrag zur Erreichung der Ziele leistet. Für die Abbildung eines Entscheidungsproblems als Entscheidungsmodell sind die Handlungsmöglichkeiten in Alternativen und die Umweltfaktoren in Umweltzustände zu transformieren. Es ist für jedes Ziel eine Ergebnisfunktion zu definieren, die jeder Kombination aus einer Alternative, einem Ziel, einem Zeitpunkt und einem Umweltzustand ein Ergebnis eindeutig zuordnet.

Eine Form der Darstellung eines Entscheidungsmodells ist die *Ergebnismatrix*. Sie gibt die Ergebnisse jeder Alternative hinsichtlich jedes Zieles in jedem relevanten Zeitpunkt für jeden möglichen Umweltzustand an. Präferenzen definieren die relative Vorziehenswürdigkeit von Ergebnissen, die sich in der Art, der Höhe, dem Zeitpunkt des Eintritts und der Eintrittswahrscheinlichkeit unterscheiden. Mit den Präferenzen können die Alternativen nach der Vorziehenswürdigkeit ihrer Ergebnisse in eine Rangfolge gebracht werden, um die optimale Alternative zu ermitteln.

Fragen

1. Was wird unter einem Entscheidungsziel verstanden?
2. Durch welche Merkmale wird ein Ziel beschrieben?
3. Erläutern Sie die Unterschiede zwischen der Arten- und der Höhenpräferenz.
4. Erläutern Sie den Aufbau der Ergebnismatrix für eine Entscheidung bei Sicherheit und mehrfacher Zielsetzung.
5. Wie unterscheidet sich die Risiko- von der Ungewissheitssituation?

2.1.3 | Literatur

Bamberg/Coenenberg/Krapp (2012); Laux/Gillenkirch/Schenk-Mathes (2012); Sieben/Schildbach (1994)

Entscheidungsregeln für die Bewertung | 2.2

Entscheidung bei Sicherheit | 2.2.1

Sicherheit

Eine Entscheidungssituation bei Sicherheit ist dadurch gekennzeichnet, dass die Umwelt nur einen vorab bekannten Zustand annehmen kann. Jede Alternative führt für jedes verfolgte Ziel zu je einem Ergebnis. Nach der Anzahl und der Art der verfolgten Ziele können die in Abbildung 2.8 genannten *Entscheidungssituationen* bei *Sicherheit* unterschieden werden.

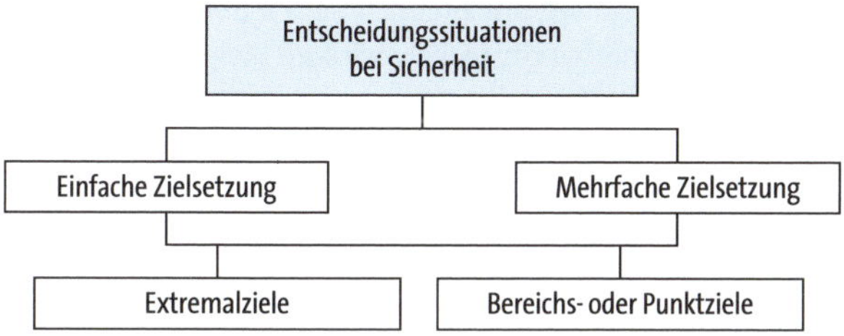

Abb 2.8

Entscheidungssituationen bei Sicherheit

einfache Zielsetzung

Im Falle der einfachen Zielsetzung hat jede Alternative nur je ein Ergebnis. Die Ergebnisse in der Ergebnismatrix unterscheiden sich nur im Höhenmerkmal. Die Bewertung der Alternativen setzt in einer solchen Entscheidungssituation nur die Kenntnis der Vorstellungen des Entscheidungsträgers hinsichtlich der Höhenpräferenzen voraus. Die Ergebnisse der Alternativen sind zunächst in Nutzenwerte zu überführen. Das sind Maßzahlen der Vorziehenswürdigkeit der Ergebnisse, welche die Vorstellungen des Entscheidungsträgers hinsichtlich seiner *Höhenpräferenz* widerspiegeln. Die Alternativen sind anschließend entsprechend der ermittelten Nutzenwerte in eine Rangordnung zu bringen. Diejenige Alternative, die in der Rangfolge den höchsten Platz einnimmt, ist optimal.

Info

Beispiel zur Entscheidung bei einfacher Zielsetzung

Extremalziel: Bei der Entscheidung für ein Notebook-Modell soll nur der Preis minimiert werden (vgl. Abbildung 2.5). Die Höhenpräferenz lautet »je niedriger, desto besser«. *Optimal* ist Modell 1.

Bereichsziel: Bei Investitionssummen über 6.500 € kann ein Antrag auf Finanzierung aus den Investitionsmitteln der Unternehmung gestellt werden, der von der Unternehmungsleitung genehmigt werden muss. In allen anderen Fällen müssen die Investitionen aus dem Investitionsbudget des Bereichs finanziert werden. Es soll deshalb ein Preis erreicht werden, der über 650 € liegt. Folgende Tabelle spiegelt die Höhenpräferenz des Entscheidungsträgers wider:

Preis	Bis 650 €	651 – 750 €	751 – 850 €	Über 850 €
Nutzenwert	1	3	2	1

Damit ergeben sich für die Modelle die folgenden Nutzenwerte:

Modell	1	2	3	4
Nutzenwert	1	3	2	1

Modell 2 ist die *optimale Alternative.*

mehrfache Zielsetzung

In Entscheidungssituationen mit mehrfacher Zielsetzung ist in der Ergebnismatrix jeder Alternative für jedes verfolgte Ziel ein Ergebnis zugeordnet (vgl. Abbildung 2.5). Diese sind in einem ersten Schritt hinsichtlich der *Höhenpräferenzen* zu bewerten. Da für jede Alternative Ergebnisse für mehrere Ziele vorliegen, führt die Bewertung der Ergebnisse hinsichtlich der Höhenpräferenzen zu ebenso vielen Nutzenwerten je Alternative wie Ziele verfolgt werden.

Info

Beispiel zur Bewertung entsprechend der Höhenpräferenz

Nachfolgende Tabelle bildet für die Entscheidung über die Notebook-Modelle (vgl. Abbildung 2.5) die Vorstellungen des Entscheidungsträgers hinsichtlich seiner *Höhenpräferenzen* ab. Je höher die Punktzahl ist, desto vorziehenswürdiger ist das Ergebnis.

Punktzahl	Preis	Maximale Akkulaufzeit	Bildschirmgröße	Gewicht
1 Punkt	über 851 €	bis 4,5 Std.	bis 11,6 Zoll	über 3,1 kg
2 Punkte	751 – 850 €	über 4,5 – 6 Std.	über 11,6 – 13,3 Zoll	2,6 – 3,0 kg
3 Punkte	651 – 750 €	über 6 – 7,5 Std.	über 13,3 – 15,6 Zoll	2,1 – 2,5 kg
4 Punkte	551 – 650 €	über 7,5 – 9 Std.	über 15,6 – 16,4 Zoll	1,6 – 2,0 kg
5 Punkte	bis 550 €	über 9 Std.	über 16,4 Zoll	bis 1,5 kg

Mit den Angaben zu den Höhenpräferenzen des Entscheidungsträgers ergibt sich die folgende *Entscheidungsmatrix*:

Ziele / Alternativen	Preis	Maximale Akkulaufzeit	Bildschirmgröße	Gewicht
Modell 1	4	2	5	2
Modell 2	3	1	4	2
Modell 3	2	4	3	2
Modell 4	1	5	2	5

Würde die Entscheidung über das Notebook-Modell allein nach Maßgabe des Preises getroffen, würde Modell 1 bevorzugt werden. Bei alleiniger Betrachtung der Akkulaufzeit wäre Modell 4 vorzuziehen. Werden die beiden Ziele gemeinsam betrachtet, gibt es keine Alternative, die hinsichtlich jedes der beiden Ziele besser oder zumindest nicht schlechter ist als jede andere Alternative. Eine solche Beziehung zwischen Zielen wird als Zielkonflikt oder *Zielkonkurrenz* bezeichnet.

Zielkonflikt

Eine Entscheidung nach Maßgabe der Bildschirmgröße führt ebenso wie eine Entscheidung unter Berücksichtigung des Preises zur Wahl des Modells 1. Ein verbesserter Erreichungsgrad bei einer Zielgröße geht mit einer Steigerung des Erreichungsgrades bei der anderen Zielgröße einher. Zwischen diesen beiden Zielen besteht Zielkomplementarität.

Zielkomplementarität

Bleibt die Erfüllung des eines Ziels ohne Einfluss auf den Realisationsgrad des anderen Zieles, liegt Zielneutralität oder *Zielindifferenz* vor. Im Beispiel verhält sich u.a. die maximale Akkulaufzeit weitgehend neutral zum Gewicht.

Zielneutralität

Definition

Zielkonflikt: **Mit der Verbesserung des Zielerreichungsgrades des einen Zieles verschlechtert sich der Zielerreichungsgrad des anderen Zieles.**

Zielkomplementarität: **Mit der Verbesserung des Zielerreichungsgrades des einen Zieles verbessert sich auch der Zielerreichungsgrad des anderen Zieles.**

Zielneutralität: **Mit der Veränderung des Zielerreichungsgrades eines Zieles ändert sich der Zielerreichungsgrad des anderen Zieles nicht.**

Zielkonkurrenz, Zielkomplementarität und Zielneutralität müssen sich nicht auf den gesamten Bereich der Nutzenwerte beziehen. Beispielsweise verhalten sich die Bildschirmgröße und das Gewicht nur ab dem Nutzenwert 3 bei der Bildschirmgröße neutral. Modell 1 ist hinsichtlich Preis und maximaler Akkulaufzeit vorteilhafter als Modell 2. In diesem Intervall der Nutzenwerte verhalten sich die beiden Ziele komplementär. Eine weitere Steigerung der maximalen Akkulaufzeit durch den Übergang zu Modell 3 oder 4 geht dagegen mit einer Preissteigerung einher, d.h., es liegt ein Zielkonflikt vor (vgl. Abbildung 2.9). Erstreckt sich die Zielbeziehung nicht auf den gesamten Bereich der Nutzenwerte, liegt partielle Zielneutralität, Zielkonkurrenz oder Zielneutralität vor.

partielle Zielneutralität, Zielkonkurrenz, Zielneutralität

Abb 2.9 *Zielbeziehungen*

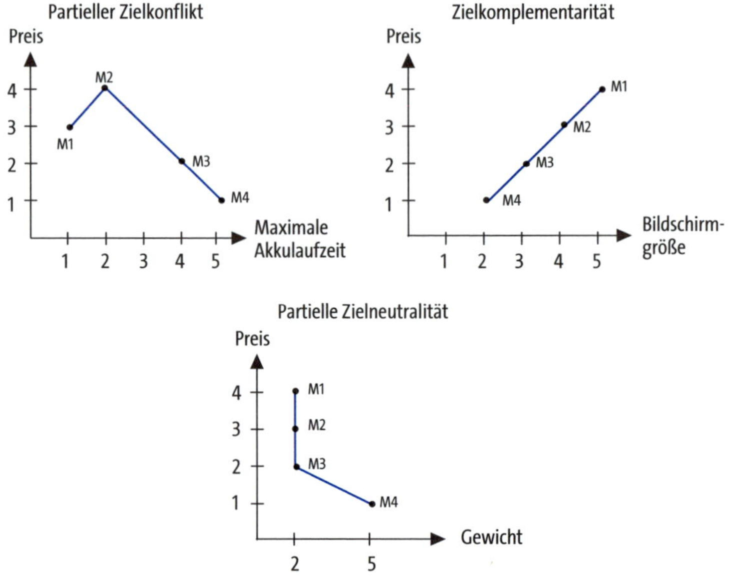

Bei Zielkonflikten genügt die Bewertung der einzelnen Ergebnisse hinsichtlich der Höhenpräferenz nicht. Zusätzlich erforderlich ist eine *Entscheidungsregel*, um für die Nutzenwerte der Ergebnisse jeder einzelnen Alternative den Präferenzwert der Alternativen nach den Vorstellungen des Entscheidungsträgers hinsichtlich der Artenpräferenzen zu ermitteln.

Artenpräferenzen

Zielgewichtung

Eine sehr häufig verwendete Entscheidungsregel ist die Zielgewichtung. Nach dieser Entscheidungsregel werden für jede Alternative die Nutzenwerte der Ergebnisse zu einem Präferenzwert zusammengefasst, indem sie mit einem Gewichtungsfaktor multipliziert und die gewichteten Nutzenwerte addiert werden. Optimal ist die Alternative mit dem höchsten Präferenzwert. Die Entscheidungsregel lautet damit:

$$\Phi(a_i) = \sum_{j=1}^{J} g_j \cdot u_{ij} \rightarrow \underset{i}{\text{Max}}!$$

$$\text{mit } \sum_{j=1}^{J} g_j = 1$$

wobei a_i = Alternative i,
g_j = Gewichtungsfaktor der Zielgröße j (j = 1, …, J),
u_{ij} = Nutzenwert des Ergebnisses der Alternative i für Zielgröße j.

Die Gewichtungsfaktoren legen das Austauschverhältnis zwischen den Zielgrößen entsprechend der *Artenpräferenz* des Entscheidungsträgers fest. Zweckmäßigerweise werden die Gewichtungsfaktoren so festgelegt, dass ihre Summe 1 ergibt.

Gewichtungsfaktoren

Info

Beispiel zur Zielgewichtung

Für die Entscheidung über die Notebook-Modelle hat der Entscheidungsträger die folgenden *Gewichtungsfaktoren* festgelegt: $g_1 = 0{,}4$; $g_2 = 0{,}3$; $g_3 = 0{,}2$; $g_4 = 0{,}1$. Mit diesen Gewichtungsfaktoren ergeben sich für die Alternativen die folgenden Präferenzwerte:

Alternative	Präferenzwerte
Modell 1	$0{,}4 \cdot 4 + 0{,}3 \cdot 2 + 0{,}2 \cdot 5 + 0{,}1 \cdot 2 = 3{,}4$
Modell 2	$0{,}4 \cdot 3 + 0{,}3 \cdot 1 + 0{,}2 \cdot 4 + 0{,}1 \cdot 2 = 2{,}5$
Modell 3	$0{,}4 \cdot 2 + 0{,}3 \cdot 4 + 0{,}2 \cdot 3 + 0{,}1 \cdot 2 = 2{,}8$
Modell 4	$0{,}4 \cdot 1 + 0{,}3 \cdot 5 + 0{,}2 \cdot 2 + 0{,}1 \cdot 5 = 2{,}8$

Die *optimale Alternative* ist das Modell 1.

Neben den Gewichtungsfaktoren kann die Artenpräferenz auch durch die Vorgabe eines zufriedenstellenden Ergebnisses für jedes Ziel abgebildet werden. Dieser Ansatz liegt dem Goal Programming zugrunde. Nach dieser Entscheidungsregel gilt diejenige Alternative als optimal, bei der die Summe der *Abweichungen von den Vorgabewerten* minimal ist. In die Bewertung der Alternativen gehen sowohl die Überschreitungen als auch die Unterschreitungen der Vorgabewerte mit dem positiven Wert ein.

Goal Programming

$$\Phi(a_i) = \sum_{j=1}^{J} \left| u_{ij} - \hat{u}_j \right| \rightarrow \underset{i}{\text{Min}}!$$

wobei $\hat{u}_j$ = Nutzenwert des Vorgabewertes für das Ziel j.

Info

Beispiel zum Goal Programming

Für die Entscheidung über die Notebook-Modelle hat der Entscheidungsträger für die verschiedenen Ziele folgende Ergebniswerte vorgegeben: $\hat{e}_1$ = 700 €; $\hat{e}_2$ = 8 Std.; $\hat{e}_3$ = 15,6 Zoll; $\hat{e}_4$ = 1,8 kg. Diese Vorgabewerte können in folgende Nutzenwerte transformiert werden: $\hat{u}_1 = 3$, $\hat{u}_2 = 4$; $\hat{u}_3 = 4$; $\hat{u}_4 = 4$. Mit diesen Werten ergibt sich die folgende *Entscheidungsmatrix*.

Alternative	Gesamtwert
Modell 1	$|4-3|+|2-4|+|5-4|+|2-4|=6$
Modell 2	$|3-3|+|1-4|+|4-4|+|2-4|=5$
Modell 3	$|2-3|+|4-4|+|3-4|+|2-4|=4$
Modell 4	$|1-3|+|5-4|+|2-4|+|5-4|=6$

Die ***optimale Alternative*** ist das Modell 3.

2.2.2 | Entscheidung bei Unsicherheit

2.2.2.1 | Kennzeichnung der Bewertungssituation

Unsicherheit

Bei Unsicherheit ist nicht sicher, welcher von mehreren möglichen, aber bekannten Umweltzuständen eintreten wird. Beispielsweise ist bei der Entscheidung über die Beschaffung der Strandkörbe nicht sicher, welche Wetterlage eintreten wird. Im Fall des *Risikos* besitzt der Entscheidungsträger eine Vorstellung über die Eintrittswahrscheinlichkeiten der verschiedenen Umweltzustände. Bei *Ungewissheit* kennt der Entscheidungsträger nur die möglichen Umweltzustände, nicht jedoch die Wahrscheinlichkeiten, mit denen die Umweltzustände eintreten werden.

Das Ergebnis einer Alternative hängt vom Umweltzustand ab, der eintreten wird. Für jede Alternative gibt es deshalb ebenso viele Ergebnisse wie unterscheidbare Umweltzustände erwartet werden. Es wird deshalb eine Entscheidungsregel benötigt. Die Entscheidungsregeln für Risikosituationen spiegeln die Vorstellung des Entscheidungsträgers hinsichtlich seiner Sicherheitspräferenzen wider. Durch die Sicherheitspräferenz liegt fest, wie Risiken und Chancen relativ zueinander gewichtet werden. Nach der Art dieser Gewichtung werden drei *Typen von Risikoeinstellungen* unterschieden (vgl. KLEIN/SCHOLL (2011), S. 117):

Risikosituationen

- *Risikoaversion oder Risikoscheu:* Der Entscheidungsträger ist stärker bemüht, Risiken zu vermeiden als Chancen zu suchen.
- *Risikofreude:* Die Aussicht Chancen zu nutzen wird höher bewertet als die Möglichkeit Risiken zu vermeiden.
- *Risikoneutralität:* Der Entscheidungsträger hat keine Sicherheitspräferenz, seine Entscheidung orientiert sich ausschließlich an der Höhenpräferenz.

Ungewissheitssituationen

In Ungewissheitssituationen gelangen Entscheidungsregeln zur Anwendung, die Erwartungen des Entscheidungsträgers hinsichtlich des Eintretens der verschiedenen Umweltzustände zum Ausdruck bringen.

Entscheidungsregeln für Risikosituationen

2.2.2.2

Entscheidungsregeln für Risikosituationen sind

- das μ-Prinzip (Erwartungswertprinzip, Bayes-Prinzip) und
- das (μ, σ)-Prinzip.

μ-Prinzip

Nach dem μ-Prinzip ist diejenige Alternative optimal, die den höchsten Erwartungswert aufweist. Ermittelt wird der *Erwartungswert*, indem die Ergebnisse einer Alternative i für die verschiedenen Umweltzustände n (n = 1, …, N) mit deren Eintrittswahrscheinlichkeiten multipliziert und die so gewichteten Ergebnisse addiert werden:

$$\Phi(a_i) = \mu_i = \sum_{n=1}^{N} w_n \cdot e_{in} \rightarrow \underset{i}{\text{Max}}!$$

wobei w_n = Eintrittswahrscheinlichkeit des Umweltzustandes n,
e_{in} = Ergebnis der Alternative i bei Umweltzustand n.

Info

Beispiel zum μ-Prinzip

Die Analyse der Wetterlagen mehrerer Jahre hat gezeigt, dass gute Wetterlagen mit einer Wahrscheinlichkeit von 0,3, normale Wetterlagen mit einer Wahrscheinlichkeit von 0,5 und schlechte Wetterlagen mit einer Wahrscheinlichkeit von 0,2 eintreten. Mit diesen Wahrscheinlichkeiten können aus den Angaben der Abbildung 2.6 die *Erwartungswerte* der Ergebnisse der Alternativen für die Entscheidung über die Beschaffung von Strandkörben berechnet werden:

Alternative	Erwartungswerte (Präferenzwerte)
0 Strandkörbe	μ_0 = 0,3 · 2.250 € + 0,5 · 1.200 € + 0,2 · 350 € = 1.345 €
1 Strandkorb	μ_1 = 0,3 · 2.340 € + 0,5 · 1.165 € + 0,2 · 215 € = 1.327,50 €
2 Strandkörbe	μ_2 = 0,3 · 2.430 € + 0,5 · 1.130 € + 0,2 · 80 € = 1.310 €
3 Strandkörbe	μ_3 = 0,3 · 2.220 € + 0,5 · 870 € - 0,2 · 205 € = 1.060 €
4 Strandkörbe	μ_4 = 0,3 · 2.010 € + 0,5 · 610 € - 0,2 · 490 € = 810 €
5 Strandkörbe	μ_5 = 0,3 · 1.800 € + 0,5 · 350 € - 0,2 · 775 € = 560 €

Die *optimale Alternative* ist, auf den Kauf weiterer Strandkörbe zu verzichten.

Im nachfolgenden Beispiel weisen alle drei Alternativen den gleichen Erwartungswert auf. Werden das Risiko als Gefahr einer Unterschreitung und die Chance als Möglichkeit einer Überschreitung des Erwartungswertes gemessen, ist Alternative 3 mit sehr viel höheren Risiken oder Chancen verbunden als es die Alternativen 1 und 2 sind. Für einen Entscheidungsträger, der nach dem μ-Prinzip entscheidet, sind die drei

Alternativen jedoch gleichwertig. Im μ-Prinzip kommt damit eine *risikoneutrale Einstellung* zum Ausdruck. Bei *Risikofreude* bewertet der Entscheidungsträger die hohen Ergebnisse besonders hoch. Ein Entscheidungsträger mit einer *risikoaversen Einstellung* bewertet dagegen die niedrigen Werte besonders hoch.

Info

Beispiel zur Risikoeinstellung beim μ-Prinzip

Gegeben sei die folgende *Ergebnismatrix*:

Umweltzustand / Alternative	Umweltzustand 1 $w_1 = 0{,}4$	Umweltzustand 2 $w_2 = 0{,}6$
Alternative 1	140 €	240 €
Alternative 2	50 €	300 €
Alternative 3	−70 €	380 €

Die *Erwartungswerte* der drei Alternativen ergeben sich wie folgt:

$\mu_1 = 140 € \cdot 0{,}4 + 240 € \cdot 0{,}6 = 200 €$

$\mu_2 = 50 € \cdot 0{,}4 + 300 € \cdot 0{,}6 = 200 €$

$\mu_3 = -70 € \cdot 0{,}4 + 380 € \cdot 0{,}6 = 200 €$

(μ, σ)-Prinzip

Um die Chancen und Risiken entsprechend der Risikoeinstellung gewichten zu können, wird beim (μ, σ)-Prinzip neben dem Erwartungswert auch die Standardabweichung der Wahrscheinlichkeitsverteilung zur Bewertung der Alternativen herangezogen. Die *Standardabweichung* ist ein Maß für die Breite der Streuung einer Wahrscheinlichkeitsverteilung. Sie gibt Auskunft über die zu erwartende Abweichung des Ergebnisses vom Erwartungswert. Die Standardabweichung σ_i einer Alternative i ist folgendermaßen definiert:

$$\sigma_i = \sqrt{\sum_{n=1}^{N} w_n \cdot (e_{in} - \mu_i)^2}, \text{ für } i = 1, \ldots, I.$$

Für die Alternativen im Beispiel der Entscheidung über die Beschaffung von Strandkörben ergeben sich die folgenden Standardabweichungen:

$$\sigma_0 = \sqrt{0{,}3 \cdot (2.250 - 1.345)^2 + 0{,}5 \cdot (1.200 - 1.345)^2 + 0{,}2 \cdot (350 - 1.345)^2} = 673{,}96$$

$$\sigma_1 = \sqrt{0{,}3 \cdot (2.340 - 1.328)^2 + 0{,}5 \cdot (1.165 - 1.328)^2 + 0{,}2 \cdot (215 - 1.328)^2} = 753{,}84$$

$$\sigma_2 = \sqrt{0{,}3 \cdot (2.430 - 1.310)^2 + 0{,}5 \cdot (1.130 - 1.310)^2 + 0{,}2 \cdot (80 - 1.310)^2} = 833{,}73$$

$$\sigma_3 = \sqrt{0{,}3 \cdot (2.220 - 1.060)^2 + 0{,}5 \cdot (870 - 1.060)^2 + 0{,}2 \cdot (-250 - 1.060)^2} = 861{,}26$$

$$\sigma_4 = \sqrt{0{,}3 \cdot (2.010 - 810)^2 + 0{,}5 \cdot (610 - 810)^2 + 0{,}2 \cdot (-490 - 810)^2} = 888{,}82$$

$$\sigma_5 = \sqrt{0{,}3 \cdot (1.800 - 561)^2 + 0{,}5 \cdot (350 - 561)^2 + 0{,}2 \cdot (-775 - 561)^2} = 916{,}39$$

Nach dem (μ, σ)-Prinzip ist diejenige Alternative optimal, für die eine vom Erwartungswert und der Standardabweichung abhängige Präferenzfunktion ihren maximalen Wert annimmt. Das (μ, σ)-Prinzip macht keine Aussage zur Form der Präferenzfunktion. Eine sehr einfache Form sieht die Addition des Erwartungswertes und der mit einem Risikoparameter gewichteten Standardabweichung vor.

Risikoparameter

$$\Phi(a_i) = \mu_i + q \cdot \sigma_i \rightarrow \underset{i}{\mathrm{Max}}!$$

Der Risikoparameter q erlaubt es, die Risikoeinstellung des Entscheidungsträgers einzubeziehen. Ist der Risikoparameter negativ, nimmt der Präferenzwert der Alternative mit zunehmender Standardabweichung ab. Ein Entscheidungsträger, der nach dieser Regel entscheidet, ist stärker bemüht, Risiken zu vermeiden als Chancen zu nutzen. Angewandt werden kann diese Entscheidungsregel bei einer *risikoaversen Einstellung* des Entscheidungsträgers. Mit einem positiven Risikoparameter nimmt der Präferenzwert der Alternative bei steigender Standardabweichung zu, d.h. Abweichungen vom Erwartungswert werden als Chance aufgefasst. Diese Regel kann bei *Risikofreude* eingesetzt werden. Bei q = 0 ergibt sich das μ-Prinzip für *risikoneutrale Entscheidungsträger.*

Info

Beispiel: (μ, σ)-Prinzip und Risikoeinstellung

Alternative	Parameterwerte		Risikoparameter		
	μ	σ	q = 0,5	q = -0,5	q = -0,2
0 Strandkörbe	1.345 €	673,96 €	1.681,98 € 1)	1.008,02 € 2)	1.210,21 €
1 Strandkorb	1.327,50 €	753,84 €	1.704,42 €	950,58 €	1.176,73 €
2 Strandkörbe	1.310 €	833,73 €	1.726,87 €	893,14 €	1.143,25 €
3 Strandkörbe	1.060 €	861,26 €	1.490,63 €	629,37 €	887,75 €
4 Strandkörbe	810 €	888,82 €	1.254,41 €	365,59 €	632,24 €
5 Strandkörbe	560 €	916,39 €	1.018,20 €	101,81 €	376,72 €

1) 1.345 € + 0,5 · 673,96 = 1.681,98 €
2) 1.345 € – 0,5 · 673,96 = 1.008,02 €
Die jeweils optimale Alternative ist farblich abgesetzt.

2.2.2.3 Entscheidungsregeln für Ungewissheitssituationen

Entscheidungsregeln für Ungewissheitssituationen berücksichtigen, dass für die möglichen Umweltzustände keine Eintrittswahrscheinlichkeiten bekannt sind. Wichtige Entscheidungsregeln sind:

Entscheidungsregeln

- die Maximin-Regel,
- die Maximax-Regel,
- die Hurwicz- oder Pessimismus-Optimismus-Regel,
- die Laplace-Regel und
- die Savage-Niehans- oder Minimax-Regret-Regel.

Maximin-Regel

Nach der Maximin-Regel ist diejenige Alternative optimal, deren schlechtestes Ergebnis im Vergleich zu den schlechtesten Ergebnissen der anderen Alternativen noch am höchsten ist. Es wird vom Eintritt des jeweils ungünstigsten Umweltzustandes ausgegangen, was dem Vorgehen eines *Pessimisten* entspricht. Zur Bestimmung der *optimalen Alternative* wird in der Ergebnismatrix zunächst für jede Alternative das minimale Ergebnis ermittelt und anschließend in der Menge der minimalen Ergebnisse das maximale gesucht.

$$\Phi(a_i) = \min_n e_{in} \rightarrow \underset{i}{\mathrm{Max}}!$$

Maximax-Regel

Die Maximax-Regel empfiehlt die Wahl derjenigen Alternative, deren bestes Ergebnis im Vergleich zu den besten Ergebnissen der anderen Alternativen am höchsten ist. Sie beschreibt das Vorgehen eines *Optimisten*, der seine Alternativen unter der Annahme des Eintretens des jeweils günstigsten Umweltzustandes auswählt.

$$\Phi(a_i) = \max_n e_{in} \rightarrow \underset{i}{\mathrm{Max}}!$$

Hurwicz-Regel

Die Hurwicz-Regel erlaubt Kompromisse zwischen der Maximin- und der Maximax-Regel. Sie fasst das mit dem subjektiven Faktor α gewichtete maximale Ergebnis jeder Alternative mit dem minimalen Ergebnis der jeweiligen Alternative, das mit dem Faktor $1 - \alpha$ gewichtet wird, zum Präferenzwert der Alternative zusammen:

$$\Phi(a_i) = \alpha \cdot \max_n e_{in} + (1 - \alpha) \cdot \min_n e_{in} \rightarrow \underset{i}{\mathrm{Max}}!$$

Optimal ist die Alternative mit der höchsten Summe der gewichteten Extremwerte. Mit dem Faktor α, der nur Werte zwischen 0 und 1 annehmen kann, drückt der Entscheidungsträger seine Vorstellungen über den Eintritt des günstigsten und des ungünstigsten Umweltzustandes aus. Für $\alpha = 0$ ergibt sich die Maximin-Regel, für $\alpha = 1$ die Maximax-Regel. Je höher α gewählt wird, desto stärker wirkt das maximale Ergebnis auf den Präferenzwert. Ein *optimistischer Entscheidungsträger* wählt deshalb einen hohen Wert für α. Der Faktor α wird deshalb auch als Optimismusparameter bezeichnet.

Optimismusparameter

Info

Beispiel zur Maximin-, Maximax- und Hurwicz-Regel

Alternative	Maximin-Regel	Maximax-Regel	Hurwicz-Regel $\alpha = 0{,}2$	Hurwicz-Regel $\alpha = 0{,}7$
0 Strandkörbe	350 €	2.250 €	730 €[1)]	1.680 €[2)]
1 Strandkorb	215 €	2.340 €	640 €	1.702,50 €
2 Strandkörbe	80 €	2.430 €	550 €	1.725 €
3 Strandkörbe	-205 €	2.220 €	280 €	1.492,50 €
4 Strandkörbe	-490 €	2.010 €	10 €	1.260 €
5 Strandkörbe	-775 €	1.800 €	260 €	1.027,70 €

1) 0,2 · 2.250 € + 0,8 · 350 € = 730 €
2) 0,7 · 2.250 € + 0,3 · 350 € = 1.680 €
Die optimalen Alternativen sind farblich abgesetzt.

Laplace-Regel

Nach der Laplace-Regel ist diejenige Alternative *optimal*, bei der die Summe aller ihrer Ergebnisse maximal ist. Es wird damit unterstellt, dass alle Umweltzustände die gleiche Eintrittswahrscheinlichkeit haben. Der Präferenzwert einer Alternative wird nach dieser Regel als Summe aller Ergebnisse ermittelt.

$$\Phi(a_i) = \sum_{n=1}^{N} e_{in} \rightarrow \underset{i}{\text{Max}}!$$

Info

Beispiel zur Laplace-Regel

Alternative	Präferenzwert
0 Strandkörbe	$\Phi(a_0)$ = 2.250 € + 1.200 € + 350 € = 3.800 €
1 Strandkorb	$\Phi(a_1)$ = 2.340 € + 1.165 € + 215 €= 3.720 €
2 Strandkörbe	$\Phi(a_2)$ = 2.430 € + 1.130 € + 80 € = 3.640 €
3 Strandkörbe	$\Phi(a_3)$ = 2.220 € + 870 € – 205 € = 2.885 €
4 Strandkörbe	$\Phi(a_4)$ = 2.010 € + 610 € – 490 € = 2.130 €
5 Strandkörbe	$\Phi(a_5)$ = 1.800 € + 350 € – 775 € = 1.375 €

Nach der Laplace-Regel ist der Verzicht auf die Beschaffung weiterer Strandkörbe die *optimale Alternative*.

Savage-Niehans-Regel

Für die Anwendung der Savage-Niehans-Regel muss die Ergebnismatrix zunächst in eine Opportunitätskostenmatrix überführt werden. Die *Opportunitätskosten* einer Alternative werden wie folgt ermittelt:

$$s_{in} = \max_{k} e_{kn} - e_{in} \quad \text{für } i = 1, \ldots, I \text{ und } n = 1, \ldots, N.$$

s_{in} gibt die Ergebnisminderung an, die entsteht, wenn Umweltzustand n eintritt und anstelle der optimalen die Alternative i gewählt worden ist. Auf die Opportunitätskosten wird anschließend die *Minimax-Regel* angewandt. Danach werden für jede Alternative die höchsten Opportunitätskosten ermittelt und anschließend aus der Menge der maximalen Opportunitätskosten der minimale Wert gesucht.

$$\Phi(a_i) = \max_n s_{in} \rightarrow \min_i!$$

Optimal ist diejenige Alternative, bei der die größtmöglichen Opportunitätskosten verglichen mit den größtmöglichen Opportunitätskosten der anderen Alternativen minimal ist. Wie bei der Maximin-Regel wird auch bei der Savage-Niehans-Regel davon ausgegangen, dass der jeweils ungünstigste Umweltzustand eintritt. Sie beschreibt damit das Vorgehen eines *Pessimisten.*

Info

Beispiel zur Savage-Niehans-Regel

Für das Beispiel der Entscheidung über die Beschaffung der Strandkörbe ergibt sich die folgende *Opportunitätskostenmatrix*:

Umweltzustand / Alternative	Gute Wetterlage	Normale Wetterlage	Schlechte Wetterlage
0 Strandkörbe	180 €[1]	0	0
1 Strandkorb	90 €	35 €	135 €
2 Strandkörbe	0	70 €[2]	270 €
3 Strandkörbe	210 €	330 €	555 €
4 Strandkörbe	420 €	590 €	840 €[3]
5 Strandkörbe	630 €	850 €	1.125 €

1) s_{11} = 2.430 € – 2.250 € = 180 €
2) s_{22} = 1.200 € – 1.130 € = 70 €
3) s_{43} = 350 € + 490 € = 840 €

Bei Alternative »1 Strandkorb« ist der maximale Verlust kleiner als bei den anderen Alternativen. Nach der Savage-Niehans-Regel ist damit die Beschaffung eines weiteren Standkorbes die *optimale Alternative.*

2.2.3 Entscheidung bei Ergebnissen in mehreren Zeitpunkten

Die Ergebnisse der Alternativen können zu unterschiedlichen Zeitpunkten entstehen. Es kann nicht davon ausgegangen werden, dass der Entscheidungsträger Ergebnisse in identischer Höhe, die aber zu verschiedenen Zeitpunkten entstehen, als gleichwertig ansieht. Die relative Vorteilhaftigkeit der Ergebnisse einer Zielgröße, die zu unterschiedlichen Zeitpunkten anfallen, wird durch die Zeitpräferenz abgebildet.

Zeitpräferenz

Info

In einem Hotel ist entschieden worden, den Balkon von zehn Zimmern mit jeweils einem Strandkorb auszustatten. Der Preis eines Zimmers mit Strandkorb liegt 5 € pro Tag über dem Preis eines Zimmers mit Balkon, aber ohne Strandkorb. Angeschafft werden soll ein Modell mit einer Abdeckhaube für insgesamt 630 €. Diese Strandkörbe werden im Winter nicht eingelagert, sondern nur abgedeckt, so dass nur die Kosten für Pflege und Wartung in Höhe von 60 € pro Jahr und Strandkorb anfallen. Nach fünf Jahren müssten diese Strandkörbe durch neue ersetzt werden. Die ausgesonderten Strandkörbe könnten für 50 € pro Stück verkauft werden. Die Strandkörbe könnten auch vom örtlichen Strandkorbvermieter für 125 € pro Jahr gemietet werden. In dieser Miete enthalten ist auch ein Wartungs- und Pflegeservice. Es muss entschieden werden, ob die zehn Strandkörbe gekauft oder gemietet werden sollen. Es kann davon ausgegangen werden, dass die Zimmer mit Balkon und Strandkorb während der Saison 120 Tage ausgebucht sind.

Die Alternativen »Kauf« und »Mieten« führen in unterschiedlichen Zeitpunkten zu Ergebnissen, die sich auch in ihrer Höhe unterscheiden. Abbildung 2.10 zeigt die zeitliche Verteilung der Ergebnisse.

Zeitpunkt		0	1	2	3	4	5
Kauf	Anschaffung	−6.300 €					
	Zimmerpreis		6.000 €[1)]	6.000 €	6.000 €	6.000 €	6.000 €
	Pflege und Wartung		−600 €	−600 €	−600 €	−600 €	−600 €
	Verkauf						500 €
Miete	Zimmerpreis		6.000 €	6.000 €	6.000 €	6.000 €	6.000 €
	Mietzahlung		−1.250 €	−1.250 €	−1.250 €	−1.250 €	−1.250 €

1) 10 T · 5 € · 120 T = 6.000 €

Abb 2.10

Zeitlicher Anfall der Ergebnisse

Zur Bewertung der beiden Alternativen müssen die Ergebnisse, die zu verschiedenen Zeitpunkten anfallen, unter Berücksichtigung der Vorstellungen des Entscheidungsträgers hinsichtlich seiner Zeitpräferenzen zunächst vergleichbar gemacht werden. Erst die so transformierten Ergebnisse können zu einem Präferenzwert zusammengefasst werden. Eine Entscheidungsregel zur Bewertung von Alternativen mit Ergebnissen zu verschiedenen Zeitpunkten ist die Kapitalwertmethode.

Entscheidungsregel

Kapitalwertmethode

Die Kapitalwertmethode sieht vor, dass die zu den verschiedenen Zeitpunkten anfallenden Ergebnisse durch Abzinsen (Diskontieren) auf den Beginn des Entscheidungszeitraums vergleichbar gemacht und die diskontierten Ergebnisse anschließend addiert werden. Die Zeitpräferenz wird hierbei über einen subjektiven Zinssatz berücksichtigt (vgl. KRUSCHWITZ (2014), S. 33 f.; KLEIN/SCHOLL (2011), S. 120 f.). Ein Zinssatz von z. B. 10 % besagt, dass dem Entscheidungsträger 100 € zum Zeitpunkt 0 genauso viel wert sind wie 1,1 · 100 € = 110 € zum Zeitpunkt 1. Diese sind wiederum genauso viel wert, wie 1,1 · 1,1 · 100 € = 121 € im Zeitpunkt 2 und wie 1,1 · 1,1 · 1,1 · 100 € = $1{,}1^3$ · 100 € = 133,10 € im Zeitpunkt 3 (vgl. SCHILDBACH (2005), S. 25). Anders ausgedrückt sind dem Entscheidungsträger 133,10 € im Zeitpunkt 3 genauso viel wert wie 133,10 € · $1{,}1^{-1}$ = 121 € im Zeitpunkt 2, 133,10 € · $1{,}1^{-2}$ = 110 € im Zeitpunkt 1 und 133,10 € · $1{,}1^{-3}$ = 100 € im Zeitpunkt 0. Der Kapitalwert einer Alternative ergibt sich damit folgendermaßen:

$$\Phi(a_i) = \sum_{t=1}^{T} e_{ij} \cdot q^{-t} \quad \text{für } i = 1, \ldots, I;$$

mit $q = (1 + i)$

Optimal ist diejenige Alternative, die den höchsten Kapitalwert aufweist. Abbildung 2.11 zeigt die Berechnung der Kapitalwerte für die beiden Alternativen aus dem Beispiel. Danach wäre die Anmietung der Strandkörbe vorzuziehen.

Abb 2.11

Berechnung der Kapitalwerte

Zeitpunkt	Kauf	Miete
t = 0	– 630 €/St. · 10 St. = – 6.300 €	-
t = 1	(600 €/St. – 60 €/St.) · $1{,}1^{-1}$ · 10 St. = 4.909,09 €	(600 €/St. – 125 €/St.) · $1{,}1^{-1}$ · 10 St. = 4.318,18 €
t = 2	540 €/St. · $1{,}1^{-2}$ · 10 St. = 4.462,81 €	475 €/St. · $1{,}1^{-2}$ · 10 St. = 3.925,62 €
t = 3	540 €/St. · $1{,}1^{-3}$ · 10 St. = 4.057,10 €	475 €/St. · $1{,}1^{-3}$ · 10 St. = 3.568,75 €
t = 4	540 €/St. · $1{,}1^{-4}$ · 10 St. = 3.688,27 €	475 €/St. · $1{,}1^{-4}$ · 10 St. = 3.244.31 €
t = 5	540 €/St. · $1{,}1^{-5}$ · 10 St. = 3.352,98 € 50 €/St. · $1{,}1^{-5}$ · 10 St. = 310,46 €	475 €/St. · $1{,}1^{-5}$ · 10 St. = 2.949,38 €
Kapitalwert	14.480,71 €	18.006,24 €

Zusammenfassung

In diesem Abschnitt wurden wichtige Entscheidungsregeln erläutert.

- **Entscheidungsregeln für Entscheidungen bei *Sicherheit* fassen die Nutzenwerte der Ergebnisse einer Alternative unter Einbeziehung der Artenpräferenz zu einem Präferenzwert zusammen.**
- **Entscheidungsregeln für Entscheidungen bei *Risiko* ermitteln die Präferenzwerte einer Alternative unter Einbeziehung der Eintrittswahrscheinlichkeit der Umweltzustände und den Sicherheitspräferenzen. Nach den Sicherheitspräferenzen wird zwischen risikofreudigen, risikoneutralen und risikoaversen Entscheidungsträgern differenziert.**
- **In *Ungewissheitssituationen* liegen keine Informationen über die Eintrittswahrscheinlichkeiten der Umweltzustände vor. Die Präferenzwerte der Alternativen werden deshalb auf der Grundlage der Erwartungen des Entscheidungsträgers zum Eintritt der Umweltzustände zusammengefasst. Nach diesen Erwartungen werden die optimistischen und die pessimistischen Entscheidungsträger unterschieden.**

Fragen

1. Wie kann für eine Entscheidung bei Sicherheit und mehrfacher Zielsetzung die optimale Alternative gefunden werden, wenn sich die Ziele (a) komplementär, (b) konfliktär oder (c) neutral zueinander verhalten?
2. Unter welchen Bedingungen eignet sich das µ-Prinzip für die Auswahl der optimalen Alternative? Wann ist das (µ, σ)-Prinzip dem µ-Prinzip vorzuziehen?
3. Was sagt beim (µ, σ)-Prinzip der Risikoparameter aus?
4. Was bringt der Optimismusparameter bei der Hurwicz-Regel zum Ausdruck?
5. Wie wird bei der Kapitalwertmethode die Zeitpräferenz berücksichtigt?

Literatur

2.2.4

BAMBERG/COENENBERG/KRAPP (2012); SIEBEN/SCHILDBACH (1996)

2.3 | Phasen im Entscheidungsprozess

2.3.1 | Entscheidungsprozess bei verschiedenen Problemtypen

Entscheidungsprozess

Eine *Entscheidung* ist die an den Zielen ausgerichtete Auswahl derjenigen Handlungsmöglichkeit, die realisiert werden soll, um einen Ausgangszustand in einen angestrebten Endzustand zu überführen. Die Entscheidungsfindung vollzieht sich in Aktivitäten, die zu den folgenden Phasen des Entscheidungsprozesses zusammengefasst werden können (vgl. Witte (1993), Sp. 915; Laux/Liermann (2003), S. 33 f.):

- Identifikation des Problems,
- Festlegung des Zielsystems,
- Entwicklung von Alternativen,
- Bewertung der Alternativen sowie
- Auswahl einer Alternative.

gut strukturiertes Entscheidungsproblem

Die Komplexität des Entscheidungsprozesses hängt von dem Ausmaß der Strukturiertheit des Entscheidungsproblems ab. Ein gut strukturiertes Entscheidungsproblem weist die folgenden Merkmale auf (vgl. Adam (1996), S. 9 f.):

- Die Art und die Anzahl der Entscheidungsvariablen sind bekannt.
- Die Wirkungen der Alternativen auf die Ausgangssituation sind bekannt, d.h. ihr Beitrag zur Erreichung des Endzustandes.
- Die Ergebnisse der Alternativen sind bekannt.
- Der Entscheidungsträger hat ein operationales Zielsystem, d.h., die Alternativen können nach dem Grad der Vorziehenswürdigkeit in eine eindeutige Rangfolge gebracht werden.
- Es existiert ein Lösungsverfahren, mit dem die optimale Alternative bestimmt werden kann.

Entscheidungsproblem mit Strukturdefekten

Fehlt mindesten eines dieser Merkmale, wird von einem Entscheidungsproblem mit Strukturdefekten gesprochen. Ein Beispiel für ein solches Entscheidungsproblem ist die Auswahl von Maßnahmen zur Absatzsteigerung nach einem identifizierten Absatzrückgang mit dem Ziel, das ursprüngliche Erfolgsniveau zu erreichen. Nach dem jeweils fehlenden Merkmal werden unterschieden (vgl. Klein/Scholl (2011), S. 54 ff.):

- Abgrenzungsdefekte Entscheidungsprobleme
  Das Entscheidungsproblem ist erkannt worden, der Entscheidungsträger hat jedoch noch keine genauen Vorstellungen darüber, welche Handlungsmöglichkeiten geeignet sein könnten, den angestrebten Endzustand zu erreichen. Im Falle eines Absatzrückganges müssen zunächst die Ursachen geklärt werden, um Alternativen zu generieren. Diese können u.a. eine Preissenkung oder eine Werbekampagne eines Wettbewerbers oder eine Veränderung der Kundenwünsche sein.

- Wirkungsdefekte Entscheidungsprobleme
  Der Beitrag der Alternativen zur Erreichung des Endzustandes ist nicht bekannt. Die Wirkungen einer Preissenkung auf den Absatz können nicht ermittelt werden, da die Reaktion der Kunden und der Konkurrenten auf die Preissenkung nicht bekannt sind.
- Bewertungsdefekte Entscheidungsprobleme
  Die Ergebnisse der Alternativen sind nicht eindeutig. Soll beispielsweise zur Absatzsteigerung ein neues Produkt eingeführt werden, ist über die Produktidee zu entscheiden, die realisiert werden soll. Eine Produktidee ist noch zu unbestimmt, um die Herstellungskosten und die Absatzwirkungen des späteren Produktes und damit seines Erfolges ermitteln zu können.
- Zielsetzungsdefekte Entscheidungsprobleme
  Es werden mehrere Ziele verfolgt, die nicht gemeinsam erreicht werden können (→ Abschnitt 2.2.1, S. 51).
- Lösungsdefekte Entscheidungsprobleme
  Es existiert kein effizientes Verfahren, um die Alternativen nach ihrer Vorziehenswürdigkeit in eine Rangfolge zu bringen.

schlecht strukturiertes Entscheidungsproblem

Ein schlecht strukturiertes Entscheidungsproblem ist gegeben, wenn alle Defektarten vorliegen.

programmierte Entscheidungsfindung

Für Entscheidungsprobleme, die gut strukturiert und regelmäßig zu bearbeiten sind, kann die Entscheidungsfindung programmiert werden (vgl. ROBBINS/COULTER (2012), S. 213 f.). Die programmierte Entscheidungsfindung folgt Verfahren, Regeln oder Richtlinien. *Verfahren* schreiben aufeinanderfolgende Schritte vor, die zur Lösung gut strukturierter Entscheidungen durchgeführt werden sollen. Bei diesen Verfahren handelt es sich um verkürzte und vereinfachte Entscheidungsprozesse. *Regeln* legen fest, welche Alternative in einer bestimmten Situation zu wählen ist. *Richtlinien* sollen auf alle Situationen anwendbar sein. Sie bringen wünschenswerte Ergebnisse einer Entscheidung zum Ausdruck.

Info

Beispiele zur programmierten Entscheidungsfindung

Verfahren

- Antrags- und Genehmigungsverfahren geben den Ablauf von Entscheidungen über Investitionen vor.
- Beschaffungsrichtlinien schreiben das Vorgehen bei der Lieferantenwahl vor.

Regeln

- Prioritätsregeln geben vor, wie die Dringlichkeit von Aufträgen in einer Warteschlange bestimmt wird und legen darüber die Reihenfolge der Bearbeitung der Aufträge fest. Beispiele für Prioritätsregeln sind die KOZ-Regel (der Auftrag mit der kürzesten Operationszeit ist als nächstes zu bearbeiten) und die Schlupfzeitregel (der Auftrag mit der geringsten Differenz zwischen der verbleibenden Zeit bis zur Fertigstellung und bis zum geplanten Liefertermin ist als nächstes zu bearbeiten).

- Lagerhaltungssysteme geben vor, wann und in welcher Höhe eine Bestellung zu veranlassen ist. Nach dem (s, q)-System wird die Menge q bestellt, sobald der Lagerbestand den Bestellauslösebestand s erreicht hat. Bei Anwendung des (s, S)-Systems wird beim Erreichen des Bestellauslösebestands s die Menge bestellt, die erforderlich ist, um das Lager bis zum Richtbestand S aufzufüllen.

Richtlinien[1]

- Wir besetzen offene Stellen vorrangig aus eigenen Reihen und befürworten dabei auch bereichs- und unternehmungsübergreifende Wechsel.
- Wir vergüten die Leistung und das Engagement unserer Mitarbeiter der Position und der Arbeitsmarktsituation entsprechend.
- Die Kundenzufriedenheit prägt unser Handeln.

1) Unternehmungsgrundsätze der Lidl Dienstleistungs GmbH & Co. KG

Abb 2.12 | *Entscheidungsprozess*

Entscheidungsprobleme mit einem geringen Grad der Strukturiertheit verlangen nach einer problemindividuellen Entscheidungsfindung. Für diese Typen von Entscheidungsproblemen vollzieht sich die Entscheidungsfindung in einem Entscheidungsprozess (vgl. Abbildung 2.12, S. 66). Aufgabe der einzelnen Phasen ist es, das Entscheidungsproblem festzustellen und in ein Entscheidungsmodell zu überführen (vgl. Adam (1996), S. 15). Die Phasen werden nicht zwingend in der beschriebenen Reihenfolge ausgeführt, sondern können während des Entscheidungsprozesses mehrfach und mit unterschiedlicher Intensität durchlaufen werden (vgl. Witte (1993), Sp. 915).

problemindividuelle Entscheidungsfindung

Problemidentifikation

2.3.2

Aufgabe dieser Phase des Entscheidungsprozesses ist es, das richtige Problem zu erkennen und aufzubereiten. Ein Problem ist eine Abweichung zwischen einem gegebenen oder erwarteten und einem angestrebten Zustand. Ein Entscheidungsprozess wird jedoch nur dann ausgelöst, wenn das Problem die folgenden *Merkmale* aufweist (vgl. Robbins/Coulter (2007), S. 158):

Problem

- Der Entscheidungsträger ist sich des Problems bewusst.
- Das Problem setzt den Entscheidungsträger unter Handlungsdruck.
- Der Entscheidungsträger verfügt über die Kompetenzen, die Informationen und die Mittel, um das Problem lösen zu können.

Neben Problemen können auch Gelegenheiten Entscheidungsprozesse auslösen. Gelegenheiten sind das Potential, einen vorteilhafteren als den angestrebten Zustand zu erreichen (vgl. Daft/Kendrick/Vershinina (2008), S. 323).

Gelegenheiten

Die Identifikation des Problems vollzieht sich in folgenden Teilphasen (vgl. Pfohl/Stölzle (1997), S. 57):

Teilphasen

- Problemerkennung,
- Problembeurteilung und
- Problemanalyse.

Die Problemerkennung umfasst die Wahrnehmung des Problems. Die Abweichung zwischen dem tatsächlichen oder erwarteten und dem angestrebten Zustand wird dem Entscheidungsträger bewusst.

Problemerkennung

Die Problembeurteilung bezieht sich auf den Handlungsdruck, der durch die Dringlichkeit der Problemlösung verursacht wird. Neben der Dringlichkeit wird in dieser Teilphase auch die Lösbarkeit des Problems im Hinblick auf die zugeordneten Kompetenzen sowie die verfügbaren Informationen und Mittel beurteilt.

Problembeurteilung

Problemanalyse

Zweck der Problemanalyse ist die Suche nach der richtigen Problemursache. Dieser Teilphase der Problemidentifikation liegt der Gedanke zugrunde, dass eine offensichtliche oder direkt beobachtbare Problemursache selbst die Wirkung (Symptom) vorgelagerter Problemursachen sein kann, die u. U. nicht oder nur schwer zu erkennen sind. Es gilt daher, eine Folge von Problemursachen zu identifizieren, die durch Ursache-Wirkungs-Beziehungen verbunden sind. Nur durch die Beseitigung des letzten Gliedes dieser Folge kann das Problem gelöst werden (vgl. Ohno (1993), S. 43).

2.3.3 | Zielfindung und Alternativenentwicklung

Zielsystem

Ist das Problem identifiziert, muss das Zielsystem festgelegt werden. Das Zielsystem sollte

- vollständig und die Ziele
- operational und
- konsistent

sein (vgl. Bamberg/Coenenberg/Krapp (2012), S. 30 ff.). Das Zielsystem ist *vollständig*, wenn es alle Ziele und für jedes Zielmerkmal eine Präferenzrelation enthält. Die Vollständigkeit hinsichtlich der Ziele verlangt, dass alle möglichen Wirkungen der Alternativen als Ziele berücksichtigt werden, die den bestehenden Unternehmungszustand erkennbar in die durch die Unternehmungs- oder Bereichsziele erwünschte Richtung verändern. Ist über Maßnahmen zur Senkung des Anteils fehlerhafter Bauteile zu entscheiden, verlangt die Forderung nach Vollständigkeit, dass nicht nur der Anteil der fehlerhaften Bauteile in das Zielsystem einbezogen wird, sondern z.B. auch die Kosten der Qualitätssicherung, die Durchlaufzeit und die Ausbringungsmenge. Ein Ziel ist *operational*, wenn alle Zielmerkmale so detailliert und präzise formuliert worden sind, dass überprüft werden kann, bis zu welchem Grad sie erreicht worden sind. *Konsistent* sind die Ziele, wenn sie mit den Unternehmungs- oder Bereichszielen über eine Instrumentalrelation verbunden und untereinander widerspruchsfrei sind. Ihre Realisation muss einen erkennbaren Beitrag zur Realisation der übergeordneten Ziele leisten.

Teilphasen der Entwicklung des Zielsystems

Als Teilphasen der Entwicklung des Zielsystems können unterschieden werden (vgl. Wild (1981), S. 57 ff.):

- Zielsuche
  Diese Phase ist ein kreativer Prozess, in dem möglichst alle denkbaren Ziele gefunden werden sollten, die bei Realisation zur Erreichung der übergeordneten Ziele beitragen.
- Operationalisierung der Ziele
  Für die gefundenen Ziele sind die Zielmerkmale konkret und detailliert zu definieren.

- Zielanalyse
  Zum einen ist für jedes gefundene Ziel die Wirkung zu analysieren, die eine Realisation auf die übergeordneten Ziele hat. Zum anderen sind die Beziehungen zwischen den gefundenen Zielen zu untersuchen.
- Zielauswahl
  Von den gefundenen Zielen sind diejenigen auszuwählen, deren Realisation die besten Veränderungen der übergeordneten Ziele bewirken.

Entwicklung von Alternativen

Ziel der Entwicklung von Alternativen ist es, sich gegenseitig ausschließende Handlungsmöglichkeiten, die geeignet erscheinen, das identifizierte Problem zu lösen, zu erarbeiten und inhaltlich zu konkretisieren. Die Entwicklung von Alternativen vollzieht sich in den folgenden Teilphasen (vgl. KLEIN/SCHOLL (2011), S. 14 f.):
- Alternativenerkenntnis,
- Alternativenanalyse und
- Alternativenformulierung.

Alternativenerkenntnis

Nach der Art des zu lösenden Problems verlangt die Alternativenerkenntnis eine Alternativensuche, eine Alternativengenerierung oder eine Alternativenkreierung. Die Entscheidungen über die Beschaffung der Strandkörbe und der Notebook-Modelle zeichnen sich durch einen begrenzten Suchraum aus. Begrenzt wird der Suchraum durch die Kapazität des Winterlagers bzw. durch das Angebot der Hersteller von Notebooks. Im ersten Beispiel sind die Alternativen bekannt, im zweiten sind sie unbekannt und müssen aktiv gesucht werden. Bei begrenztem Suchraum genügt zur Alternativenerkenntnis eine *Alternativensuche*. Bei komplexen Entscheidungsproblemen können grundlegende Vorstellungen über mögliche Lösungsansätze bekannt sein. Die Erarbeitung von Alternativen für solche Entscheidungsprobleme erfordert eine *Alternativengenerierung*. Das ist eine systematisch-analytische Vorgehensweise, um Wirkungszusammenhänge zu erkennen und daraus Schlussfolgerungen über die zur Problemlösung geeigneten Maßnahmen abzuleiten. Ein Beispiel für ein solches Entscheidungsproblem ist der Entwurf eines Fließbandes bei Einführung eines neuen Produktes. Die *Alternativenkreierung* ist die Erarbeitung von Handlungsmöglichkeiten in einem kreativen Prozess. Zur Anwendung gelangt dieser Ansatz der Alternativenerkenntnis bei einem offenen Suchraum, wie er bei komplexen und innovativen Entscheidungsproblemen vorkommt. Als Beispiel kann die Entwicklung einer Werbekampagne für ein Produkt genannt werden, bei dem eine unzureichende Bekanntheit als Problem identifiziert worden ist (vgl. KLEIN/SCHOLL (2011), S. 147 f.).

Alternativenanalyse

Die Alternativenanalyse bezieht sich auf die Wirksamkeit, die Zulässigkeit und die Realisierbarkeit der gefundenen Alternativen. Bei der *Beurteilung der Wirksamkeit* wird zum einen die Eignung der Alternativen zur Problemlösung bewertet, d.h. ihre Eignung, den Ausgangs- in den angestrebten Endzustand zu überführen. Zum anderen werden die Konsequenzen der Alternativen für andere Bereiche erfasst, die über bestehende Sachinterdependenzen (→ QR-Glossar) verursacht werden. Zweck der *Zulässigkeitsprüfung* ist es, alle Alternativen aus der weiteren Betrachtung auszuschließen, die gegen zwingende Nebenbedingungen verstoßen, wie z.B. die begrenzt verfügbaren Ressourcen. Die *Realisierbarkeit* einer Alternative betrifft ihre Durchsetzbarkeit in der Unternehmung. Sie wird von der Akzeptanz der Alternative bei den Entscheidungsträgern und den Mitarbeitern bestimmt, die sie zu realisieren hätten (vgl. Wild (1981), S. 85ff.).

Alternativen-formulierung

Die Alternativen, die sich als wirksam, zulässig und realisierbar erwiesen haben, werden in der Phase der Alternativenformulierung inhaltlich konkretisiert. Diese Konkretisierung erstreckt sich auf die zu ergreifenden Maßnahmen, die zu ihrer Realisierung erforderlichen Ressourcen, die Zuständigkeiten und die Termine bei der Maßnahmendurchführung.

2.3.4 | Bewertung und Auswahl einer Alternative

Bewertung

Unter der Bewertung wird die Ermittlung der Ergebnismatrix und der Entscheidungsmatrix zur Herstellung einer Rangordnung der Alternativen im Hinblick auf ihre Vorziehenswürdigkeit auf der Grundlage des festgelegten Zielsystems verstanden. Die Bewertung umfasst

- die Lageanalyse und -prognose,
- die Wirkungsprognose sowie
- die Wertsynthese.

Lageanalyse und -prognose

Für die Lageanalyse und -prognose sind zunächst die Umweltfaktoren mit Einfluss auf die Ergebnisse der Alternativen zu ermitteln und ihre Entwicklung zu prognostizieren. Anschließend sind mögliche Umweltzustände zu definieren und ihre Eintrittswahrscheinlichkeiten zu bestimmen.

Wirkungsprognose

Gegenstand der Wirkungsprognose sind die Ergebnisse der Alternativen bei Eintritt der möglichen Umweltzustände. Es ist auch zu prognostizieren, wann die Ergebnisse eintreten werden (vgl. Wild (1981), S. 87f.). Die Ergebnisse der Lageanalyse und -prognose sowie der Wirkungsprognose werden zur *Ergebnismatrix* zusammengefasst.

Wertsynthese

Ziel der Wertsynthese ist es, die Alternativen in eine Rangfolge der Vorziehenswürdigkeit hinsichtlich der verfolgten Ziele zu bringen. Dazu wird die Ergebnismatrix in eine Entscheidungsmatrix überführt.

Im Anschluss an die Wertsynthese wird die Konsistenz der Bewertung beurteilt. Hierzu wird die Verträglichkeit der Ergebnisse, Nutzen- und Präferenzwerte überprüft. Anschließend wird die Alternative ausgewählt, die nach dem Optimalitätskriterium die optimale ist. Die Auswahl dieser Alternative wird auch als Entschluss bezeichnet. Entschluss

Zusammenfassung

Ein Entscheidungsproblem lässt sich durch folgende Merkmale beschreiben: den Ausgangszustand, die Handlungsmöglichkeiten, die Entscheidungsziele und die Handlungskonsequenzen. Bei realen Entscheidungsproblemen sind diese Merkmale vielfach nicht vollständig oder fehlen komplett, d. h. reale Entscheidungsprobleme können Strukturdefekte aufweisen. In diesem Abschnitt wurden die Aktivitäten erläutert, die ausgeführt werden müssen, um ein zunächst *strukturdefektes Entscheidungsproblem* in ein *Entscheidungsmodell* zu überführen und anschließend die optimale Alternative zu bestimmen. Diese Aktivitäten können in folgende Phasen eines Entscheidungsprozesses gegliedert werden: Problemidentifikation, Zielfindung, Alternativenentwicklung, Bewertung und Auswahl.

Fragen

1. Wie unterscheiden sich der Wirkungs- und der Bewertungsdefekt?
2. Was wird unter der Problemanalyse verstanden?
3. Welchen Anforderungen muss das Zielsystem genügen? Erläutern Sie diese Anforderungen.
4. Erläutern Sie die Teilphasen der Alternativensuche.
5. Wie lässt sich die Wertsynthese beschreiben?

Literatur | 2.3.5

Zu den Phasen des Entscheidungsprozesses: WILD (1981), MAG (1995)

3 | Sachbezogene Aufgaben des General Managements

Inhalt

Übersicht

Pläne werden auf allen Ebenen der Managementhierarchie erstellt und kontrolliert. Nach einer Kennzeichnung der Planung und Kontrolle (→ Abschnitt 3.1.1) werden die Unterschiede der Pläne erläutert, die auf den verschiedenen Hierarchieebenen erstellt werden. Es wird auch aufgezeigt, wie die Pläne der verschiedenen Ebenen abgestimmt werden, damit die untergeordneten Pläne zur Realisation der übergeordneten Pläne beitragen (→ Abschnitt 3.1.2). Aufgabe des General Managements ist die strategische Planung und Kontrolle, die sich in einer Abfolge verketteter Aktivitäten vollzieht. Es wird ein Prozessmodell vorgestellt, das diese Aktivitäten zu Phasen zusammenfasst und in eine zeit- und sachlogische Reihenfolge bringt. In der Unternehmungspraxis folgt die strategische Planung nicht dem durch das Prozessmodell beschriebenen Vorgehen. Es wird deshalb ein zweiter Ansatz der strategischen Planung erörtert, der das in der Wirtschaftspraxis beobachtete Vorgehen bei der strategischen Planung erläutert (→ Abschnitt 3.1.3).

Phasen der strategischen Planung sind die strategische Zielplanung, die Strategieentwicklung und die Strategieimplementierung. Ergänzt wird die strategische Planung durch die strategische Kontrolle. In Abschnitt 3.2 werden die Phasen im Prozess der strategischen Planung und Kontrolle erläutert. Den Schwerpunkt bilden die Aufgabenstellungen, die in diesen Phasen bearbeitet werden.

Die Strategieentwicklung ist eine Phase im Prozess der strategischen Planung. Sie vollzieht sich in einer Folge verketteter Aktivitäten, die zu folgenden Phasen zusammengefasst werden: Geschäftsfeldsegmentierung, Umwelt- und Unternehmungsanalyse, Strategieformulierung und -bewertung. In Abschnitt 3.3 werden die Aktivitäten dieser Teilphasen erläutert sowie ausgewählte Instrumente dargestellt, die zur Unterstützung der Strategieentwicklung in diesen Teilphasen eingesetzt werden können.

Planung und Kontrolle als sachbezogene Aufgaben | 3.1

Abgrenzung von Planung und Kontrolle | 3.1.1

Merkmale und Funktionen der Planung | 3.1.1.1

Planung

In der Planung werden für einen vorgegebenen Zeitraum die *Ziele* der Unternehmung festgelegt, *Strategien* zur Erreichung dieser Ziele entwickelt und *Pläne mit Handlungen* (→ QR-Glossar) erstellt, durch die Strategien in konkretes Handeln überführt werden sollen. Das Ergebnis der Planung gibt Auskunft darüber, was getan werden soll und warum es getan werden soll (vgl. ROBBINS/COULTER (2012), S. 232). Die Planung kann als die vor der Realisation liegende gedankliche Vorbereitung des Handelns verstanden werden. Genauer beschrieben werden kann die Planung durch die folgenden *Merkmale* (vgl. WILD (1981), S. 13 f.):

- Zukunftsbezogenheit
  Planung wertet die Chancen und Risiken der erwarteten Entwicklung der Unternehmung und ihrer Umwelt während des Planungszeitraums aus. Planung baut damit auf Erwartungen und Prognosen über die Entwicklung der Unternehmung und ihrer Umwelt auf.
- Gestaltungscharakter
  Planung versucht, Handlungsmöglichkeiten (→ QR-Glossar) zu erarbeiten, mit denen identifizierte Chancen genutzt und drohende Risiken vermindert werden können, um die gesetzten Ziele bestmöglich zu erreichen.
- Rationalität
  Planung ist bewusstes, zielgerichtetes Denken in einem Problemlösungsprozess, der durch methodisch-systematisches Vorgehen gekennzeichnet ist.
- Prozesscharakter
  Planung ist eine Abfolge verketteter Aktivitäten, die der Zielbildung, der Problemerkennung und -analyse sowie der Problemlösung dienen. Verkettet sind die Aktivitäten über die Informationen, die durch eine Aktivität gewonnen und bei der Erfüllung nachfolgender Aktivitäten verwendet werden.
- Informationeller Charakter
  Planung umfasst die Gewinnung, Aufnahme, Verarbeitung und Übermittlung von Informationen (vgl. WITTE (1993), Sp. 915).

Definition

***Planung* ist ein systematisch und rational durchgeführter informationsverarbeitender Prozess zur Festlegung der Ziele sowie der Handlungen, die bei der im Planungszeitraum erwarteten Unternehmungs- und Umweltentwicklung zur Erreichung dieser Ziele ausgeführt werden sollen.**

Planungsprozess

Die Planung vollzieht sich in einem Prozess mit den in Abbildung 3.1 erläuterten Phasen (vgl. WILD (1981), S. 46 ff.). Von dem in Abschnitt 2.3 dargestellten Entscheidungsprozess unterscheidet sich der Planungsprozess durch die Zukunftsorientierung. Der Entscheidungsprozess geht von einer tatsächlichen oder erwarteten Abweichung von einem angestrebten Endzustand aus. Die Planung schließt die Entwicklung der Unternehmungs- und Bereichsziele (→ Abschnitt 2.1.1) mit ein, d. h. die Definition des im Planungszeitraum angestrebten Endzustandes vor dem Hintergrund der erwarteten Entwicklung der Unternehmung und ihrer Umwelt.

Abb 3.1

Phasen im Planungsprozess

Phase	Phasenaufgabe
Zielbildung	Entwicklung der Unternehmungs- oder Bereichsziele, die im Planungszeitraum verfolgt werden sollen
Problemfeststellung	Ermittlung, Beurteilung und Analyse der Abweichungen des durch die Ziele definierten Endzustandes von dem für den Planungszeitraum erwarteten Ausgangszustand
Alternativenentwicklung	Erarbeitung von Handlungsmöglichkeiten, um den Ausgangszustand in den angestrebten Endzustand zu überführen
Alternativenbewertung	Ermittlung der Ergebnisse der Handlungsmöglichkeiten und Erarbeitung einer Rangordnung der Handlungsmöglichkeiten hinsichtlich ihres Beitrags zur Zielerreichung
Alternativenauswahl	Auswahl der optimalen Handlungsmöglichkeit

Pläne

Das Ergebnis der Planung sind Pläne. Ein Plan enthält Angaben zu den gesetzten Zielen, den festgestellten Problemen, den ausgewählten Handlungen zur Problemlösung und ihren Ergebnissen (→ QR-Glossar), zu den Ressourcen, Terminen und Trägern der Planerfüllung, dem Planungszeitraum sowie den Prämissen. Der *Planungszeitraum* ist das Zeitintervall, für das die Unternehmungs- und Umweltentwicklung prognostiziert wird, in dem die erarbeiteten Handlungen realisiert und die gesetzten Ziele erreicht werden sollen. Die *Prämissen* geben alle Erwartungen, Prognosen und Annahmen zur Unternehmungs- und Umweltentwicklung wieder, die dem Plan zugrunde liegen.

Funktionen der Planung

Es wird eine Vielzahl von Funktionen der Planung genannt (zu einem Überblick vgl. RÜHLI (1989), Sp. 568 ff.). Als *sachbezogene Managementaufgabe* dient die Planung den folgenden Funktionen (vgl. ROBBINS/COULTER (2012), S. 233):

- Orientierungsfunktion
  Durch die Festlegung der Ziele und der Handlungen zur Zielerreichung geben Pläne den Mitarbeitern die Richtung für ihr Handeln in der Unternehmung vor.

- Risikoreduktionsfunktion
  Durch die Analyse der Unternehmungs- und Umweltentwicklung können Gefahren für die Zielerreichung frühzeitig erkannt und Handlungen entwickelt werden, um den Gefahren wirkungsvoll begegnen zu können.
- Koordinationsfunktion
  Während der Planung können die Handlungen, die zur Zielerreichung ausgeführt werden sollen, so aufeinander abgestimmt werden, dass die verfolgten Ziele bestmöglich erreicht werden (→ Abschnitt 3.1.2.3, S. 83 ff.).
- Bewertungsfunktion
  Pläne präzisieren Art, Umfang und Termin der Beiträge, die zur Zielerreichung geleistet werden sollen. Die Planung schafft damit den Maßstab für die Beurteilung der Ergebnisse der Verantwortlichen, der Bereiche und der Unternehmung.

Merkmale und Funktionen der Kontrolle | 3.1.1.2

Jeder Plan beruht auf Erwartungen und Prognosen. Verläuft die Entwicklung anders als erwartet oder prognostiziert, kommt es zu Abweichungen zwischen den realisierten und den im Plan festgelegten Größen. Hinzu kommt, dass sich die mit der Planrealisation beauftragten Mitarbeiter nicht immer plankonform verhalten, d.h. den Plan ignorieren, ihn abwandeln oder unter dem im Plan festgeschriebenen Leistungsniveau bleiben. Jeder Plan ist deshalb mit einem Realisationsrisiko verbunden, d.h. der Gefahr, dass die geplanten Handlungen nicht oder nicht plankonform umgesetzt oder die festgelegten Ziele nicht erreicht werden (vgl. WOLLNIK (1989), Sp. 1381). Um die Planrealisation sicherzustellen, wird die Planung durch Kontrollen ergänzt.

Realisationsrisiko

Die Kontrolle kann als der unmittelbar vor, während oder nach der Realisation stattfindende Abgleich des Plans mit der tatsächlichen Unternehmungs- und Umweltentwicklung, dem tatsächlichen Handeln und der tatsächlichen Zielerreichung verstanden werden. Sie kann durch folgende Merkmale beschrieben werden:

Kontrolle

- Gegenwartsbezogenheit
  Durch Kontrollen sollen bereits realisierte Planabweichungen erkannt oder die Planabweichungen prognostiziert werden, die bei der *tatsächlichen* Unternehmungs- und Umweltentwicklung oder dem tatsächlichen Handeln am Ende des Planungszeitraums erwartet werden.
- Servicecharakter
  Mit Kontrollen werden Informationen über entstandene oder erwartete Planabweichungen und ihre Ursachen für andere Management-

funktionen (Planung, Organisation, Personaleinsatz und Führung) erfasst und aufbereitet.

- Vergleich
  Bei der Kontrolle handelt es sich um den Vergleich zwischen dem Wert einer Größe im Plan und dem Wert dieser Größe, der in einem Zeitpunkt tatsächlich erreicht worden ist oder der bei der am Ende des Planungszeitraums tatsächlich eingetretenen Entwicklung erwartet wird.

Definition

***Kontrolle* ist ein systematisch durchgeführter Prozess zur Ermittlung und Beurteilung von Planabweichungen durch den Vergleich des Wertes einer Größe im Plan mit dem in einem Zeitpunkt festgestellten oder erwarteten Wert dieser Größe zur Sicherung der Planrealisation.**

Funktionen

Als *sachbezogene Aufgabe des Managements* haben Kontrollen folgende Funktionen zu erfüllen:

- Plankorrekturfunktion
  Mit der Kontrolle sollen Informationen über die Realisierbarkeit und die Zielwirksamkeit der Pläne gewonnen werden, um Pläne bereits vor oder während der Realisation zur Sicherung der Zielerreichung korrigieren zu können (vgl. Siegwart/Menzl (1978), S. 108).
- Anpassungsfunktion
  Mit Kontrollen sollen Hinweise auf eine nicht zielkonforme Planrealisation gewonnen werden, um durch die Korrektur der Planrealisation oder die Anpassung der Organisation, des Personaleinsatzes oder der Führung die Zielerreichung sicherzustellen (vgl. Siegwart/Menzl (1978), S. 108).
- Verhaltensbeeinflussungsfunktion
  Kontrollen haben eine vorbeugende Wirkung auf Abweichungen des Arbeitsverhaltens (→ QR-Glossar) der Mitarbeiter von den aus den Plänen resultierenden Handlungsanweisungen. Zudem wirken Informationen über das Ausmaß der Planrealisation über die Bemessung von Belohnungen auf das Arbeitsverhalten der Mitarbeiter (vgl. Frese (1987), S. 185).
- Lernfunktion
  Durch Kontrollen sollen Erfahrungen für die Neuplanung und den damit neu beginnenden Managementprozess gesammelt werden (vgl. Schreyögg/Koch (2015).

Prozess

Die Kontrolle vollzieht sich in einem Prozess mit folgenden Phasen (vgl. Küpper u. a. (2013), S. 262 f.):

- Feststellung des Kontrollproblems,
- Ermittlung der Vergleichswerte der Kontrollgrößen,
- Feststellung der Abweichung und
- Abweichungsanalyse.

Ein *Kontrollproblem* wird durch folgende Merkmale beschrieben:

- Kontrollziele
  Das sind die im Plan festgelegten Ziele, die durch die Kontrolle gesichert werden sollen.
- Kontrollobjekte
  Objekte der Kontrolle sind die Planbestandteile (z.B. Handlungen, Ergebnisse, Ressourcen, Prämissen), die kontrolliert werden sollen. Kontrollobjekte können aber auch sonstige Unternehmungs- und Umweltfaktoren mit Einfluss auf die Zielerreichung sein.
- Kontrollgrößen
  Durch sie wird festgelegt, wie die Vergleichswerte für die Kontrollobjekte gemessen werden sollen.
- Kontrollzeitpunkte
  Sie definieren die Zeitpunkte, zu denen Kontrollen durchgeführt werden sollen. Kontrollen können während der Planung, während oder nach der Planrealisation durchgeführt werden.

Vergleichswerte sind die Werte der Kontrollgröße, die zur Ermittlung der Planabweichung gegenübergestellt werden. Die *festgestellten Abweichungen* werden nur dann analysiert, wenn sie für die Zielerreichung kritisch sind. Aufgabe der *Abweichungsanalyse* ist es, Informationen über die Ursachen der festgestellten Abweichungen zu gewinnen. Ursachen von Abweichungen können sein: Planungsfehler, unvorhersehbare Ereignisse, welche die Grundlage der Planung verändern, Fehler bei der Planrealisation, ein nicht plankonformes Arbeitsverhalten der Mitarbeiter oder Schwächen in den Rahmenbedingungen, wie z.B. der Organisation oder der Qualifikation der Mitarbeiter (vgl. SCHREYÖGG/KOCH (2015), S. 192).

Kontrollformen

Es haben sich verschiedene Kontrollformen herausgebildet. Nach dem *Kontrollobjekt* werden unterschieden:

- Wirkungskontrollen
  Kontrollobjekt sind die Zielwirkungen der Pläne. Als Kontrollgrößen können die Zielgrößen selbst (z.B. Erfolg) oder Bestandteile der Zielgrößen (z.B. Kosten, Erlöse) herangezogen werden.
- Maßnahmenkontrollen
  Objekte der Kontrolle sind die geplanten Handlungen. Als Kontrollgrößen werden Merkmale zur Beschreibung von Umfang und Qualität der durchgeführten Handlungen herangezogen.
- Prämissenkontrollen
  Kontrollobjekt ist die bei der Planung angenommene Unternehmungs- und Umweltentwicklung, die durch die Planprämisse beschrieben wird.

Wird der *Kontrollzeitpunkt* als Abgrenzungskriterium herangezogen, werden folgende Formen der Kontrolle unterschieden:

- Endkontrollen
  Das sind Kontrollen, die nach Abschluss der Planrealisation durchgeführt werden. Ermittelt werden können nur die realisierten Abweichungen und ihre Ursachen. Die Plankorrekturfunktion kann durch diese Form der Kontrolle nicht erfüllt werden.
- Begleitende Kontrollen
  Diese Kontrollen werden parallel zur Planrealisation durchgeführt. Mit begleitenden Kontrollen können Planabweichungen frühzeitig ermittelt werden, so dass Maßnahmen zur Sicherung der Planrealisation ergriffen werden können. Die begleitenden Kontrollen dienen damit der Plankorrekturfunktion.

Begleitende Kontrollen können als Planfortschritts- oder als Realisationskontrollen durchgeführt werden. Bei der *Planfortschrittskontrolle* (Soll-Wird-Vergleich) wird im Kontrollzeitpunkt der Wert der Kontrollgröße prognostiziert, der für das Ende des Planungszeitraums erwartet wird. Dieser Wird-Wert der Kontrollgröße wird mit dem im Plan festgelegten Wert der Kontrollgröße verglichen. Die *Realisationskontrolle* (Soll-Ist-Vergleich) setzt voraus, dass im Plan für einen oder mehrere Zeitpunkte im Planungszeitraum Zwischenergebnisse für die Kontrollgrößen festgelegt worden sind. Diese werden mit den in den vorgegebenen Zeitpunkten tatsächlich erreichten Werten der Kontrollgröße verglichen (vgl. Abbildung 3.2).

Abb 3.2

Formen der begleitenden Kontrolle

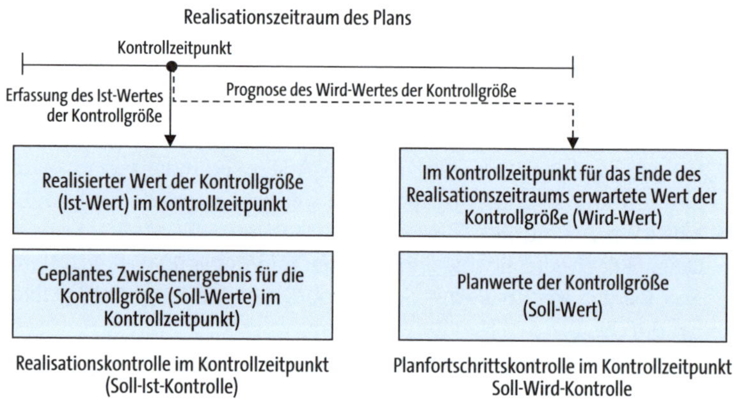

Abgrenzung der strategischen Planung und Kontrolle 3.1.2

Differenzierung und Planungshierarchie 3.1.2.1

Bei der Planung werden für jeden Teilbereich der Unternehmung die Handlungen festgelegt, die im Planungszeitraum ausgeführt werden sollen, um die Ziele der Unternehmung zu erreichen. Um die Komplexität der Planung handhabbar zu machen, wird nicht in einem Planungsprozess ein umfassender Gesamtplan für die Unternehmung erstellt, sondern es werden mehrere Planungsprozesse durchgeführt, die zu *abgegrenzten Teilplänen* führen, d.h., die Planung wird differenziert. Differenzierung der Planung ist die Aufteilung des Planungsproblems in einzeln zu planende, aber gewöhnlich verbundene Teilprobleme.

Differenzierung

Die Planung kann vertikal oder horizontal nach zeitlichen oder sachlichen Kriterien differenziert werden. Abbildung 3.3 gibt einen Überblick über die verschiedenen Formen der Differenzierung. Wird *vertikal differenziert*, entsteht eine Planungshierarchie mit mehreren Planungsebenen. Die Pläne verschiedener Ebenen sind einander über- oder untergeordnet. Übergeordnete Pläne geben den Rahmen vor, in dem die untergeordneten Pläne zu formulieren sind. Die untergeordneten Pläne füllen den vorgegebenen Rahmen aus, indem sie die Inhalte des übergeordneten Planes detaillieren und präzisieren. Die vertikale Differenzierung der Planung führt dazu, dass ausgehend von den gesetzten Unternehmungszielen eine Folge von Plänen mit immer detaillierteren und präziseren Inhalten erstellt wird. Bei *horizontaler Differenzierung* entstehen dagegen mehrere gleichgeordnete Pläne (vgl. Wild (1981), S. 160 f.).

Planungshierarchie

Abb 3.3

Formen der Differenzierung

Art der Differenzierung		Beispiele für Teilpläne
Horizontal	Sachlich	▶ Teilpläne für verschiedene Funktionsbereiche (Absatz-, Produktions-, Beschaffungsplan) ▶ Teilpläne für verschiedene Produkte ▶ Teilpläne für verschiedene Regionen
	Zeitlich	Teilpläne für verschiedene Perioden (Produktionsprogramm für die Perioden 1, 2 usw.)
Vertikal	Sachlich	Unternehmungs-, Bereichs- und Abteilungsplan
	Zeitlich	Teilpläne mit unterschiedlich langer zeitlicher Reichweite (kurz-, mittel- und langfristige Pläne)

In der Unternehmungspraxis üblich ist eine Planungshierarchie mit den folgenden Ebenen:

- strategische Planung,
- taktische Planung und
- operative Planung.

Sie entsteht durch die Kombination der zeitlich-vertikalen Differenzierung und der sachlich-horizontalen Differenzierung (vgl. Abbildung 3.4). Bei *zeitlich-vertikaler Differenzierung* werden neben langfristigen Globalplänen auch kurzfristige Detailpläne erstellt. Durch die zusätzliche *sachlich-horizontale Differenzierung* bildet jeder Plan einer Ebene der Planungshierarchie den Rahmen für mehrere Planungen der nachfolgenden Ebene, die sich jeweils nur auf einen kleineren Problembereich beziehen, beispielsweise auf einen Teilbereich der Unternehmung.

Abb 3.4

Planungshierarchie

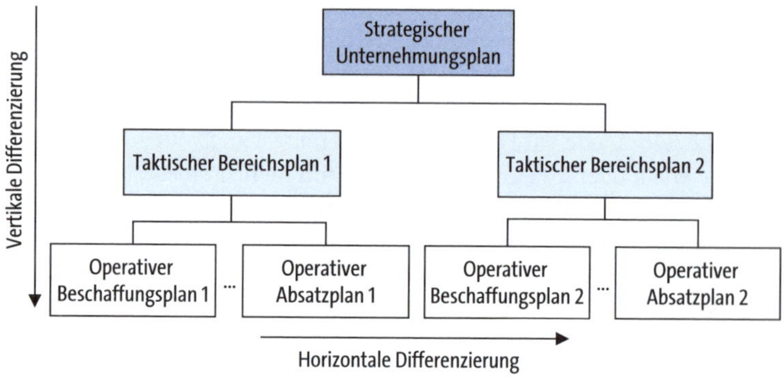

Ebenen der Planungshierarchie

Beschrieben werden können die Ebenen der Planungshierarchie durch die folgenden Merkmale: Planungsbereich, Planungsgegenstand, Fristigkeit, Detaillierungsgrad, Präzisionsgrad und Planungsträger. Der *Planungsbereich* ist der Unternehmungsbereich, für den geplant wird, z.B. der Produktions- oder der Absatzbereich. Der *Planungsgegenstand* beschreibt die Sachverhalte, die festgelegt werden sollen, wie z.B. die Produktionsmengen. Mit der *Fristigkeit* der Planung wird der Planungszeitraum beschrieben. So können beispielsweise die Produktionsmengen für einen Monat, ein Quartal oder ein Jahr geplant werden. Mit dem *Detaillierungsgrad* wird das Ausmaß der Zusammenfassung von Elementen und Beziehungen zu größeren Planungsgegenständen beschrieben. Nach dem Detaillierungsgrad werden Global- und Detailpläne abgegrenzt. Der *Präzisionsgrad* eines Planes wird durch die Art der verwendeten Informationen bestimmt. Pläne auf der Basis quantitativer Informationen weisen einen höheren Präzisionsgrad auf als Pläne, denen nur qualitative Informationen zugrunde liegen. Nach dem Präzisionsgrad werden Grob- und Feinpläne unterschieden (vgl. Friedl (2013), S. 130 ff.).

Info

Beispiel zu den Merkmalen der Planungsebenen

Eine Teehandelsunternehmung gliedert ihr Absatzprogramm in mehrere Marken. Beispielsweise sind die Marken der Ostfriesischen Tee Gesellschaft GmbH & Co. KG »Meßmer«, »OnnO Behrends Tee« und »Milford Tee« sowie einige Handelsmarken. Zu jeder Marke zählen mehrere Produktgruppen, wie z. B. Schwarzer Tee, Grüner Tee, Früchtetee und Kräutertee. In jeder Produktgruppe sind 9–15 Teesorten zusammengefasst. Zur Produktgruppe »Kräutertee« zählen z. B. die Teesorten »Pfefferminze«, »Fenchel«, »Brennnesselmischung« und »Ingwer-Zitrone«. In einem *Globalplan* werden die Absatzmengen jeder Produktgruppe einer Marke für ein Jahr festgeschrieben, in einem *Detailplan* die Absatzmengen jeder Teesorte einer Marke für das nächste Quartal. *Planungsgegenstand* des Globalplanes sind die Absatzmengen der Produktgruppen, der des Detailplanes die Absatzmengen der Teesorten. Der *Planungszeitraum* des Globalplanes umfasst ein Jahr, der des Detailplans ein Quartal.

Kennzeichnung der Planungsebenen

3.1.2.2

strategische Planung

Die strategische Planung bildet die oberste Ebene der Planungshierarchie. Sie gibt die Richtung vor, in die sich die Unternehmung entwickeln soll. Beschrieben wird diese Richtung durch die Unternehmungsziele sowie den strategischen Plan, der festlegt, wie die Unternehmungsziele erreicht werden sollen. In strategischen Plänen werden festgelegt: die Produktfelder der Unternehmung, die Märkte, auf denen sie tätig sein soll, und die Art und Weise, wie sie im Wettbewerb auf den Märkten bestehen will. Der *Planungsbereich* erstreckt sich auf die gesamte Unternehmung. Die strategische Planung ist eine langfristige Planung mit einem *Planungszeitraum* mit bis zu fünf Jahren. Der *Detaillierungsgrad* der strategischen Planung ist gering. So betrachtet sie nicht einzelne Produkte, sondern Produktfelder. Diese umfassen alle Produkte, die sich auf ein gemeinsames Merkmal zurückführen lassen. Beispiele für diese Merkmale sind die verwendete Technologie, ein Bedürfnis der Kunden, ein zu lösendes Problem oder eine Produktfunktion. Aufgrund des geringen Detaillierungsgrad und des langen Planungszeitraums ist die strategische Planung vorwiegend auf *qualitative Informationen* beschränkt (vgl. COLLEY u. a. (2007), S. 139 f.).

taktische Planung

Der strategischen Planung untergeordnet ist die taktische Planung. Gegenstand der taktischen Planung sind die Art und der Umfang der Potentialgüter (→ QR-Glossar), die für die Realisation des strategischen Plans bereitgestellt werden sollen. Die taktische Planung ist eine mittelfristige Planung, wobei der Planungszeitraum eine Teilperiode des strategischen Planes ist. Der *Planungszeitraum* sollte so bemessen sein, dass er sich über den Zeitraum für die Bereitstellung der Potentialgüter erstreckt und darüber hinaus die Richtung der Zielwirkungen des strategischen Planes erkennbar wird. Auf der taktischen Ebene der Planung wird der strategische Plan so weit detailliert, dass Art und Umfang der benötigten Potentialgüter hergeleitet werden können. Der *Detaillierungsgrad* der taktischen Planung ist deshalb höher als bei der strategischen Planung. In die taktische Planung gehen daher neben qualitativen auch *quantitative Informationen* ein (vgl. COLLEY u.a. (2007), S. 151 f.).

operative Planung

Die operative Planung ist die unterste Ebene der Planungshierarchie. Sie ist der taktischen Planung untergeordnet. Anders als strategische und taktische Pläne werden operative Pläne nicht weiter detailliert und präzisiert, sondern lösen Ausführungsaktivitäten aus. Operative Pläne legen die Handlungen fest, mit denen die Strategie in tatsächliches Handeln während des Planungszeitraums umgesetzt wird. Sie sind kurzfristig mit einem *Planungszeitraum* von maximal einem Jahr innerhalb des Planungszeitraums der übergeordneten taktischen Planung. Der *Detaillierungs- und Präzisionsgrad* ist hoch. Geplant werden u.a. die Mengen, die von jedem einzelnen Produkt gefertigt werden sollen. Abbildung 3.5 zeigt einen zusammenfassenden Überblick über die Planungsebenen.

Abb 3.5

Hierarchieebenen der Planung

Ebene	Abgrenzung	
Strategische Planung	Planungsbereich	Unternehmung
	Planungsgegenstand	Strategie, strategische Handlungsfelder, strategische Maßnahmenprogramme, strategische Kennzahlensysteme
	Planungszeitraum	Langfristig
	Detaillierungsgrad	Gering (Globalpläne)
	Präzisionsgrad	Gering (qualitative Information; Grobpläne)
Taktische Planung	Planungsbereich	Sachlich abgegrenzter Ausschnitt des Planungsbereichs der strategischen Planung
	Planungszeitraum	Teilperiode des Planungszeitraums der strategischen Planung
	Planungsgegenstand	Konkretisierung des zeitlich und sachlich abgegrenzten Ausschnittes des strategischen Plans
	Detaillierungsgrad	Mittel
	Präzisionsgrad	Mittel (quantitative und qualitative Informationen)
Operative Planung	Planungsbereich	Sachlich abgegrenzter Ausschnitt des Planungsbereichs der taktischen Planung
	Planungszeitraum	Teilperiode des Planungszeitraums der taktischen Planung
	Planungsobjekt	Umsetzung des zeitlich und sachlich abgegrenzten Ausschnittes des taktischen Plans in konkrete Durchführungspläne
	Detaillierungsgrad	Gering (Detailpläne)
	Präzisionsgrad	Hoch (Wert-, Mengen-, Zeitgrößen; Feinplan)

Der Planungsbereich der strategischen Planung erstreckt sich über die gesamte Unternehmung. Die strategische Planung ist deshalb eine Aufgabe des General Managements und kann nicht an untere Ebenen der Managementhierarchie delegiert werden. Das schließt eine Mitwirkung des mittleren Managements an der strategischen Planung nicht aus. Die taktische und die operative Planung können entsprechend der Verantwortung für die begrenzten Planungsbereiche den mittleren oder unteren Managementebenen zugeordnet werden. Abbildung 3.6 zeigt die Zuordnung von Trägern der strategischen, taktischen und operativen Planung zu den Ebenen der Managementhierarchie.

Aufgabe des General Managements

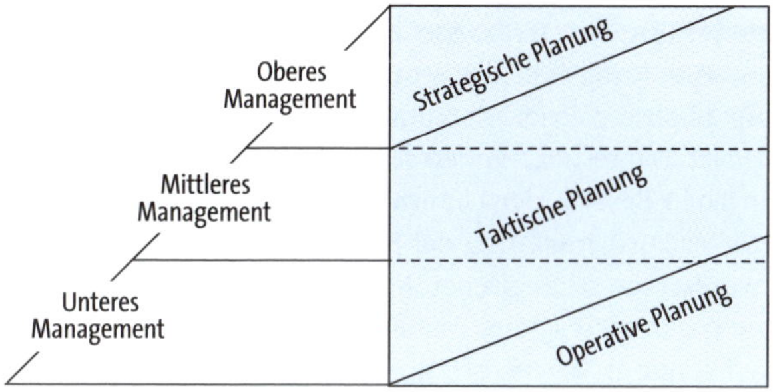

Abb 3.6

Ebenen der Planungs- und Managementhierarchie

Abstimmung der Planungsebenen

3.1.2.3

Objekte der strategischen Planung sind zunächst die langfristigen Ziele der Unternehmung und die Strategien. *Strategien* beschreiben einen an den Chancen und Risiken der Unternehmungsumwelt und den Stärken und Schwächen der Unternehmung ausgerichteten Rahmen für den Aufbau und Einsatz von Ressourcen und Fähigkeiten zur Erreichung der gesetzten Ziele.

Strategien

Definition

Eine *Strategie* legt die grundsätzlichen, langfristigen Vorgehensweisen fest, wie die Unternehmung ihre Stärken nutzt und mit ihren Schwächen umgeht, um bei den sich bietenden Chancen und den drohenden Risiken der Umwelt ihre langfristigen Ziele zu erreichen (vgl. KREIKEBAUM (1991), S. 25).

Für die taktische und die operative Planung ist die Strategie zunächst zu *präzisieren*, und zwar durch

- die Entwicklung strategischer Handlungsfelder,
- die Erarbeitung strategischer Maßnahmenprogramme sowie
- die Ableitung strategischer Kennzahlensysteme.

Zur Entwicklung strategischer Handlungsfelder werden zunächst strategische Intentionen identifiziert. Das sind sehr allgemein formulierte Handlungen, die für die Umsetzung der Strategien in konkretes Han-

strategische Handlungsfelder

deln zur Erreichung der Unternehmungsziele geplant werden sollen. Die strategischen Intentionen werden mit *Prioritäten* versehen und zu strategischen Handlungsfeldern zusammengefasst. Die Prioritäten legen die Reihenfolge fest, in der diese Handlungen geplant werden sollen. Die strategischen Handlungsfelder werden nach den *Haupteinflussgrößen der langfristigen Ziele* gebildet (vgl. COLLEY u. a. (2007), S. 147 f.). Bei einem Rentabilitätsziel können die strategischen Initiativen nach ihrem Einfluss auf das Umsatzwachstum, die operative Exzellenz (→ QR-Glossar) und den Kapitaleinsatz zu strategischen Handlungsfeldern zusammengefasst werden. Die strategischen Handlungsfelder geben vor, wie die Haupteinflussgrößen des Unternehmungsziels bei der Umsetzung der Strategie gesichert und verbessert werden sollen.

strategisches Maßnahmenprogramm

Zur Herleitung der strategischen Maßnahmenprogramme werden aus jedem Handlungsfeld die strategischen Handlungsinitiativen mit der jeweils höchsten Priorität inhaltlich konkretisiert und *bereichsbezogen* gegliedert. Die resultierenden strategischen Maßnahmenprogramme legen für jeden Bereich der Unternehmung die Handlungen (→ QR-Glossar) fest, die er zur Umsetzung der Strategie auszuführen hat. Detailliert geplant werden die strategischen Maßnahmenprogramme, die kurzfristig umgesetzt werden sollen. Die übrigen Maßnahmenprogramme werden zunächst nur grob geplant (vgl. COLLEY u. a. (2007), S. 146 f.).

strategisches Kennzahlensystem

Mit dem strategischen Kennzahlensystem werden die Zwischenziele für die strategische Kontrolle (→ Abschnitt 3.2.4, S. 114 ff.) festgelegt. Es umfasst die Kennzahlen, die als Kontrollgrößen verwendet werden, sowie die Regeln zur Ermittlung der Kennzahlenwerte. Die Kennzahlen werden aus den langfristigen Zielen und den Faktoren hergeleitet, die für die Erreichung der langfristigen Ziele kritisch sind (vgl. COLLEY u. a. (2007), S. 147 f.).

Die strategischen Handlungsfelder, die strategischen Maßnahmenprogramme und die strategischen Kennzahlensysteme sind der Gegenstand der strategischen Planung. Sie bilden zusammen mit der Strategie den strategischen Plan (vgl. Abbildung 3.7; COLLEY u. a. (2007), S. 143).

strategischer Plan

Der strategische Plan ist ein langfristiger Plan, d. h., er legt die Richtung der Unternehmungsentwicklung für einen mehrjährigen Zeitraum fest. Trotz dieser Langfristigkeit hat die strategische Planung, wie auch die taktische und die operative Planung einen Planungszyklus von einem Jahr, d. h. der strategische Plan wird in einem *jährlichen Rhythmus* überarbeitet und fortgeschrieben. Die Strategie wird jährlich an substanzielle Veränderungen angepasst, aus denen sich neue Chancen oder Risiken für die Unternehmung ergeben (vgl. COLLEY u. a. (2007), S. 137 f.). Weiterhin werden die strategischen Handlungsfelder, die strategischen Maßnahmenprogramme und das strategische Kennzahlensystem für das nächste Jahr detailliert, präzisiert oder fortgeschrieben.

Planungszyklus

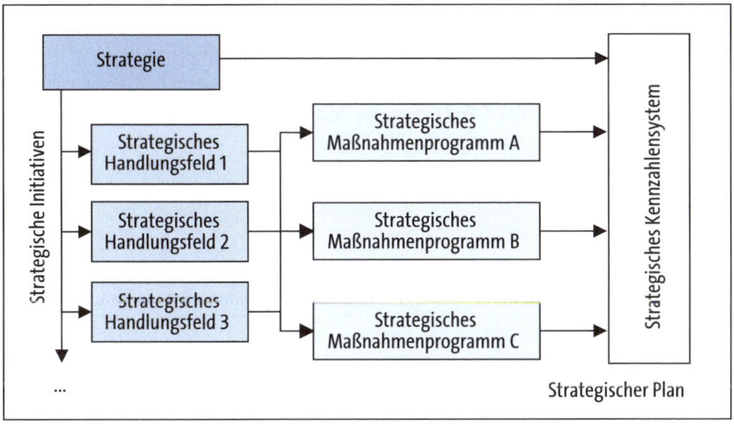

Abb 3.7
Objekte der strategischen Planung

Abstimmung der jährlichen strategischen, taktischen und operativen Planung

Zur Abstimmung der jährlichen strategischen, taktischen und operativen Planung werden u.a. die folgenden Planungsverfahren vorgeschlagen (vgl. MAG (1995), S. 166 ff.):

- das Top-down-Verfahren,
- das Bottom-up-Verfahren und
- das Gegenstromverfahren.

Top-down-Verfahren

Das Top-down-Verfahren beginnt mit der Erstellung des *strategischen Plans*. Im ersten Quartal des Geschäftsjahres wird die Umwelt nach bereits eingetretenen oder zu erwartenden Veränderungen analysiert. Auf der Basis der Ergebnisse dieser Umweltanalyse werden im zweiten Quartal die strategischen Pläne an die festgestellten Veränderungen angepasst. Zur Herleitung der strategischen Maßnahmenprogramme werden die in den strategischen Handlungsfeldern aktuell umzusetzenden Handlungen detailliert und präzisiert.

Die strategischen Maßnahmenprogramme werden der taktischen Planung vorgeben. Die *taktische Planung* wird im dritten Quartal durchgeführt. Bei einem Planungszeitraum von drei Jahren werden in jedem Jahr die Vorjahrespläne um eine Periode verlängert, so dass wieder ein taktischer Plan mit einem Planungszeitraum von drei Jahren vorliegt. Der taktische Plan wird erstellt, indem das strategische Maßnahmenprogramm differenziert, detailliert und präzisiert wird (vgl. COLLEY u.a. (2007), S. 138 f.). Im vierten Quartal des Geschäftsjahres wird ein neuer operativer Plan erstellt. Bei der *operativen Planung* wird ein zeitlich abgegrenzter Teilbereich des taktischen Plans differenziert, detailliert und präzisiert.

Durch das Differenzieren, Detaillieren und Präzisieren eines zeitlichen Abschnittes des jeweils übergeordneten Planes wird sichergestellt, dass die

Pläne auf allen Ebenen der Planungshierarchie an den langfristigen Zielen ausgerichtet werden und ein Beitrag zur Umsetzung der Strategie erbracht wird. Das Verfahren, das dieser Vorgehensweise zugrunde liegt, wird als revolvierende Planung bezeichnet (vgl. COLLEY u.a. (2007), S. 138f.). Abbildung 3.8 zeigt den Ablauf der revolvierenden Planung im Zeitablauf.

revolvierende Planung

Abb 3.8

Revolvierende Planung

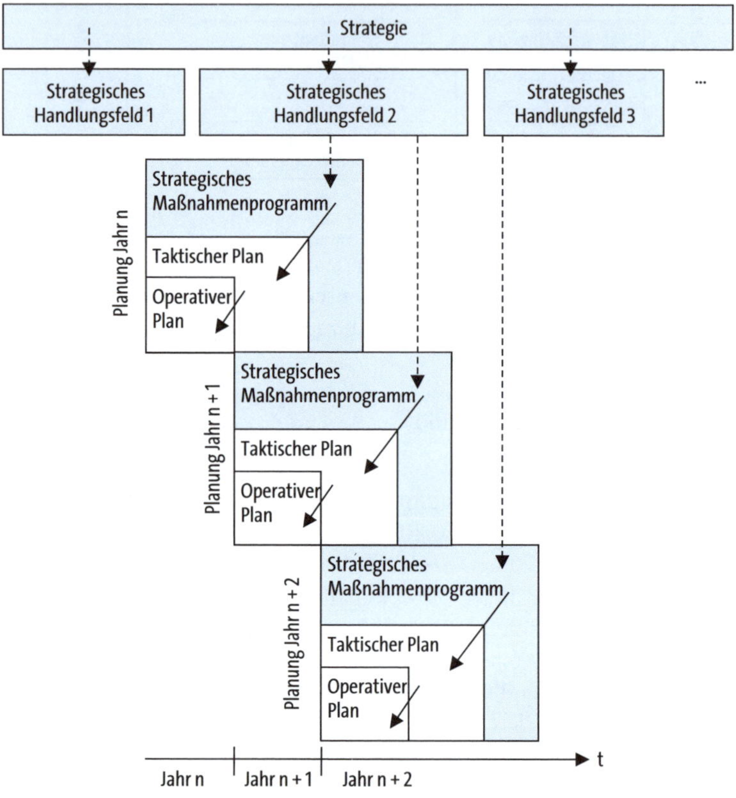

Eine *Gefahr* dieser Vorgehensweise ist, dass das obere Management ohne ausreichende Informationen aus den unteren Ebenen der Managementhierarchie planen und die Pläne nicht realisierbar sind oder den Notwendigkeiten des Tagesgeschäftes nicht genügen. Damit die Informationen der unteren Ebenen und die Notwendigkeiten des Tagesgeschäftes in die strategische Planung einbezogen werden, beginnt die Planung beim Bottom-up-Verfahren auf der unteren Ebene der Planungshierarchie mit der Erstellung der operativen Pläne. Auf der mittleren Ebene werden die operativen Pläne abgestimmt und zusammengefasst, um daraus die tak-

Bottom-up-Verfahren

tischen Pläne abzuleiten, auf deren Grundlage auf der oberen Ebene der strategische Plan erstellt wird. Nachteil dieser Vorgehensweise ist, dass die Pläne nicht am langfristigen Ziel ausgerichtet werden.

Gegenstromverfahren

Das Gegenstromverfahren kombiniert das Bottom-up- und das Top-down-Verfahren, um die Vorteile der beiden Ansätze zu verbinden und ihre Nachteile zu vermeiden. Bei diesem Planungsverfahren werden die Pläne zunächst top down erstellt und danach bottom up auf ihre Realisierbarkeit überprüft und gegebenenfalls angepasst.

3.1.3 Ablauf der strategischen Planung und Kontrolle

3.1.3.1 Strategischer Planungs- und Kontrollprozess

Planung und Kontrolle vollziehen sich in einer Abfolge verketteter Aktivitäten. Zur Beschreibung des Ablaufs der strategischen Planung und Kontrolle sind mehrere Prozessmodelle vorgeschlagen worden. Diese fassen die Aktivitäten der strategischen Planung zu mehreren Phasen zusammen und bringen sie in eine zeit- und sachlogisch begründete Reihenfolge. Die Prozessmodelle haben *idealtypischen Charakter*. Tatsächlich werden die Aktivitäten nicht in der durch die Prozessmodelle beschriebene Struktur ausgeführt, sondern werden im Verlauf der strategischen Planung mehrfach und mit unterschiedlicher Intensität durchlaufen (vgl. WITTE (1993), Sp. 915). Abbildung 3.9 veranschaulicht das Prozessmodell, das im Folgenden zugrunde gelegt wird.

Prozessmodelle

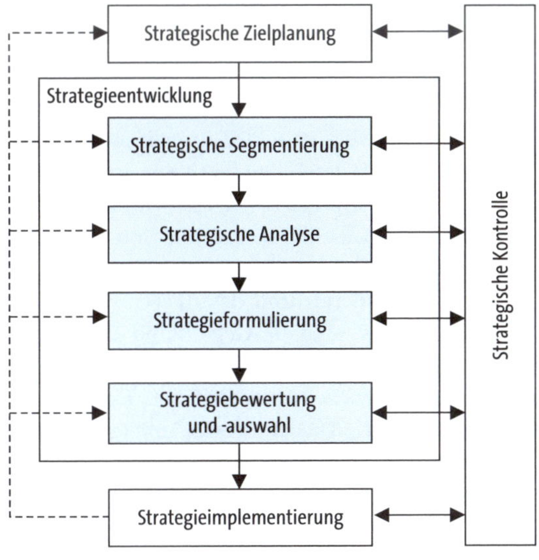

Abb 3.9

Prozess der strategischen Planung und Kontrolle

strategische Zielplanung

Ergebnis der strategischen Zielplanung ist der normative Rahmen der Unternehmung. Inhalt des *normativen Rahmens* sind die Vision, die Mission, die Werte und die langfristigen Ziele. Er gibt die Richtung der Unternehmungsentwicklung vor und grenzt einen Handlungsrahmen ab, in dem die angestrebte Entwicklung der Unternehmung realisiert werden soll.

Strategieentwicklung

Vom normativen Rahmen ausgehend werden in der zweiten Phase, die hier als Strategieentwicklung bezeichnet wird, die Strategien in mehreren systematischen Schritten erarbeitet. Diese Schritte sind

- die strategische Segmentierung,
- die strategische Analyse,
- die Strategieformulierung sowie
- die Strategiebewertung und -auswahl.

strategische Segmentierung

Eine Unternehmung ist meist in mehreren Bereichen tätig. Die Tätigkeitsbereiche können eigenständige Entwicklungsperspektiven, Chancen und Risiken bieten. Diese Unterschiede können erfordern, dass für die Tätigkeitsbereiche verschiedene Strategien entwickelt werden müssen. Es reicht deshalb nicht aus, im Prozess der strategischen Planung die Unternehmung als Ganzes zu betrachten. Die Phase der Strategieentwicklung beginnt deshalb mit der strategischen Segmentierung, die auch als Geschäftsfeldsegmentierung bezeichnet wird. Aufgabe dieses ersten Schrittes der Strategieentwicklung ist die Abgrenzung strategische Geschäftsfelder, die neben der Unternehmung weitere *Planungsbereiche* der strategischen Planung bilden.

Definition

Ein *strategisches Geschäftsfeld* ist ein Ausschnitt aus dem gesamten Tätigkeitsbereich der Unternehmung, der von den anderen Tätigkeitsbereichen weitgehend unabhängig ist und sich von diesen in den für die strategische Planung relevanten Merkmalen deutlich unterscheidet (vgl. Müller-Stewens/Lechner (2011), S. 143).

Nach dem Planungsbereich werden Unternehmungs-, Geschäftsfeld- und Funktionalstrategien unterschieden (vgl. Hofer/Schendel (1978), S. 27 ff.). Sie sind Teilstrategien der Strategie der Unternehmung, die durch sachlich-vertikale Differenzierung entstehen. Die *Unternehmungsstrategie* ist die übergeordnete Strategie. Durch sie wird festgelegt, in welchen Geschäftsfeldern die Unternehmung tätig werden soll. Die Geschäftsfeldstrategien differenzieren und detaillieren die Unternehmungsstrategien. Gegenstand der *Geschäftsfeldstrategien* sind die Wettbewerbsvorteile, die in jedem dieser Geschäftsfelder entwickelt werden sollen. Den Geschäftsfeldstrategien sind wiederum die *Funktionalstrategien* untergeordnet. Sie machen Aussagen über den Beitrag, den die Funktionsbereiche (z. B. Forschung & Entwicklung, Beschaffung, Produktion) zur Umsetzung der Strategien leisten sollen. Abbildung 3.10 zeigt einen Überblick über diese Strategien.

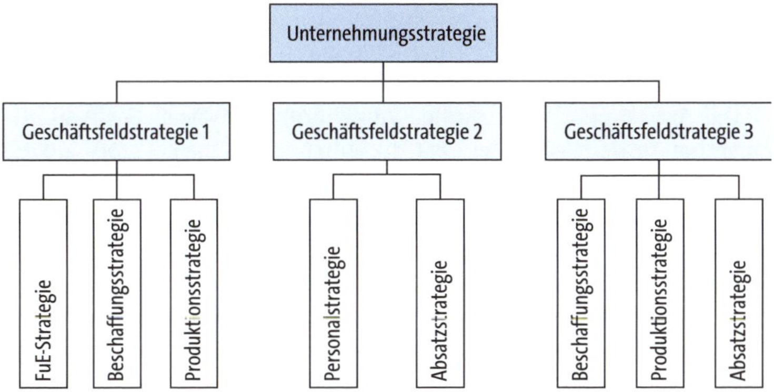

Abb 3.10

Arten von Strategien

strategische Analyse

Zweck der strategischen Analyse ist es, die Stärken und Schwächen der Unternehmung und die Chancen und Risiken der Unternehmungsumwelt zu identifizieren und zu bewerten. Zu analysieren sind das Umfeld, in das die Unternehmung eingebettet ist, und die internen Elemente (z.B. Ressourcen, Abläufe, Strukturen), die zusammen die Unternehmung ausmachen. Entsprechend wird die strategische Analyse in eine Umwelt- und eine Unternehmungsanalyse gegliedert.

Strategieformulierung

Aufgabe der Strategieformulierung ist es, für die Gesamtunternehmung und die strategischen Geschäftsfelder strategische Handlungsmöglichkeiten zu erarbeiten. Im nächsten Schritt, der *Strategiebewertung*, sind die strategischen Handlungsmöglichkeiten vor dem Hintergrund des normativen Rahmens zu beurteilen. Die Strategiebewertung ist die Voraussetzung der *Strategieauswahl*, d.h. der Entscheidung zwischen den strategischen Handlungsmöglichkeiten.

Strategie-implementierung

Auf die Strategieentwicklung folgt die Strategieimplementierung. Darunter wird die Überführung der geplanten Strategien in konkretes Handeln verstanden. Sie umfasst folgende *Aufgabenbereiche* (in Anlehnung an KOLKS (1990), S. 79):

- die sachbezogene Umsetzung der Strategie,
- die strukturelle Absicherung der Strategie sowie
- die verhaltensorientierte Durchsetzung der Strategie.

sachbezogene Umsetzung

Strategien definieren die grundsätzliche Vorgehensweise zur Erreichung der langfristigen Ziele. Durch die sachbezogene Umsetzung wird sie über alle Planungsebenen hinweg in konkretes Handeln überführt. Zu diesem Aufgabenbereich der Strategieimplementierung zählen die *taktische und operative Planung*. Mit diesen Plänen werden Handlungen mit mittel- und kurzfristigen Wirkungen ausgelöst. Für die Erstellung dieser Pläne auf den nachfolgenden Ebenen der Planungshierarchie werden die Strategien zunächst auf der strategischen Ebene durch die Entwicklung strategischer Handlungsfelder, die Erarbeitung strategischer Maßnahmenprogramm sowie die Herleitung strategischer Kennzahlensysteme *präzisiert*.

strukturelle Absicherung

Die Aufgabe der strukturellen Absicherung der Strategie ist es, die Organisation, den Personaleinsatz, die Führung und die Kontrolle auf die geplante Strategie auszurichten und die unterstützenden Systeme anzupassen, wie z.B. Informations- und Anreizsysteme. Sie vollzieht sich in den *nachfolgenden Phasen des Managementprozesses* und gehört nicht zur Planung.

verhaltensorientierte Umsetzung

Durch die Neuartigkeit einer Strategie ist ihre Realisation mit tief greifenden Veränderungen und weitreichenden Konsequenzen für die Führungskräfte unterer Ebenen der Managementhierarchie und die Mitarbeiter verbunden. Dadurch können bei Führungskräften und Mitarbeitern *Barrieren* entstehen, welche die Realisation der Strategie und die Erreichung der strategischen Ziele verzögern, beeinträchtigen oder sogar verhindern können. Ursachen dieser Barrieren können sein: die mangelnde Bereitschaft aufgrund von Ängsten vor einer materiellen oder ideellen Verschlechterung der eigenen Arbeitssituation, eine negative Einstellung gegenüber der Strategie oder fehlende Fachkenntnisse. Die verhaltensorientierte Umsetzung der Strategie umfasst die Erarbeitung, Realisation und Kontrolle von Maßnahmen zur Überwindung dieser Barrieren. Als Beispiele können kommunikative Maßnahmen zur Vermittlung der Strategie oder zur Schaffung von Akzeptanz für die Strategie und die Qualifizierung von Führungskräften und Mitarbeitern genannt werden. Abbildung 3.11 gibt einen zusammenfassenden Überblick über die Aufgaben der Strategieimplementierung.

Abb 3.11

Aufgaben der Strategieimplementierung

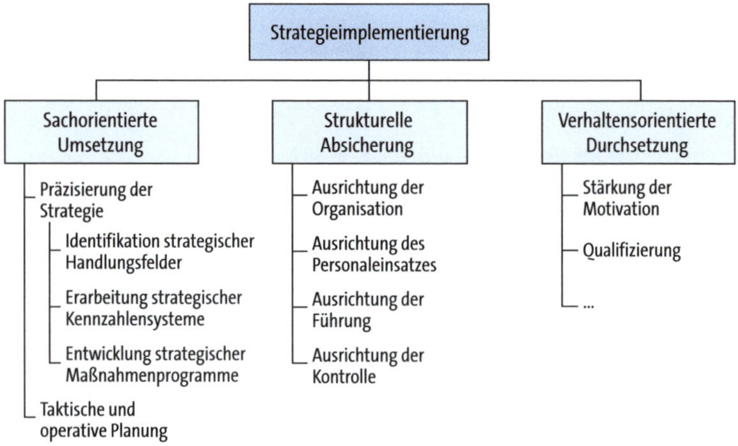

strategische Kontrolle

Aufgabe der strategischen Kontrolle ist es, die strategischen Pläne kontinuierlich auf ihre weitere Tragfähigkeit und Realisierbarkeit zu überprüfen, um neue Chancen und Risiken frühzeitig erkennen und die strategischen Pläne rechtzeitig anpassen zu können (vgl. Schreyögg/Koch (2010), S. 126). Die strategische Kontrolle ist eine *begleitende Kontrolle* (→ QR-Glossar), die parallel zum gesamten Prozess der strategischen Planung durchgeführt wird.

Synoptische und inkrementale Planung

3.1.3.2

Das Ergebnis eines systematischen und zielorientierten Planungsprozesses, wie er in Abbildung 3.9 beschrieben worden ist, sind intendierte Strategien. Diese werden jedoch aus verschiedenen Gründen nicht immer realisiert. Sie können sich als unausführbar erweisen oder als nicht mehr zielführend, da sich die Umwelt anders als bei der Strategieentwicklung angenommen entwickelt hat. Bei Mitarbeitern und einflussreichen Interessengruppen kann die Bereitschaft fehlen, der intendierten Strategie zu folgen (zu den Gründen vgl. Alexander (1985), S. 92). Wird die intendierte Strategie nicht oder nicht vollständig realisiert, kann sich im Prozess der Strategieimplementierung im Laufe der Zeit aus unzusammenhängenden Entscheidungen eine andere Strategie entwickeln. Nach der Entstehung und ihrer Realisation werden deshalb folgende Strategietypen unterschieden (vgl. Mintzberg (1978), S. 945):

Strategietypen

- die intendierte Strategie (intended strategy),
- die bewusste Strategie (deliberated strategy) und
- die emergente Strategie (emergent strategy).

Intendierte Strategien sind geplant, d. h. systematisch und zielorientiert entwickelt worden, aber (noch) nicht realisiert. Durch die Implementierung wird die intendierte Strategie zu einer *bewussten Strategie*. Eine *emergente Strategie* ist ungeplant. Sie entsteht, wenn sich Entscheidungen im Laufe der Zeit zu einem konsistenten Handlungsmuster verdichten. Abbildung 3.12 verdeutlicht die Beziehungen zwischen diesen Strategietypen (vgl. Mintzberg/Ahlstrand/Lampel (1999), S. 26).

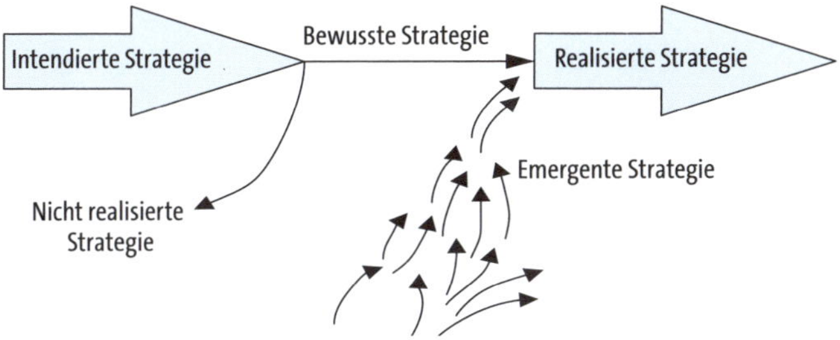

Abb 3.12

Intendierte und emergente Strategien

Strategien können damit das Ergebnis eines zielorientierten Planungsprozesses sein oder das Muster in einer Folge unzusammenhängender Entscheidungen, d. h. ein über die Zeit hinweg konsistentes Verhalten, das nachträglich rekonstruiert und zur Strategie erhoben wird (vgl. Mintzberg/Ahlstrand/Lampel (1999), S. 22 f.). Nach diesem Vorgehen werden zwei Ansätze der strategischen Planung unterschieden:

Ansätze der strategischen Planung

- der synoptische und
- der inkrementale Ansatz.

synoptischer Ansatz

Nach dem synoptischen Ansatz wird bei der Strategieentwicklung von langfristigen Zielen ausgegangen, auf deren Basis in mehreren systematischen Schritten Strategien entwickelt und anschließend implementiert werden. Verantwortlich für die Strategieentwicklung und -implementierung auf der Unternehmungs- und der Geschäftsfeldebene ist das *General Management.*

inkrementaler Ansatz

Empirische Untersuchungen zur Strategieentwicklung zeigen ein Muster, das als inkrementale Strategieentwicklung (Durchwursteln, Theorie der kleinen Schritte) bekannt ist. Der inkrementale Ansatz sieht keine ganzheitliche Erfassung des Planungsproblems vor. Die Strategie resultiert aus der Lösung drängender Teilprobleme, die sukzessive bei ihrem Auftreten und nicht unbedingt in einer sachlogischen Reihenfolge bearbeitet werden. Dieses Verhalten wird auch als *»muddling through«* bezeichnet. Der Lösung der Teilprobleme liegt kein explizit formuliertes langfristiges Ziel zugrunde. Im Vordergrund steht die Durchführbarkeit einer Lösung. Erst in einem zweiten Schritt wird überprüft, ob die Handlungsweise hinsichtlich ihrer Wirkungen auch annehmbar ist (vgl. Picot/Lange (1979), S. 570 ff.). Mit dem inkrementellen Ansatz gelangt man zu einer *emergenten Strategie.* Da sich diese aus einer Folge von Handlungen ergibt, sind beim inkrementalen Planungsansatz die Strategieentwicklung und die Strategieimplementierung untrennbar miteinander verbunden. Wird diesem Ansatz gefolgt, ist es letztlich jedem Mitarbeiter in der Unternehmung möglich, an der Strategieentwicklung mitzuwirken. Das *General Management* kann die Strategie nur noch nachträglich zu einer gewollten Strategie erheben (vgl. Bamberger/Wrona (2012), S. 429).

Zusammenfassung

Bei der *Planung* werden die Ziele der Unternehmung und die Handlungen festgelegt, die zur Zielerreichung durchgeführt werden sollen. Beginnend mit der Festlegung der Ziele der Unternehmung wird eine Folge von Plänen mit immer detaillierteren und präziseren

Inhalten erstellt. Dieses Vorgehen führt zu einer Planungshierarchie, deren Ebenen die strategische, die taktische und die operative Planung sind.

Die *strategische Planung* bildet die oberste Ebene der Planungshierarchie und ist Aufgabe des General Managements. Auf dieser Ebene werden die langfristigen Ziele der Unternehmung und die Strategie geplant. Strategien beschreiben nur die grundsätzliche, langfristige Vorgehensweise, wie eine Unternehmung mit ihren Stärken und Schwächen umgeht, um bei sich bietenden Chancen und drohenden Risiken der Unternehmungsumwelt die langfristigen Ziele zu erreichen.

In konkretes Handeln werden Strategien erst durch die *Strategieimplementierung* umgesetzt, die sich über alle Phasen des Managementprozesses erstreckt. Zur Strategieimplementierung trägt die Planung auf allen Ebenen der Planungshierarchie bei. Auf der Ebene der strategischen Planung werden die Strategien durch die Entwicklung strategischer Handlungsfelder, die Erarbeitung strategischer Maßnahmenprogramme und die Ableitung strategischer Kennzahlensysteme präzisiert. Mit der taktischen und der operativen Planung werden die Handlungen festgelegt, die im neuen Geschäftsjahr durchgeführt oder begonnen werden sollen.

Ergänzt wird die Planung durch die *Kontrolle*. Durch diese sachbezogene Aufgabe des Managements soll die Planrealisation gesichert werden, indem Informationen über erwartete oder bereits eingetretene Planabweichungen erfasst und bewertet werden.

Fragen

1 Wie unterscheidet sich die Planung von der Entscheidung?
2 Welche Kontrollarten werden nach dem Kontrollobjekt, welche nach dem Kontrollzeitpunkt unterschieden?
3 Welche Formen der Differenzierung der Planung werden unterschieden?
4 Welche Unterschiede bestehen zwischen der strategischen und der operativen Planung?
5 Was wird unter der revolvierenden Planung verstanden?
6 Erläutern Sie die Phasen der Strategieentwicklung. In welchem Ansatz der Strategieentwicklung ist dieser Prozess von Bedeutung?
7 Was wird unter der Strategieimplementierung verstanden?
8 Wie unterscheiden sich intendierte und emergente Strategien?

3.1.4 | Literatur

Colley u. a. (2007); Mag (1995); Kreikebaum/Gilbert/Behnam (2001); Wild (1981)

3.2 | Phasen der strategischen Planung und Kontrolle

3.2.1 | Strategische Zielplanung

3.2.1.1 | Funktionen des normativen Rahmens

normativer Rahmen

Aufgabe der strategischen Zielplanung ist die Festlegung des normativen Rahmens der Unternehmung. Inhalt des normativen Rahmens sind die Vision, die Mission, die Werte und die langfristigen Ziele der Unternehmung, zu denen die langfristigen finanziellen und die strategischen Ziele zählen. Abbildung 3.13 gibt einen Überblick über den normativen Rahmen und die zwischen seinen Elementen bestehenden Beziehungen.

Abb 3.13 |

Inhalte des normativen Rahmens

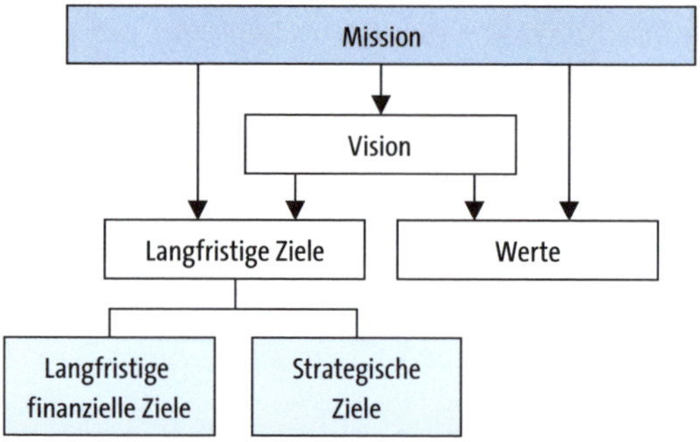

Funktionen

Der normative Rahmen dient folgenden Funktionen (vgl. Müller-Stewens/Brauer (2009), S. 149 ff.):

- Orientierungsfunktion
  Vorgegeben wird die Richtung der langfristigen Unternehmungsentwicklung, an der die Strategieentwicklung und -implementierung ausgerichtet werden soll. Dieser Funktion dienen die Vision und die langfristigen Ziele, die als *Formalziele* zu verstehen sind.
- Kanalisierungsfunktion
  Es wird ein Handlungsrahmen für die Entwicklung und Implementierung der Strategien zur Realisation der Vision und der langfristigen Ziele abgegrenzt. Erfüllt wird diese Funktion durch die Mission und die Werte. Sie haben den Charakter von *Sachzielen*.

Mission

3.2.1.2

Mit der Vision wird festgelegt, was in der Zukunft erreicht werden soll. Die Mission definiert einen Handlungsrahmen, in dem die durch die Vision beschriebene Zukunft der Unternehmung geschaffen werden soll. Dazu definiert sie *Grenzen der unternehmerischen Tätigkeit* und trifft *Aussagen zum Verhalten gegenüber den Ansprüchen der zentralen Stakeholder* (vgl. DAVID (2013), S. 89 f.). Dieser Rahmen sollte möglichst allgemein beschrieben werden, um kreative Wege zur Realisierung der Vision zu ermöglichen. So sollen in einer Mission beispielsweise nicht die Produkte selbst beschrieben werden, sondern ihr Nutzen für die Kunden. Eine allgemeinere Formulierung der Mission erleichtert es auch, abweichende Interessen der Stakeholder zu überbrücken. Der Handlungsrahmen sollte aber so präzise definiert sein, dass das Verhalten von Management und Mitarbeiter beeinflusst werden kann oder unerwünschte Vorhaben, Verfahrens- und Verhaltensweisen klar abgegrenzt und dadurch verhindert werden können. Die Mission ist die Verbindung zwischen der Vision und der Unternehmung, wie sie sich gegenwärtig darstellt, indem sie den Handlungsrahmen definiert, unter dem die Vision realisiert werden soll. Missionen sind gegenwartsbezogen, besitzen jedoch langfristige Gültigkeit.

Handlungsrahmen

Definition

Die *Mission* begründet die Existenz der Unternehmung, indem sie den Zweck der Unternehmung, d. h. den Auftrag, den die Unternehmung und ihre Mitarbeiter erfüllen, und den Beitrag beschreibt, der für die Stakeholder erbracht werden soll (vgl. MÜLLER-STEWENS/LECHNER (2011), S. 227).

Die Mission sollte Aussagen zu folgenden Sachverhalten machen, die hier als Dimensionen der Mission bezeichnet werden (vgl. DAVID (2013), S. 81 ff.): (1) Kunden, (2) Produkte, (3) Märkte, (4) Technologien, (5) wirtschaftliches Bekenntnis, (6) Unternehmungsphilosophie (Grundüberzeugungen, Anspruch, Wertvorstellungen, ethische Grundsätze), (7) Selbstbild (unverwechselbare Kompetenzen, wichtigste Wettbewerbsvorteile der Unternehmung), (8) Bekenntnis zur sozialen Verantwortung sowie (9) Bekenntnis zu den Mitarbeitern. Die Missionen der Unternehmungen enthalten meist nicht zu allen Dimensionen eine Aussage. Abbildung 3.14 nennt einige Missionen, die Aussagen zu mehreren Dimensionen enthalten.

Dimensionen der Mission

Abb 3.14

Beispiele für Missionen

Mission
DELL: Our mission is to be the most successful IT systems company (2) in the world (3) by delivering the best customer experience (6) in markets we serve. In doing so, Dell will meet customer expectations of: ► highest quality (6) ► leading technology (6) ► competitive pricing (6) ► individual and company accountability (6) ► best-in-class service and support (6) ► flexible customization capability (6) ► superior corporate citizenship (8)
The COCA-COLA COMPANY Vision[1)] To achieve our mission[1)], we have developed a set of goals, which we will work with our bottlers to deliver: ► Profit: Maximising return to shareholders (5), while being mindful of our overall responsibilities (8) ► People: Being a great place to work, where people are inspired to be the best they can be (9) ► Portfolio: Bringing to the world (3) a portfolio of beverage brands that anticipate and satisfy people's desires and needs (2) ► Partners: Nurturing a winning network of partners and building mutual loyalty (6) ► Planet: Being a responsible global citizen that makes a difference (8) ► Productivity: Be a highly effective, lean and fast-moving organization (7)
Our mission at THE BODY SHOP is to deliver with passion to our customers a unique experience by: ► Creating a comprehensive range of naturally-inspired (4) personal care products that offer performance, indulgence and great value (2) ► Communicating to our customers with passion, integrity and humour (6) ► Providing a shopping environment that excites, inspires and informs (6) ► Locating our points of sale worldwide in dedicated shops, in our customers' homes and on the internet (3) ► Operating our business with a strong commitment to the well being of our fellow humans and the preservation of our plant (8) ► Reinvesting in the business to constantly improve our customers' experiences (5)

1) Die Mission wird als Vision bezeichnet.

3.2.1.3 Vision

Auf der Ebene der strategischen Planung sollen neue Gelegenheiten erschlossen werden, die über die Grenzen der aktuellen Märkte, Technologien und Ressourcen der Unternehmung hinausgehen. Es soll über die unmittelbare Zukunft hinausgegangen werden, die sich aus der Fortschreibung der Gegenwart ergibt. Dazu muss der Anspruch erhöht werden, den Management und Mitarbeiter hinsichtlich der Leistungsmerkmale der Unternehmung haben, wie z.B. der Marktposition, der Reputation und der Produktqualität. Es muss die *Bereitschaft geschaffen* werden, ambitioniertere Ziele für die strategische, taktische und operative Planung zu setzen und zu verfolgen. Aus diesem Grund soll zu Beginn des Prozesses der strategischen Planung eine Vision formuliert und verankert werden, die auf allen Ebenen der Managementhierarchie als eine gewünschte Herausforderung betrachtet wird und neue strategische Optionen aufzeigt (vgl. COENENBERG/SALFELD (2007) S. 18). Eine Vision ist eine richtungsweisende normative Vorstellung von herausfordernden Zielen.

herausfordernde Ziele

Die Vision sollte einfach, knapp und eingängig formuliert sein, so dass sie von allen Mitarbeitern verstanden und geteilt werden kann (vgl. HUNGENBERG (2014), S. 419). Sie sollte sich über einen Zeitraum von 10–15 Jahren erstrecken und vorgeben, in welchen Unternehmungsbereichen bedeutsame Veränderungen erreicht werden können und sollen. Die Vision sollte zudem die Richtung weisen, in der sich strategische Handlungsmöglichkeiten ergeben können (vgl. LYNCH (2012), S. 227).

Definition

Eine *Vision* ist das herausfordernde Bild einer Zukunft der Unternehmung, die sich deutlich von der aktuellen Unternehmungssituation unterscheidet (vgl. LYNCH (2012), S. 226 ff.).

Arten von Visionen

Nach der angestrebten Veränderungen können verschiedene Arten von Visionen unterschieden werden (vgl. auch COLLINS/PORRAS (1996), S. 72; MÜLLER-STEWENS/LECHNER (2011), S. 226 f.):

- *Marktorientierte Visionen:* Es soll eine bestimmte Wettbewerbsposition im Markt erreicht werden.
- *Wettbewerberorientierte Visionen:* Gefordert wird ein direkter Angriff auf einen genau bezeichneten Wettbewerber.
- *Imageorientierte Visionen:* Es soll ein Ruf erworben werden, wie ihn ein genau bezeichneter Leistungsführer hat.
- *Kundenorientierte Visionen:* Sie benennen die Kunden, die erreicht werden sollen, oder die Kundenwünsche, die erfüllt werden sollen.
- *Strukturorientierte Visionen:* Gefordert wird der Einstieg in neue Kerngeschäfte.
- *Prozessorientierte Visionen:* Beschrieben werden kosten-, zeit- oder qualitätsbezogene Leistungsmerkmale, die so verbessert werden sollen, dass operative Exzellenz erreicht wird.
- *Programmorientierte Visionen:* Sie betreffen die Breite des Leitungsangebots, den Innovationsgrad der Produkte oder die verwendete Technologie.

Abbildung 3.15 nennt Beispiele für die verschiedenen Arten von Visionen (vgl. auch COLLINS/PORRAS (1996), S. 72; MÜLLER-STEWENS/LECHNER (2011), S. 226 ff.).

Abb 3.15 | *Beispiele für Visionen*

Art der Vision	Beispiele
Marktorientierte Vision	WAL-MART, 1990: Become a $ 125 billion company by the year 2000
	BOEING, 1950: Become the dominant player in commercial aircraft and bring the world into the jet age
	DEUTSCHE BANK, 2013: Wir wollen die führende kundenorientierte globale Universalbank sein
Wettbewerber-orientierte Vision	NIKE, 1960s: Crush Adidas
	HONDA, 1970s: We will destroy Yamaha!
	CANON, 1960s: Beat IBM
Imageorientierte Vision	GIRO SPORT DESIGN, 1986: Become the Nike of the cycling industry
	STANFORD UNIVERSITY, 1940s: Become the Harvard of the West
Kunden-orientierte Vision	FORD, 1907: Democratize the automobile. I will build a motor car for the great multitude ... It will be so low in price that no man making a good salary will be unable to own one
	BASF: Help farmers feed the world
Struktur-orientierte Vision	GENERAL ELECTRIC COMPANY, 1980s: Become number one or number two in every market we serve and revolutionize this company to have the strengths of a big company combined with the leanness and agility of a small company
Prozess-orientierte Vision	SONY, early 1950s: Become the company most known for changing the worldwide poor-quality image of Japanese products
Programm-orientierte Vision	LEGO: Inventing the future of play
	SIEMENS: Siemens - the pioneer in energy efficiency, industrial productivity, affordable and personalized healthcare, intelligent infrastructure solutions
	DAIMLER, 2015: Mehr Lebensqualität für alle Stadtbewohner
	COCA COLA: To refresh the world ... To inspire moments of optimism and happiness To create value and make a difference[1]

1) Die Vision wird als Mission bezeichnet.

3.2.1.4 | Werte

Überzeugungen, Eigenschaften und Verhaltensnormen

Vision und Mission werden in Werte übersetzt, die in einem Leitbild oder den Unternehmungsgrundsätzen zusammengefasst werden. Zweck dieser Werte ist es, die Inhalte der Vision und der Mission zu operationalisieren, um Management und Mitarbeiter bei der *Umsetzung der Vision und Mission richtungsweisend zu leiten*. Die Werte einer Unternehmung sind die Überzeugungen, Eigenschaften und Verhaltensnormen (→ QR-Glossar), nach denen Management und Mitarbeiter bei der Umsetzung der Vision und der Mission handeln sollten (vgl. THOMPSON u.a. (2012), S. 25). Dabei handelt es sich um einige wenige Regeln, die auf alle Situationen anwendbar sein sollten. Abbildung 3.16 nennt Beispiele für die Werte von Unternehmungen.

Abb 3.16

Beispiele für Werte

Lidl[1]	Als international tätiges Unternehmen sind wir uns unserer Größe und Präsenz in der Öffentlichkeit bewusst. Wir respektieren die Vielfalt der Kulturen und erkennen die Verschiedenheit ihrer Werte und Traditionen an. Unsere Arbeit ist durch unsere Unternehmens- und Verhaltensgrundsätze gekennzeichnet. ▶ Die Kundenzufriedenheit prägt unser Handeln. ▶ Überlegenes Preis-/Leistungsverhältnis bestimmt unsere Marktposition. ▶ Wir wachsen weiter durch Expansion und durch ständige Verbesserung in unseren Filialen. ▶ Als filialisierendes Unternehmen arbeiten wir mit System. ▶ Kurze Entscheidungswege und einfache Arbeitsabläufe sichern den Erfolg. ▶ Wir halten uns an geltendes Recht und interne Richtlinien. ▶ Wir übernehmen in unserem täglichen Handeln ökonomische, soziale und ökologische Verantwortung. ▶ Fairness ist ein Gebot gegenüber jedermann im Unternehmen. ▶ Wir achten und fördern uns gegenseitig. ▶ Vereinbarungen werden in einem Klima des Vertrauens eingehalten. ▶ Lob, Anerkennung und Kritikfähigkeit sollen in der täglichen Arbeit unser Betriebsklima bestimmen. ▶ Wir umgeben uns mit „starken" Mitarbeitern – die Stellvertretung je Bereich ist gesichert.
Coca Cola[2]	▶ *Live Our Values:* Our values serve as a compass for our actions and describe how we behave in the world. Leadership (the courage to shape a better future), collaboration (leverage collective genius), integrity (be real), accountability (if it is to be, it's up to me), passion (committed in heart and mind), diversity (as inclusive as our brands), quality (what we do, we do well) ▶ *Focus on the Market:* Focus on needs of our consumers, customers and franchise partners; get out into the market and listen, observe and learn; possess a world view; focus on execution in the marketplace every day; be insatiably curious ▶ *Work Smart:* Act with urgency; remain responsive to change; have the courage to change course when needed; remain constructively discontent; work efficiently ▶ *Act Like Owners:* Be accountable for our actions and inactions; steward system assets and focus on building value; reward our people for taking risks and finding better ways to solve problems; learn from our outcomes - what worked and what didn't ▶ *Be the Brand:* Inspire creativity, passion, optimism and fun

1) Unternehmungsgrundsätze: http://www.karriere-bei-lidl.de/cps/rde/xchg/lidl_ji/hs.xsl/5304.htm (Abruf: 02.01.2014); diese werden ergänzt durch Führungsgrundsätze, Verhaltensgrundsätze im Umgang mit Kunden, Verhaltensgrundsätze im Umgang mit Mitarbeitern und Verhaltensgrundsätze im Umgang mit Geschäftspartnern

2) http://www.coca-colacompany.com/our-company/mission-vision-values#TCCC (Abruf: 02.01.2014)

3.2.1.5 | Langfristige Ziele

Messung der Leistung

Langfristige Ziele übersetzen die Vision und die Mission in *Leistungsvorgaben* (vgl. THOMPSON u.a. (2012), S. 27). Sie sind der Maßstab für die Messung der Leistung von Management und Mitarbeitern bei der Umsetzung der Strategien und sind deshalb so zu formulieren, dass die Zielerreichung gemessen und die Verantwortung für die Zielabweichung eindeutig zugeordnet werden kann.

Definition

***Langfristige Ziele* geben die Ergebnisse vor, die mit der Entwicklung und Implementierung der Strategien erreicht werden sollen und ordnen die Verantwortung für die Erreichung dieser Ergebnisse zu.**

Langfristige Ziele dienen den folgenden Funktionen (vgl. CORSTEN/CORSTEN (2012), S. 137):

Funktionen

- Entscheidungsfunktion
  Strategische Handlungsmöglichkeiten werden hinsichtlich ihrer Beiträge zur Erreichung der langfristigen Ziele bewertet und ausgewählt.
- Koordinationsfunktion
  Es werden die Voraussetzungen für die Ausrichtung und Abstimmung der auf der strategischen, taktischen und operativen Ebene der Planungshierarchie geplanten Handlungen geschaffen.
- Verhaltensbeeinflussungsfunktion
  Ziele sind Vorgaben, an denen Mitarbeiter ihr Arbeitsverhalten ausrichten sollen.
- Kontrollfunktion
  Es werden die Voraussetzungen für den Vergleich des erreichten Ergebnisses mit einem Vorgabewert geschaffen, der die Beurteilung der Verantwortlichen zulässt.

Arten langfristiger Ziele

Langfristige Ziele werden für die Unternehmungs- und die Geschäftsfeldebene formuliert. Dabei werden nach den *Zieleigenschaften* folgende Arten langfristiger Ziele unterschieden (vgl. THOMPSON u.a. (2012), S. 28):

- langfristige finanzielle und
- strategische Ziele.

strategische Ziele

Langfristige finanzielle Ziele geben das finanzielle Ergebnis vor. Die *strategischen Ziele* haben Einflussgrößen auf die Wettbewerbsfähigkeit und die Marktposition der Unternehmung zum Inhalt. Sie geben vor, wie die finanziellen Ziele erreicht und langfristig gesichert werden sollen (vgl. DAVID (2013), S. 163 f.). Strategische und langfristig finanzielle Ziele sind über Instrumentalrelationen verbunden, d.h., sie stehen in einem Ursache-Wirkungs-Zusammenhang.

Beispiele

- *Langfristige finanzielle Ziele:* Steigerung des Jahresumsatzes um 12 %; Erhöhung des Erfolgs nach Steuern um jährlich 8 %; Steigerung des Erfolgs je Aktie um jährlich 4 %; Erhöhung der Dividende um jährlich 2 %; Steigerung der Eigenkapitalrentabilität auf 12 %; Wachstum des Shareholder Value um jährlich 2 %; Erhöhung des Cash Flows auf 3,8 Mio. €.
- *Strategische Ziele:* Erhöhung des Marktanteils um 12 %; Senkung der Kosten der Unternehmung auf ein Niveau, das unter dem der Wettbewerber liegt; Steigerung von Qualität oder Service auf ein Niveau, das über dem der Wettbewerber liegt; 60 % der Verkaufserlöse sollen mit Produkten erzielt werden, die nicht länger als fünf Jahre auf dem Markt sind; Erreichen einer Kundenzufriedenheitsrate von 90 %; neue oder verbesserte Produkte der Unternehmung werden stets früher auf den Markt eingeführt, als die der Wettbewerber; das Niveau der Leistungsfähigkeit der nationalen oder globalen Vertriebs- und Distributionssysteme ist über das der Wettbewerber zu steigern (vgl. THOMPSON u. a. (2012), S. 29).

Strategieentwicklung | 3.2.2

Dimensionen von Strategien | 3.2.2.1

Aufgabe der Strategieentwicklung ist die Erarbeitung der Unternehmungs-, der Geschäftsfeld- und der Funktionsbereichsstrategien. Eine Strategie hat fünf Dimensionen, über die ihre Inhalte beschrieben werden können (vgl. Abbildung 3.17). Diese Dimensionen stehen für die Fragen, die bei der Strategieentwicklung beantwortet werden müssen. Die erarbeiteten Antworten bilden die Inhalte der Strategie. Die Fragen lauten (vgl. HAMBRICK/FREDRICKSON (2005), S. 51):

fünf Dimensionen

- *Tätigkeitsbereiche:* In welchen Bereichen will die Unternehmung tätig sein?
- *Mittel:* Wie will sich die Unternehmung ihre Tätigkeitsbereiche zugänglich machen?
- *Unterscheidungsmerkmale:* Wie will sich die Unternehmung in den Tätigkeitsbereichen von den Konkurrenten abheben oder wie will sie im Wettbewerb bestehen?
- *Dringlichkeitsfolge:* Mit welcher Geschwindigkeit und mit welcher Handlungsfolge will die Unternehmung vorgehen?
- *Ökonomische Logik:* Wie will die Unternehmung in den Tätigkeitsbereichen Erfolge erzielen?

Abb 3.17

Dimensionen einer Strategie

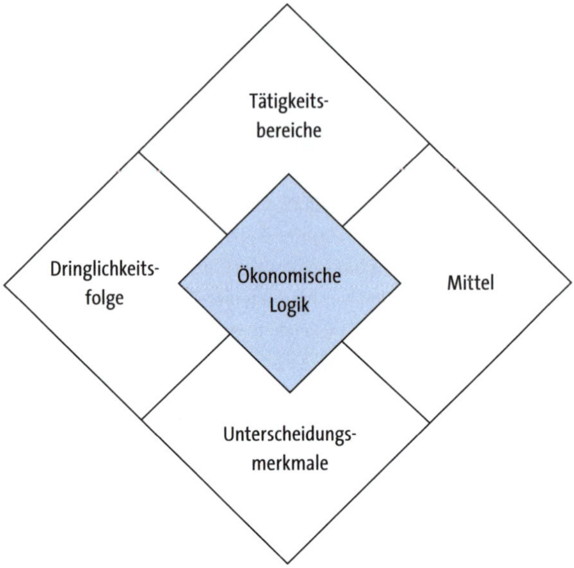

Tätigkeitsbereiche

Die Tätigkeitsbereiche der Unternehmung werden über die zu bearbeitenden Kundenprobleme, die Kundengruppen, die Regionen, die Haupttechnologien und die Wertschöpfungsstufen (z.B. Entwicklung, Produktion, Verkauf, Kundendienst, Vertrieb) beschrieben. Die definierten Tätigkeitsbereiche werden nach der Bedeutung gewichtet, die ihnen beigemessen werden soll (vgl. HAMBRICK/FREDRICKSON (2005), S. 53 f.).

Mittel

Soll der Tätigkeitsbereich der Unternehmung erweitert werden, muss auch über die Mittel entschieden werden. Durch diese Dimension einer Strategie wird festgelegt, inwieweit die neuen Tätigkeitsbereiche selbst entwickelt oder von wem und in welcher Form sie übernommen werden (vgl. HAMBRICK/FREDRICKSON (2005), S. 54).

Unterscheidungsmerkmale

Um im Wettbewerb um Kunden bestehen zu können, muss die Unternehmung Wettbewerbsvorteile schaffen. *Wettbewerbsvorteile* resultieren aus Unterschieden zu den Konkurrenten im Hinblick auf Merkmale, die für die Kunden von hohem Nutzen sind. Die Unterscheidungsmerkmale können das Image, die Anpassung an die Kundenwünsche, den Preis, das Produktdesign oder den Kundendienst betreffen. Ein Wettbewerbsvorteil ist nicht zwingend eine Spitzenposition hinsichtlich eines Merkmals, er kann auch durch die beste Kombination mehrerer Merkmale errungen werden (vgl. HAMBRICK/FREDRICKSON (2005), S. 55).

Mit den Tätigkeitsbereichen, Mitteln und Unterscheidungsmerkmalen werden Handlungsfelder definiert. In der Regel ist es nicht erforderlich, alle Handlungsfelder parallel und aufeinander abgestimmt zu erarbeiten. Es müssen deshalb die Geschwindigkeit und die Reihenfolge der Bearbeitung der verschiedenen Handlungsfelder festgelegt werden. Faktoren mit Einfluss auf die Dringlichkeitsfolge sind die verfügbaren Kapazitäten, Gelegenheiten, die sich nur in einem begrenzten Zeitfenster bieten, die Glaubwürdigkeit bei den Stakeholdern und das Streben nach frühen Erfolgen (vgl. Hambrick/Fredrickson (2005), S. 55 f.).

Dringlichkeitsfolge

Den Tätigkeitsbereichen, Mitteln und Unterscheidungsmerkmalen sowie der Dringlichkeitsfolge muss eine klare Vorstellung davon zugrunde liegen, wie die Unternehmung Erfolge erzielen soll. Die Ursachen für Kosten- und Erlösvorteile, die in den übrigen Dimensionen begründet sind, bilden die ökonomische Logik der Strategie (vgl. Hambrick/Fredrickson (2005), S. 56 f.).

ökonomische Logik

Info

Mit diesen Merkmalen lässt sich die Strategie von IKEA wie folgt beschreiben (vgl. Hambrick/Frederickson (2005), S.58):

- Tätigkeitsbereiche: Preiswerte, zeitgemäße Einrichtungsgegenstände für die Kundengruppe »Junge Angestellte« weltweit
- Mittel: Organisches Wachstum; Einrichtungshäuser gänzlich im Eigenbetrieb
- Unterscheidungsmerkmale: Sehr verlässliche Qualität, niedrige Preise; unterhaltsames und entspannendes Einkaufserlebnis; unverzügliche Bereitstellung der Produkte
- Dringlichkeitserfolge: Schnelles internationales Wachstum über regionale Niederlassungen; früher Markteintritt in allen Ländern bei späterer Expansion
- Ökonomische Logik: Kostenvorteile durch Economies of Scale (global, regional und Einrichtungshaus an einem Standort); Kostenvorteile durch Standardisierung.

Unternehmungsstrategien

3.2.2.2

Dimensionen

Dimensionen der Unternehmungsstrategie sind die Tätigkeitsbereiche, die Mittel, die Dringlichkeitsfolge und die ökonomische Logik. Die ökonomische Logik beruht auf der Unternehmungsebene vor allem auf Verflechtungen zwischen den Geschäftsbereichen, aus denen Verbundvorteile (→ QR-Glossar) resultieren. Diese Dimensionen werden durch die in Abbildung 3.18 genannten Strategietypen festgelegt.

Abb 3.18

Typen von Unternehmungsstrategien

Dimension	Typen von Unternehmungsstrategien	
Tätigkeitsbereich	Portfolio-Strategien	▶ Investitions- und Wachstumsstrategie ▶ Abschöpfungsstrategie ▶ Desinvestitionsstrategie
	Entwicklungs-strategien	▶ Wachstumsstrategie ▶ Stabilisierungsstrategie ▶ Schrumpfungsstrategie
	Produkt-Markt-Strategien	▶ Marktdurchdringungsstrategie ▶ Marktentwicklungsstrategie ▶ Produktentwicklungsstrategie ▶ Diversifikationsstrategie
Mittel	Eintritts-strategien	▶ Interne Entwicklung ▶ Externe Entwicklung ▶ Kooperation
Ökonomische Logik	Horizontal-strategien	▶ Strategie der materiellen Verflechtung ▶ Strategie der immateriellen Verflechtung ▶ Strategie der Koordination der Geschäftsfelder

Portfolio-Strategien

Die Portfolio-Strategien zielen auf die *gegenwärtigen Geschäftsfelder*. Sie enthalten Aussagen über die Verteilung der Ressourcen auf die Geschäftsfelder und deren geplante Entwicklung. Drei grundlegende Portfolio-Strategien werden unterschieden (vgl. WELGE/AL-LAHAM (2012), S. 483 f.):

- Investitions- und Wachstumsstrategie
  Diese Strategie wird für Geschäftsfelder gewählt, die einen hohen Beitrag zum Wachstum und zum Gewinn der Unternehmung erwarten lassen. Um dieses Potential sichern und ausbauen zu können, sind erhebliche Investitionsmittel für Kapazitätserweiterungen und die Marktförderung erforderlich. Diese können von dem Geschäftsfeld (noch) nicht selbst erwirtschaftet werden. Die Investitions- und Wachstumsstrategie sieht deshalb den *Einsatz finanzieller Überschüsse anderer Geschäftsfelder* vor.
- Abschöpfungsstrategie
  Zur Anwendung gelangt diese Strategie bei Geschäftsfeldern ohne Zukunftspotential, die aber (noch) hohe finanzielle Überschüsse erwirtschaften. Sie fordert, dass die Investitionen in dem Geschäftsfeld möglichst gering gehalten und die finanziellen Überschüsse auf dem erreichten Niveau gesichert werden. Die *finanziellen Überschüsse werden abgeschöpft* und für die Deckung des Finanzmittelbedarfs der Geschäftsfelder mit hohen Erfolgs- und Wachstumspotentialen eingesetzt.
- Desinvestitionsstrategie
  Diese Strategie sieht die *Stilllegung oder den Verkauf* des Geschäftsfeldes vor. Die erzielten finanziellen Überschüsse werden für die Deckung

des Finanzmittelbedarfs der Geschäftsfelder mit hohen Wachstums- und Erfolgspotentialen verwendet. Gewählt wird sie für Geschäftsfelder ohne Zukunftspotential, die keine Überschüsse erzielen.

Entwicklungsstrategien

Die Entwicklungsstrategien weisen die Richtung, in die sich der Tätigkeitsbereich der Unternehmung entwickeln soll. Grundsätzlich kann er ausgeweitet, gehalten oder verkleinert werden. Entsprechend werden unterschieden (vgl. Kreikebaum/Gilbert/Behnam (2011), S. 136 ff.):

- Wachstumsstrategie
  Diese Strategie sieht die Ausweitung des Tätigkeitsbereichs der Unternehmung vor.
- Stabilisierungsstrategie
  Bei Verfolgung dieser Strategie wird keine Veränderung des Tätigkeitsbereichs der Unternehmung angestrebt.
- Schrumpfungsstrategie
  Diese Strategie verlangt, dass Tätigkeitsbereiche aufgegeben werden.

Produkt-Markt-Strategien

Zu den Produkt-Markt-Strategien zählen alle Strategien zur Ausweitung des Tätigkeitsbereichs der Unternehmung, die durch eine Anpassung der bearbeiteten Kundenprobleme, Kundengruppen, Regionen, Technologien oder Wertschöpfungsstufen (→ QR-Glossar) gekennzeichnet sind. Abbildung 3.19 zeigt eine bekannte Typologie von Produkt-Markt-Strategien für die Ausdehnung des Tätigkeitsbereichs der Unternehmung, die 1965 von Ansoff vorgeschlagen worden ist (vgl. Ansoff (1988), S. 109 f.).

Abb 3.19

Produkt-Markt-Strategien

Produkte / Märkte	Gegenwärtige Produkte	Neue Produkte
Gegenwärtige Märkte	Marktdurchdringungsstrategie	Produktentwicklungsstrategie
Neue Märkte	Marktentwicklungsstrategie	Diversifikationsstrategie

Neue Produkte können durch die Bearbeitung neuer Kundenprobleme, den Einsatz neuer Technologien oder die Integration vor- oder nachgeordneter Wertschöpfungsstufen (vgl. Abbildung 3.20) entstehen. Die *neuen Märkte* können durch die Erschließung neuer Kundengruppen, die Integration vor- oder nachgelagerter Wertschöpfungsstufen oder durch eine regionale Ausdehnung der bisherigen Märkte gewonnen werden. Nach der *regionalen Ausdehnung* werden unterschieden: lokale Strategien, die orts- oder regionalgebunden sind, nationale Strategien, die landesweit ausgerichtet sind, und Internationalisierungsstrategien, die eine Ausdehnung des Tätigkeitsbereichs über die Landesgrenzen hinaus vorsehen. Bei der

Internationalisierungsstrategie wird nach dem Produktprogramm zwischen

- den globalen Strategien und
- den multilokalen Strategien

unterschieden. Bei *globalen Strategien* sollen mit weitgehend standardisierten Leistungen neue Märkte im Ausland erschlossen werden. Unterscheiden sich die Kundenbedürfnisse in den verschiedenen Ländern, eignen sich *multilokale Strategien*. Bei dieser Strategie werden die Märkte im Ausland mit einem an die jeweiligen Kundenbedürfnisse angepassten Leistungsprogramm erschlossen (vgl. Müller-Stewens/Lechner (2011), S. 257).

Bei einer *Diversifikationsstrategie* versucht die Unternehmung mit neuen Produkten neue Märkte zu erschließen. Nach der Ausdehnung über die Wertschöpfungsstufen und der Verwandtschaft der neuen mit den ursprünglichen Tätigkeitsbereichen werden

- die horizontale,
- die vertikale und
- die laterale Diversifikation

unterschieden. Bei der *horizontalen Diversifikation* wird der Tätigkeitsbereich um Produkte derselben Wertschöpfungsstufe für neue Kundengruppen mit abweichenden Bedürfnissen erweitert. Die neuen Tätigkeitsbereiche stehen in einem sachlichen, produkttechnischen und funktionalen Zusammenhang zum bisherigen Tätigkeitsbereich. Bei der *vertikalen Diversifikation* wird der Tätigkeitsbereich um Produkte der vorgelagerten (Rückwärtsintegration) oder der nachgelagerten (Vorwärtsintegration) Wertschöpfungsstufe erweitert. Bei der *Rückwärtsintegration* werden Einsatzgüter zu neuen Produkten und die Kunden der tatsächlichen und potentiellen Lieferanten der betroffenen Einsatzgüter bilden die neue Kundengruppe. Bei der *Vorwärtsintegration* erweitert die diversifizierende Unternehmung ihr Leistungsprogramm um Produkte ihrer tatsächlichen oder potentiellen Kunden. Die Kunden dieser Kunden werden zu einer neuen Kundengruppe der diversifizierenden Unternehmung (vgl. Abbildung 3.20). Bei der *lateralen Diversifikation* besteht zwischen den neuen und den ursprünglichen Tätigkeitsbereichen der Unternehmung kein sachlicher, funktionaler oder produktionstechnischer Zusammenhang (vgl. Welge/Al-Laham (2012), S. 593 ff.).

Info

Beispiel zu den Formen der Diversifikation

Eine Unternehmung produziert verschieden Sorten von Brotaufstrich aus Früchten (Marmelade, Konfitüre, Gelee).

- *Horizontale Diversifikation:* Das Produktions- und Absatzprogramm wird um Sorten von Brotaufstrich aus Milch (Frischkäse, Streichrahm mit Fruchtzusatz) erweitert.

- *Vertikale Diversifikation als Rückwärtsintegration:* Der Tätigkeitsbereich wird um Obsthöfe erweitert.
- *Vertikale Diversifikation als Vorwärtsintegration:* Zum Tätigkeitsbereich kommt eine Großbäckerei hinzu, die auf die Herstellung von Berlinern spezialisiert ist.
- *Laterale Diversifikation:* Die Unternehmung wird um ein Autohaus erweitert.

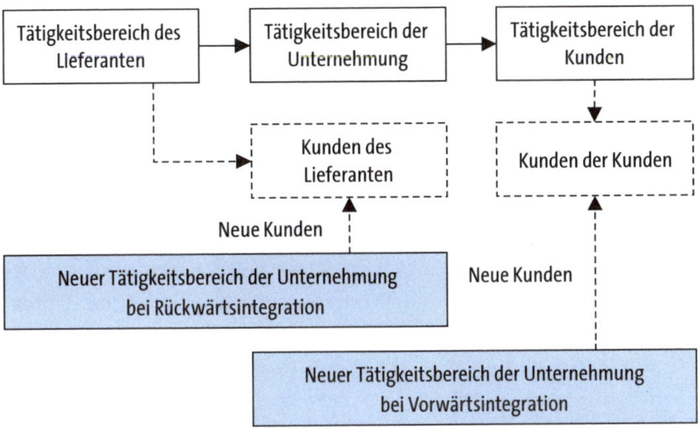

Abb 3.20

Formen der vertikalen Diversifikation

Eintrittsstrategie

Die Eintrittsstrategie legt fest, wie sich die Unternehmung die neuen Tätigkeitsbereiche zugänglich macht. Es gibt drei prinzipielle Möglichkeiten, eine Ausdehnung des Tätigkeitsbereichs der Unternehmung zu realisieren (vgl. Müller-Stewens/Lechner (2011), S. 298 ff.):

- Interne Entwicklung
  Die Unternehmung entwickelt die neuen Tätigkeitsbereiche selbst, d. h. führt selbst die Forschungs- und Entwicklungsaktivitäten durch und baut selbst die Produktionseinheiten oder Distributionssysteme auf.
- Externe Entwicklung
  Bei dieser Strategie macht sich die Unternehmung den neuen Tätigkeitsbereich durch den Kauf einer Unternehmung zugänglich, die in dem anvisierten Tätigkeitsbereich tätig ist.
- Kooperation
  Eine Kooperation ist die freiwillige Zusammenarbeit von Unternehmungen, die rechtlich und in den Bereichen, die nicht der vertraglichen Zusammenarbeit unterworfen sind, auch wirtschaftlich selbstständig bleiben.

Horizontalstrategie

Verbundvorteile (→ QR-Glossar) sind Zielbeiträge, die aus der Zusammenarbeit der Geschäftsfelder resultieren. Sie bewirken, dass ein Zielbeitrag geschaffen werden kann, der die Summe der Zielbeiträge der einzelnen Geschäftsfelder übersteigt. Mit der Horizontalstrategie werden die Art und der Umfang der Zusammenarbeit zwischen den Geschäftsfeldern der Unternehmung mit dem Ziel festgelegt, Verbundvorteile zu realisieren. Es werden drei Typen von Horizontalstrategien unterschieden (vgl. Porter (1992), S. 413 ff., 470 ff.; Porter (1987), S. 35 ff.):

- die Strategie der materiellen Verflechtung,
- die Strategie der immateriellen Verflechtung und
- die Strategie der Koordination der Geschäftsfelder.

Die *Strategie der materiellen Verflechtung* sieht vor, Verrichtungen verwandter Geschäftsfelder zur Realisation von Verbundvorteilen gemeinsam auszuführen. Bei der *Strategie der immateriellen Verflechtung* sollen durch den Transfer von Wissen und Erfahrungen zwischen den Geschäftsfeldern Verbundvorteile realisiert werden. Die *Strategie der Koordination von Geschäftsfeldern* gelangt bei der Existenz von Mehrpunktkonkurrenten zur Anwendung. Das sind Wettbewerber, mit denen die Unternehmung in mehreren Geschäftsfeldern tatsächlich oder möglicherweise im Wettbewerb steht. In Abbildung 3.21 sind die Wettbewerber A, B und C Mehrpunktkonkurrenten, Wettbewerber D und E Einpunktkonkurrenten (vgl. Porter (1992), S. 450). Maßnahmen in einem Geschäftsfeld können Reaktionen eines Mehrpunktkonkurrenten mit Wirkungen auf andere Geschäftsfelder der Unternehmung auslösen. Jede Maßnahme in einem Geschäftsfeld, die sich gegen einen Mehrpunktkonkurrenten richtet, muss deshalb alle Geschäftsfelder berücksichtigen, die mit diesem Mehrpunktkonkurrenten im Wettbewerb stehen. Die Koordinationsstrategie verlangt, dass Entscheidungen der Geschäftsfelder mit Auswirkungen auf den Mehrpunktkonkurrenten unternehmungsweit abgestimmt werden.

Abb 3.21

Ein- und Mehrpunktkonkurrenten

Geschäftsfeld / Wettbewerber	1	2	3	4
A	×	×	×	
B		×	×	×
C		×	×	
D				×
E	×			

Geschäftsfeldstrategien

3.2.2.3

Geschäftsfeldstrategien haben als Dimensionen die Unterscheidungsmerkmale und die ökonomische Logik auf Geschäftsfeldebene. Die ökonomische Logik auf Geschäftsfeldebene beantwortet die Frage, wie durch die Unterscheidungsmerkmale dauerhaft Erfolge erzielt werden können. Geschäftsfeldstrategien mit diesen beiden Dimensionen sind die Wettbewerbsstrategien.

Dimensionen

Mit der Wettbewerbsstrategie wird festgelegt, wie in einem Geschäftsfeld zielwirksame Vorteile gegenüber den Konkurrenten geschaffen werden sollen. Ein solcher *Wettbewerbsvorteil* ist ein Preis-Leistungs-Vorteil, der sich durch drei Eigenschaften auszeichnet (vgl. HUNGENBERG/WULF (2011), S. 145):

Wettbewerbsstrategie

- Er wird vom Kunden wahrgenommen.
- Er basiert auf einem Unterschied zu den Wettbewerbern, der kurzfristig nicht ausgeglichen werden kann, so dass der Vorteil dauerhaft ist.
- Er löst bei dem Kunden eine Zahlungsbereitschaft aus, so dass der erzielbare Preis die Kosten der Leistung dauerhaft übersteigt.

Um die Vielfalt möglicher Erscheinungsformen von Wettbewerbsstrategien beherrschbar zu machen, werden generische Wettbewerbsstrategien abgegrenzt. Das sind *idealisierte Strategietypen*, die nur anhand weniger Merkmale beschrieben werden (vgl. HUNGENBERG (2014), S. 198). Es sind viele Ansätze vorgeschlagen worden, die generischen Wettbewerbsstrategien zu systematisieren. Besondere Beachtung hat der Ansatz von PORTER ((1990), S. 62 ff.) gefunden, der seine generischen Wettbewerbsstrategien anhand der beiden folgenden Merkmale abgrenzt:

generische Wettbewerbsstrategien

- Art des Wettbewerbsvorteils und
- Ort des Wettbewerbs.

Mit diesen beiden Merkmalen ergeben sich die in Abbildung 3.22 genannten generischen Wettbewerbsstrategien (vgl. PORTER (1992), S. 31 ff.).

Art der Wettbewerbsvorteils / Ort des Wettbewerbs	Einmaligkeit aus der Sicht des Käufers	Kostenvorteil
Gesamtmarkt	Differenzierungsstrategie	Kostenführerschaftsstrategie
Marktsegmente	Nischenstrategie mit Differenzierungsfokus	Nischenstrategie mit Kostenfokus

Abb 3.22

Generische Wettbewerbsstrategien nach Porter

Ein Wettbewerbsvorteil kann durch niedrige Kosten oder durch Leistungsdifferenzierung geschaffen werden, d. h. durch Besonderheiten des

Art des Wettbewerbsvorteils im Gesamtmarkt

Sach- oder Dienstleistungsangebotes, die für den Kunden einen Wert besitzen. Nach der Art des Wettbewerbsvorteils im Gesamtmarkt werden deshalb unterschieden:

- die Kostenführerschaftsstrategie und
- die Differenzierungsstrategie.

Definition

Mit einer *Kostenführerschaftsstrategie* wird ein Wettbewerbsvorteil durch die Schaffung eines dauerhaften Kostenvorteils gegenüber allen tatsächlichen und potentiellen Wettbewerbern angestrebt.

Definition

Eine *Differenzierungsstrategie* verlangt die Gestaltung eines Leistungsprogramms, das durch eine nicht preisbedingte Einmaligkeit für den Abnehmer einen höheren Wert besitzt als das Leistungsprogramm der tatsächlichen und potentiellen Anbieter.

Zur *Zielerreichung* trägt die Kostenführerschaft bei, indem über günstigere Preise größere Mengen abgesetzt oder bei vergleichbaren Preisen höhere Gewinnspannen realisiert werden können. Das setzt voraus, dass die Abnehmer die Sach- und Dienstleistungen im Vergleich zu den Produkten der Wettbewerber als gleichwertig ansehen.

Zur *Zielerreichung* trägt eine Differenzierungsstrategie bei, sofern für den höheren Wert der Leistung ein Preiszuschlag durchgesetzt werden kann, der über den Kosten liegt, die für die Differenzierung entstehen. Einen Beitrag zur Zielerreichung leistet eine Differenzierungsstrategie auch dann, wenn höhere Mengen zu einem bestimmten Preis abgesetzt werden können oder die Kundentreue gestärkt wird (vgl. PORTER (1992), S. 165). Ein Wert, der einen höheren Preis rechtfertigt oder größere Absatzmengen ermöglicht, kann u.a. in der Produktqualität, dem Kundendienst, dem Standort, dem Design, dem Innovationsgrad und dem Image des Produktes oder der Marke begründet sein.

Ort des Wettbewerbs

Nach dem Ort des Wettbewerbs wird unterschieden zwischen

- der Gesamtmarktstrategie und
- der Nischenstrategie

Mit einer *Gesamtmarktstrategie* wird ein branchenweiter Wettbewerbsvorteil angestrebt. Die *Nischenstrategie* zielt dagegen nur auf ein Marktsegment oder eine Gruppe von Marktsegmenten, die nach Produkten, nach Kundengruppen oder Regionen abgegrenzt sein können. Diese Beschränkung bei der Marktabdeckung bietet sich an, wenn die Unternehmung unter den besonderen Bedingungen der Marktnische oder durch die Konzentration auf diese Marktnische eine günstigere Kostensituation erreichen oder ein Leistungsprogramm mit einem höheren Wert für die Kunden anbieten kann als alle anderen tatsächlichen und potentiellen Wettbewerber. Die Besonderheiten der Marktnische können z.B. Kunden mit außergewöhnlichen Bedürfnissen oder die räumliche Nähe sein. Die Konzentration auf ein Marktsegment kann u.a. eine Individualisierung des Leistungsprogramms oder Spezialisierungsvorteile ermöglichen (vgl. PORTER (1992), S. 35 ff.).

Strategieimplementierung

3.2.3

Präzisierung der Strategie

3.2.3.1

Pläne, die eine Strategie in konkretes Handeln umsetzen, werden erst auf der taktischen und operativen Ebene der Planungshierarchie erstellt. Zur Vorbereitung der Strategieimplementierung durch die taktische und operative Planung wird die Strategie in jedem Planungszyklus durch die Entwicklung oder Fortschreibung der strategischen Handlungsfelder, der strategischen Maßnahmenprogramme und der strategischen Kennzahlensysteme präzisiert (→ Abschnitt 3.1.2.3, S. 83 ff.). Ein Ansatz, mit dem die *Ergebnisse der strategischen Planung der taktischen und operativen Planung als Ziele vorgegeben* werden können, ist die Balanced Scorecard. Bei der Balanced Scorecard handelt es sich um einen Ansatz für die Struktur strategischer Kennzahlensysteme für die Geschäftsbereiche (→ QR-Glossar) der Unternehmung (→ Abschnitt 4.3.2.2). Eine Balanced Scorecard kann aber auch für die Unternehmung als Ganzes erstellt werden.

Balanced Scorecard

Balanced Scorecards haben folgende Funktionen (vgl. KAPLAN/NORTON (1997), S. 24):

Funktionen

- die inhaltliche Präzisierung der Strategien,
- die Vermittlung der Inhalte der Strategien,
- die Definition von Zielgrößen für die taktische und operative Planung in den Geschäftsbereichen sowie
- die Bereitstellung von Vorgabewerten für die strategische Kontrolle.

Damit eine Balanced Scorecard diesen Funktionen dienen kann, weist sie folgende Merkmale auf:

Merkmale

- Mehrdimensionalität,
- Ausgewogenheit sowie
- Ursache-Wirkungs-Beziehungen zwischen den Kennzahlen.

Mehrdimensionalität

Definition

Die *Balanced Scorecard* ist ein ausgewogenes mehrdimensionales System von Kennzahlen, die über Ursache-Wirkungs-Beziehungen verbunden sind, zur Ausrichtung der taktischen und operativen Planung an den Strategien der Unternehmung.

Eine Balanced Scorecard sollte mehrdimensional sein, um die Strategie präzisieren und ihre Inhalte vermitteln zu können. Mehrdimensionalität verlangt, dass nicht nur finanzielle Ziele Eingang in das Kennzahlensystem finden, sondern auch nicht finanzielle Ziele aus allen strategischen Handlungsfeldern (→ Abschnitt 3.1.2.3, S. 84 ff.). Die *finanziellen Ziele* geben vor, welchen Beitrag der Geschäftsbereich im Planungszeitraum zur Erreichung der langfristigen finanziellen Ziele zu erbringen hat. Der Beitrag, der während des Planungszeitraums in den strategischen Handlungsfeldern zur Erreichung der strategischen Ziele (→ QR-Glossar) geleistet werden soll, wird den Geschäftsbereichen durch die *nicht finanziellen Kennzahlen* vorgegeben.

Ausgewogenheit

Die Forderung nach Ausgewogenheit verlangt, dass finanzielle und nicht finanzielle Ziele in einem ausgewogenen Verhältnis berücksichtigt werden. Die Balanced Scorecard ist deshalb in eine finanzielle und zwei bis vier weitere *Perspektiven* für die Ziele der strategischen Handlungsfelder gegliedert. Aus den strategischen Plänen werden für jede Perspektive 4–6 Ziele abgeleitet, wobei nicht mehr als 25 Ziele in die Balanced Scorecard eingehen sollten. Zu jedem dieser Ziele enthält die Balanced Scorecard folgende Angaben:

- eine Kennzahl zur Messung der Zielerreichung,
- einen Kennzahlenwert als Zielvorgabe sowie
- Maßnahmen, die zur Zielerreichung ergriffen werden sollen.

Ursache-Wirkungs-Beziehungen

Die Ziele einer Balanced Scorecard sollen zur Erreichung der langfristigen finanziellen Ziele beitragen. Das verlangt, dass die nicht finanziellen Ziele direkt oder indirekt über Ursache-Wirkungs-Beziehungen mit den finanziellen Zielen der Balanced Scorecard verbunden sind. Um diesem Anspruch genügen, werden für jedes Ziel die Beziehungen zu den anderen Zielen analysiert, um es anschließend in eine Ursache-Wirkungs-Kette einzuordnen. Die Ursache-Wirkungs-Kette, die auch als *Strategy Map* bezeichnet wird, macht deutlich, warum jedes einzelne Ziel in einem bestimmten Umfang erreicht werden sollte (vgl. Horváth & Partners (2007), S. 53 ff.). Bei der Analyse dieser Ursache-Wirkungs-Beziehungen werden die abgeleiteten Ziele nochmals hinterfragt. Einzelne Ziele können dabei entfallen, andere können hinzukommen.

3.2.3.2 | Balanced Scorecard nach Kaplan/Norton

vier Perspektiven

Kaplan/Norton schlagen für den Aufbau einer Balanced Scorecard die folgenden vier Perspektiven vor (vgl. (1992), S. 71): die *finanzielle Perspektive*, die *Kundenperspektive*, die *interne Prozessperspektive* und die *Lern- und Entwicklungsperspektive*. Der Auswahl dieser Perspektiven liegen die folgenden Überlegungen zugrunde:

- *Finanzielle Perspektive:* Die Ziele dieser Perspektive beschreiben den im Planungszeitraum angestrebten Beitrag zur Erreichung der langfristigen finanziellen Ziele.
- *Kundenperspektive:* Um die finanziellen Ziele zu erreichen, müssen Leistungen erstellt und verwertet werden, die für die Kunden einen

Wert haben. Mit den Zielen der Kundenperspektive wird festgelegt, wie dieser Wert geschaffen werden soll.

- *Interne Prozessperspektive:* Zur Erreichung der finanziellen Ziele trägt die Steigerung des Kundenwertes nur bei, wenn die relevanten internen Prozesse effizient und effektiv ausgeführt werden. Die interne Prozessperspektive beschreibt, wie die Effizienz und die Effektivität der Prozesse gesteigert werden soll, die für die Erreichung der finanziellen Ziele und die Steigerung des Kundenwertes des Leistungsangebots kritisch sind.
- *Lern- und Entwicklungsperspektive:* Um die Erreichung der langfristigen finanziellen Ziele sichern zu können, muss der Kundenwert des Leistungsangebots und die Effizienz und die Effektivität der relevanten internen Prozesse fortlaufend gesteigert werden. Das kann nach dem Erwerb von Wissen oder Technologien, der Steigerung der Motivation oder der Qualifikation der Mitarbeiter oder der Stärkung der Innovationskraft verlangen. Welche dieser Potentiale aufgebaut werden sollen, wird in der Lern- und Entwicklungsperspektive beschrieben.

Ziele dieser Perspektiven

Abbildung 3.23 nennt einige Beispiele für Ziele dieser Perspektiven. Es können andere Perspektiven gewählt werden. Als Beispiele werden die Lieferanten und die Gesellschaft genannt (vgl. Kaplan/Norton (1997), S. 33).

Abb 3.23

Beispiele für Ziele der vier Perspektiven

Finanzielle Perspektive	**Kundenperspektive**
▶ Rendite steigern ▶ Umsätze verdoppeln ▶ Geringe Kapitalbindung durchsetzen ▶ Cash Flow steigern ▶ Shareholder Value erhöhen	▶ Ausbau der Marktposition ▶ Bekanntheitsgrad steigern ▶ Wiederverkaufsquote erhöhen ▶ Image als Innovationsführer erlangen ▶ Großkundenanteil steigern
Interne Prozessperspektive	**Lern- und Entwicklungsperspektive**
▶ Effektivität des Vermarktungsprozesses steigern ▶ Prozessorientierung durchsetzen ▶ Overengineering abschaffen ▶ Entwicklungszeiten verkürzen ▶ Zusammenarbeit mit Lieferanten verbessern	▶ Fremdsprachenbeherrschung steigern ▶ Anteil qualifizierter Facharbeiter erhöhen ▶ Medienbrüche reduzieren ▶ Wissen verfügbar machen ▶ Internationalisierung der Mitarbeiter verankern

Die *Struktur einer Balanced Scorecard* wird in Abbildung 3.24 an einem einfachen Beispiel verdeutlicht (vgl. Welge/Al-Laham (2012), S. 838). Die Ursache-Wirkungs-Beziehungen zwischen einigen Kennzahlen dieser Balanced Scorecard werden in Abbildung 3.25 veranschaulicht (vgl. Welge/Al-Laham (2012), S. 838; zu Beispielen aus der Unternehmungspraxis vgl. Kaplan/Norton (2001), S. 97 ff.).

Abb 3.24 | *Beispiel einer Balanced Scorecard*

Perspektive	Ziel	Kennzahl	Kennzahlenwert	Maßnahmen
Finanzielle Perspektive	▶ Wertsteigerung ▶ Customer Value ▶ Kostenstruktur	▶ Marktwert ▶ Einkünfte aus dem Produkt ▶ Stückkosten	▶ Steigerung: 5 % ▶ Steigerung: 20 % ▶ Senkung: 10 %	
Kunden-perspektive	▶ Kundenwünsche ▶ Hohe Qualität ▶ Funktionalität	▶ Anzahl der Neukunden ▶ Marktanteil ▶ Kundenbewertung	▶ Steigerung: 9 % ▶ Steigerung: 2 % ▶ Platz 1	▶ Marketing-Offensive ▶ Marketing-Offensive ▶ Kundenbefragung
Interne Prozess-perspektive	▶ Mehr FuE ▶ Internetvertrieb ▶ Schnellversand	▶ FuE-Aufwand ▶ Internetumsatz ▶ Versanddauer	▶ Jährlich + 12 % ▶ 30 % des Umsatzes ▶ Max. 2 Tage	▶ Mitarbeiter einstellen ▶ Verstärkt bewerben ▶ Logistik erweitern
Lern- und Entwicklungs-perspektive	▶ Kreativität nutzen ▶ Image verankern ▶ Motivation steigern	▶ Innovationsquote ▶ Mitarbeiterqualifikation ▶ Fehlstundenquoten	▶ 2 neue Produkte/Jahr ▶ 5 Trainings/Jahr ▶ Senkung: 4 %	▶ Weiterbildung ▶ Weiterbildung ▶ Versorgungsmaßnahmen

Abb 3.25 | *Auszug aus der Ursache-Wirkungs-Kette*

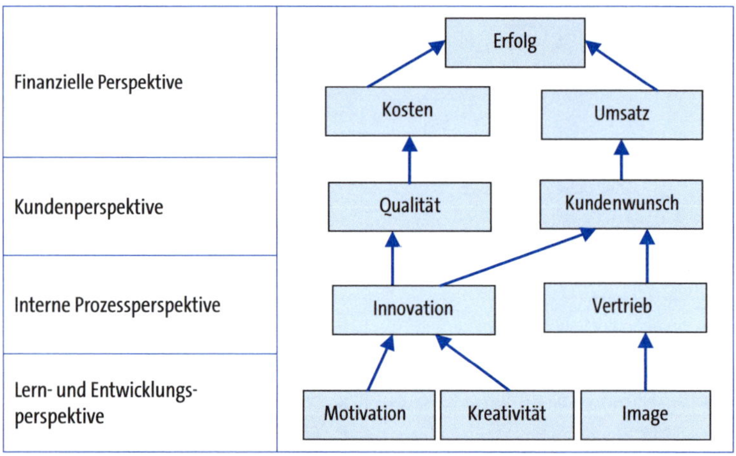

3.2.4 | Strategische Kontrolle

Besonderheiten der strategischen Kontrolle

Strategische Pläne werden durch eine Folge taktischer und operativer Pläne in konkretes Handeln umgesetzt. Daraus folgen zwei Besonderheiten der strategischen Kontrolle. Zum einen sind nicht nur die strategischen Pläne Objekte der strategischen Kontrolle, sondern auch die taktischen und operativen Pläne, durch welche die strategischen Pläne in konkretes Handeln überführt werden. Als *Zweck der strategischen Kontrolle* steht zum anderen nicht die Sicherung der Realisation des strategischen Plans im Vordergrund, da dieser regelmäßig vor der taktischen und operativen Planung eines Geschäftsjahres angepasst und fortgeschrieben wird. Zweck der strategischen Kontrolle ist die Sicherung der Erreichung der langfristigen Ziele.

strategische Durchführungskontrolle

Die *strategische Kontrolle der taktischen und operativen Pläne* wird als strategische Durchführungskontrolle bezeichnet. Sie beginnt mit der Realisation des strategischen Plans und wird bis zum Abschluss des Realisationsprozesses fortgesetzt. Durchgeführt wird die strategische Durchführungskontrolle durch die Feststellung und Analyse der Abweichungen von den Zielen der taktischen und operativen Pläne, die aus den strategischen Plänen hergeleitet worden sind. Diese Ziele sind in der Balanced Scorecard dokumentiert. Bei der strategischen Durchführungskontrolle wird geprüft, »ob die eingeschlagene Richtung und die Geschwindigkeit der Strategierealisierung im Hinblick auf das langfristige Ziel akzeptabel sind« (SCHREYÖGG/STEINMANN (1985), S. 403). Die Informationen der Durchführungskontrolle werden bei der Anpassung und Fortschreibung der Strategien und der taktischen und operativen Planung für das nächste Geschäftsjahr ausgewertet.

Zur Reduktion der Komplexität werden bei der strategischen Planung die Unternehmungs- und Umweltbedingungen als konstant angenommen. Diese Annahmen gehen als Prämissen in die strategischen Pläne ein. Scheinbar irrelevante oder konstante Unternehmungs- und Umweltbedingungen werden sogar komplett ausgeblendet. Während des mehrjährigen Planungszeitraums können sich die Unternehmungs- und Umweltbedingungen verändern und von den gesetzten Prämissen abweichen oder für die strategische Planung relevant werden. Zweck der Kontrolle der strategischen Pläne ist es, Abweichungen von der angenommenen Unternehmungs- und Umweltentwicklung zu identifizieren, die das Erreichen der langfristigen Ziele gefährden. Die Kontrolle der strategischen Pläne umfasst deshalb

Kontrolle der strategischen Pläne

- die strategische Prämissenkontrolle und
- die strategische Überwachung.

strategische Prämissenkontrolle

Die strategische Prämissenkontrolle prüft die Prämissen der strategischen Plänen auf ihre Vereinbarkeit mit den jeweils aktuellen Unternehmungs- und Umweltbedingungen. Sie beginnt während der Strategieentwicklung und wird während der Realisation der strategischen Pläne fortgesetzt (vgl. HAHN (2006), S. 452).

Störungen der Realisation strategischer Pläne durch Unternehmungs- und Umweltbedingungen, die im Planungsprozess übersehen oder falsch eingeschätzt worden sind und noch nicht zu Abweichungen von den Zielen der taktischen und operativen Pläne führen, können weder mit der strategischen Durchführungskontrolle noch mit der strategischen Prä-

strategische Überwachung

missenkontrolle erkannt werden. Die strategische Kontrolle sieht deshalb auch eine strategische Überwachung vor. Es handelt sich um eine ungerichtete Kontrolle, da sie nicht als Vergleich von Werten einer vorab ausgewählten Kontrollgröße durchgeführt wird. Sie erstreckt sich vielmehr auf Bereiche, die durch die strategische Prämissen- und Durchführungskontrolle nicht erfasst werden. Kern der strategischen Überwachung ist die Identifikation von Anzeichen für Krisen. Sie beginnt bereits während der Strategieentwicklung und wird bis zum Abschluss des Realisationsprozesses fortgesetzt (vgl. SCHREYÖGG/STEINMANN (1989), S. 401 ff.).

Zusammenwirken der drei Kontrollformen

Abbildung 3.26 zeigt das Zusammenwirken der drei Kontrollformen der strategischen Kontrolle im Zeitablauf (vgl. STEINMANN/SCHREYÖGG/KOCH (2013), S. 253).

Abb 3.26 | *Bausteine der strategischen Kontrolle*

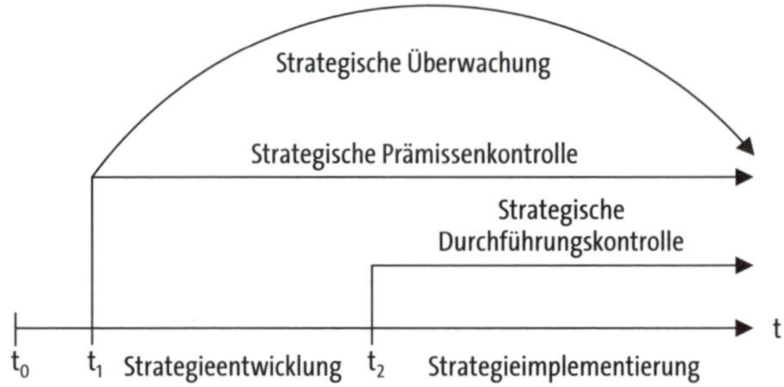

Zusammenfassung

Die *Phasen im Prozess* der strategischen Planung sind die strategische Zielplanung, die Strategieentwicklung und die Strategieimplementierung. Das Ergebnis der strategischen Zielplanung ist der *normative Rahmen*, der die Vision, die Mission, die Werte und die langfristigen Ziele zum Inhalt hat. *Strategien* werden für die Unternehmung, die strategischen Geschäftsfelder und die Funktionsbereiche entwickelt. Gebildet werden sie aus mehreren Teilstrategien, mit denen jeweils nur einzelne Dimensionen einer Strategie festgelegt werden. Diese sind:

- **die Tätigkeitsbereiche der Unternehmung (Portfolio-, Entwicklungs- und Podukt-Markt-Strategie)**
- **die Mittel zur Erschließung neuer Tätigkeitsbereiche der Unternehmung (Eintrittsstrategie)**
- **die Merkmale der Tätigkeitsbereiche zur Unterscheidung von den Wettbewerbern**

- **die Dringlichkeitsfolge für die Erschließung neuer Tätigkeitsbereiche**
- **die Ökonomische Logik der Gewinnerzielung (Horizontalstrategie auf der Unternehmungsebene; Wettbewerbsstrategie auf der Geschäftsfeldebene)**

Ein Ansatz zur Unterstützung der Strategieimplementierung durch die taktische und operative Planung ist die *Balanced Scorecard*. Mit diesem strategischen Kennzahlensystem werden den Geschäftsbereichen der Unternehmung Ziele zur Ausrichtung der taktischen und operativen Planung an den Strategien vorgegeben. Gebildet wird es auf der Grundlage der strategischen Handlungsfelder und der strategischen Maßnahmenprogramme.

Zur Sicherung der Erreichung der langfristigen Ziele wird die strategische Planung durch die *strategische Kontrolle* ergänzt. Sie ist eine begleitende Kontrolle. Zu ihr zählen die strategische Durchführungskontrolle, die strategische Prämissenkontrolle und die strategische Überwachung.

Fragen

1 Wie unterscheiden sich die Mission und die Vision der Unternehmung?
2 Nennen Sie Beispiele für langfristige Ziele.
3 Was wird unter einer Marktentwicklungsstrategie verstanden?
4 Welche Formen der Diversifikation werden unterschieden? Nennen Sie für jede Form der Diversifikation jeweils ein Beispiel.
5 Was wird durch Horizontalstrategien festgelegt?
6 Was wird unter einer generischen Wettbewerbsstrategie verstanden? Erläutern Sie die generischen Wettbewerbsstrategien nach Porter.
7 Erläutern Sie den Aufbau einer Balanced Scorecard.
8 Die strategische Prämissenkontrolle und die strategische Überwachung sollen Veränderungen der Unternehmungs- und Umweltentwicklung aufzeigen, die das Erreichen der langfristigen Ziele gefährden. Wie unterscheiden sich diese beiden Kontrollformen der strategischen Kontrolle?

Literatur | 3.2.5

BEA/HAAS (2015); KREIKEBAUM/GILBERT/BEHNAM (2011); MÜLLER-STEWENS/LECHNER (2011); Welge/AL-LAHAM (2012)

3.3 | Aufgaben und Instrumente der Strategieentwicklung

3.3.1 | Geschäftsfeldsegmentierung

Aufgabe

Aufgabe der Geschäftsfeldsegmentierung ist es, das gesamte Betätigungsfeld der Unternehmung in Tätigkeitsbereiche mit eigenen Chancen und Risiken zu gliedern, für die weitgehend unabhängig eigenständige Strategien entwickelt und implementiert werden können (vgl. Müller-Stewens/Lechner (2012), S. 463). Die Geschäftsfeldsegmentierung vollzieht sich in *zwei Phasen*:

- der Gliederung des Betätigungsfeldes der Unternehmung in einzelne Segmente und
- der Abgrenzung der strategischen Geschäftsfelder.

Für die *erste Phase* sind zwei Ansätze vorgeschlagen worden:

- die Inside-out-Segmentierung und
- die Outside-in-Segmentierung.

Inside-out-Segmentierung

Bei der Inside-out-Segmentierung wird das Betätigungsfeld der Unternehmung über die Produkte und Dienstleistungen des aktuellen Leistungsprogramms und den damit bedienten Märkten definiert. Zur Gliederung des Betätigungsfeldes wird eine *Produkt-Markt-Matrix* mit den Produkten oder Produktgruppen in den Zeilen und den Märkten in den Spalten erstellt. Jedes Feld der Matrix kennzeichnet eine Produktgruppe oder ein Produkt und einen Markt, auf dem das Produkt angeboten werden könnte. In der Produkt-Markt-Matrix werden die von der Unternehmung bereits bedienten Produkt-Markt-Kombinationen markiert (vgl. Lombriser/Abplanalb (2005), S. 78 ff.). Bei diesem Ansatz werden die strategischen Geschäftsfelder nach den Erfordernissen der tatsächlichen Tätigkeitsbereiche der Unternehmung abgegrenzt. Da bei der strategischen Planung die Tätigkeitsbereiche hinterfragt werden sollten, ist der Inside-Out-Ansatz für die Geschäftsfeldsegmentierung nur begrenzt geeignet.

Outside-in-Segmentierung

Bei der Outside-in-Segmentierung wird das Betätigungsfeld der Unternehmung nicht durch die Produkte der Unternehmung beschrieben, sondern durch die Wünsche der Kunden, die Kundengruppen, die diese Wünsche haben, und die Technologien, mit denen diese Wünsche erfüllt werden können (vgl. Abell (1980), S. 14 ff.). Bei diesem Vorgehen werden auch künftig mögliche Tätigkeitsbereiche betrachtet. Das ermöglicht es, die strategischen Geschäftsfelder nach den Erfordernissen der sich verändernden Tätigkeitsbereiche der Unternehmung abzugrenzen.

In der *zweiten Phase* der Geschäftsfeldsegmentierung werden zur Abgrenzung strategischer Geschäftsfelder die Segmente zu größeren strategischen Einheiten zusammengefasst, die den folgenden Anforderungen genügen sollten (vgl. WINAND/MUßHOFF (1989), Sp. 580 f.):

Anforderungen

- Marktbezug
  Ein strategisches Geschäftsfeld sollte auf dem Absatzmarkt tätig sein, d.h. ein spezielles Kundenproblem lösen.
- Eigenständigkeit
  Jedes strategische Geschäftsfeld sollte sich von den übrigen Geschäftsfeldern der Unternehmung in ihren Stärken und Schwächen sowie den Chancen und Risiken des Marktes unterscheiden, so dass es eine spezielle Strategie erfordert.
- Unabhängigkeit
  Die Maßnahmen in einem strategischen Geschäftsfeld sollten möglichst keine Auswirkungen auf die Zielerreichung oder die Handlungsspielräume in den anderen strategischen Geschäftsfeldern der Unternehmung haben. Dadurch wird gewährleistet, dass das Geschäftsfeld unabhängig von den anderen geplant werden kann.
- Erfolgspotential
  Jedes strategisches Geschäftsfeld sollte einen Beitrag zur Realisation der Vision, der Mission und der langfristigen Ziele leisten, indem es auf seinen Markt Wettbewerbsvorteile erzielen oder Synergieeffekte realisieren kann.

Abbildung 3.27 verdeutlicht die Geschäftsfeldsegmentierung am Beispiel des Inside-out-Ansatzes.

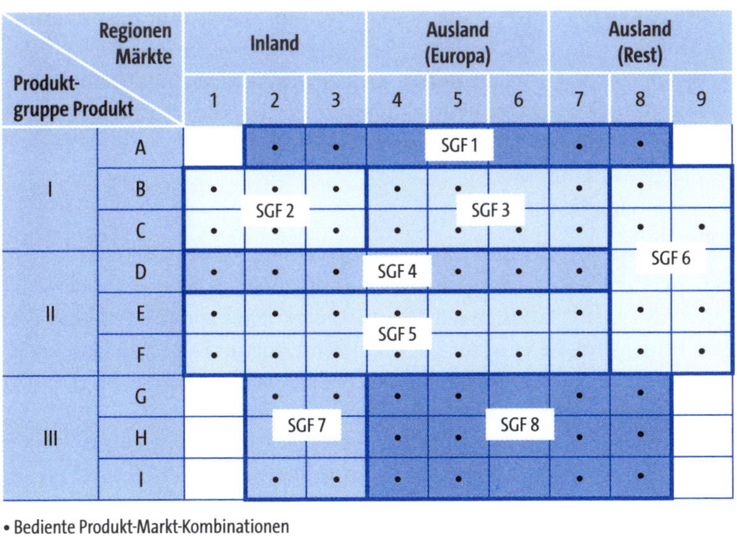

Abb 3.27

Geschäftsfeldsegmentierung nach dem Inside-out-Ansatz

Eine Segmentierung in viele kleinere strategische Geschäftsfelder ermöglicht bei der Entwicklung der Geschäftsfeldstrategien eine weitgehende Berücksichtigung spezifischer Anforderungen. Kleinere Geschäftsfelder nutzen in größerem Umfang Produktionsanlagen, Vertriebs- und Distributionssysteme gemeinsam und beschaffen auch die Einsatzgüter gemeinsam. Zwischen den kleineren Geschäftsfeldern bestehen deshalb zahlreiche Sachinterdependenzen (→ QR-Glossar). Die Forderung nach Unabhängigkeit verlangt deshalb nach einer groben Segmentierung in wenige umfangreiche strategische Geschäftsfelder. Dieser Konflikt zwischen den Forderungen nach weitgehender Berücksichtigung spezifischer Anforderungen und Unabhängigkeit wird als das Dilemma der strategischen Segmentierung bezeichnet (vgl. Welge/Al-Laham (2012), S. 467).

Dilemma der strategischen Segmentierung

3.3.2 Umweltanalyse

3.3.2.1 Aufgaben der Umweltanalyse

Unternehmungsumwelt

Die Unternehmungsumwelt ist die Gesamtheit der Faktoren, Kräfte, Situationen und Ereignisse außerhalb der Unternehmung, die auf die Erreichung der langfristigen Ziele wirken (vgl. Robbins/DeCenzo/Coulter (2015), S. 60). Entwicklungen der Unternehmungsumwelt können die Bedingungen für die Handlungsmöglichkeiten der Unternehmung maßgeblich verändern oder sogar ganz neue Handlungsmöglichkeiten eröffnen. Daraus entstehen für die Unternehmung *Chancen* für die Sicherung oder Verbesserung der Zielerreichung oder *Risiken*, welche die Zielerreichung bedrohen.

Definition

Aufgabe der *Umweltanalyse* ist es, die relevanten Umweltfaktoren zu identifizieren und zu beobachten, um möglichst frühzeitig Anzeichen möglicher Chancen und Risiken des Marktes für die Unternehmung und ihre Geschäftsfelder erkennen zu können.

Analyseebenen

Zur Strukturierung der Umweltanalyse werden die in Abbildung 3.28 genannten Analyseebenen abgegrenzt,

- die globale Umwelt und
- die spezifische Umwelt.

globale Umwelt

Die Analyse der globalen Umwelt erstreckt sich über alle rechtlichen, ökonomischen, technologischen, soziokulturellen und ökologischen Faktoren, die vom Grundsatz her für die *Unternehmungen aller Branchen* von Bedeutung sind. Sie wird für die Unternehmung und alle Geschäftsfelder durchgeführt (vgl. Grant/Nippa (2006), S. 100). Bei der Analyse der globalen Umwelt gelangt die *PESTEL-Analyse* zur Anwendung.

spezifische Umwelt

Die Faktoren, die nur für *Unternehmungen einer Branche* von Bedeutung sind, da sie den Wettbewerb in der Branche beeinflussen, bilden zusammen die spezifische Umwelt. Zu einer Branche zählen alle Unternehmungen, die gegeneinander austauschbare Produkte herstellen. Die zentralen Faktoren der spezifischen Umwelt sind die Kunden, die Lieferanten und die Wettbewerber der Branche (vgl. Grant/Nippa (2006), S. 100). Durch ihren Branchenbezug wird die spezifische Umwelt auf der Ebene der Geschäftsfelder analysiert. In einem ersten Schritt wird die Branche als Ganzes analysiert, um die Einflussgrößen des Wettbewerbs zu identifizieren, ihre Entwicklung zu prognostizieren und zu beurteilen. In einem zweiten Schritt werden die Kunden, Lieferanten und Wettbewerber detailliert analysiert. Ein Instrument für die Analyse der Branche als Ganzes ist die *Branchenstrukturanalyse.*

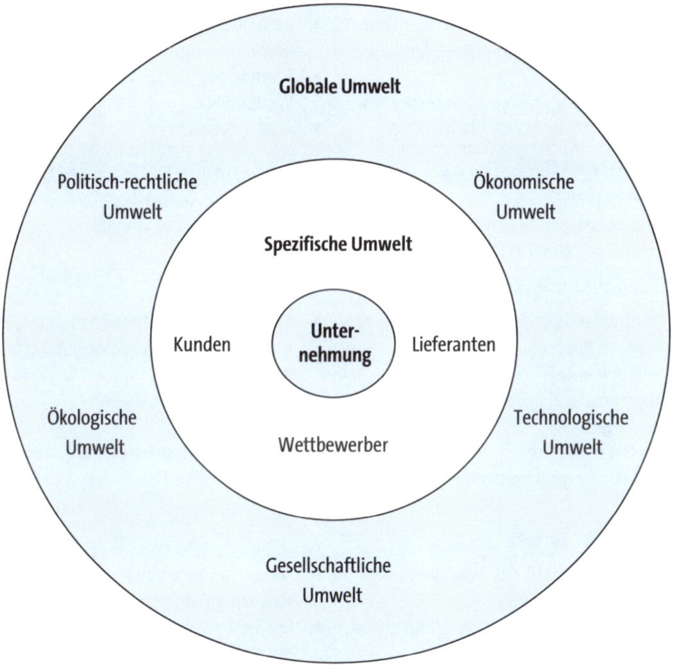

Abb 3.28
Unternehmungsumwelt

PESTEL-Analyse

3.3.2.2

Die PESTEL-Analyse ist eine Methode für die systematische Analyse der *globalen Umwelt.* Mit dieser Methode wird nach den Trends gesucht, bei denen davon ausgegangen werden kann, dass sie als zukünftige Rahmenbedingungen einen erheblichen Einfluss auf die Unternehmung haben werden. Die Grundidee dieser Methode ist die Gliederung der globalen Umwelt in sechs vorgegebene Segmente. Die Bezeichnung dieser Methode folgt aus den Inhalten dieser Segmente, denn »PESTEL« steht für die »Poli- Grundidee tical, Economic, Socio-cultural, Technological, Environmental und Legal Aspects of the environment« (vgl. LYNCH (2012), S. 82). In einem *ersten Schritt* werden die Faktoren mit dem größten Einfluss auf die Handlungsmöglichkeiten der Unternehmung und die langfristigen Ziele identifiziert. Für diese Faktoren wird anschließend in einem *zweiten Schritt* analysiert, wie sie sich gegenwärtig verändern, wie sie sich in der Zukunft entwickeln werden und wie darauf reagiert werden kann (vgl. MÜLLER-STEWENS/LECHNER (2011), S. 188 f.). Abbildung 3.29 nennt Beispiele für Umweltfaktoren in diesen Segmenten (vgl. LYNCH (2012), S. 83).

Abb 3.29 | *Beispiele für Umweltfaktoren*

Politische Umwelt	
▶ Politische Parteien und Gruppierungen auf kommunaler, nationaler oder europäischer Ebene ▶ Gesetzgebung, z. B. auf dem Gebiet des Steuerrechts oder des Arbeitsrechts	▶ Beziehungen zwischen Unternehmung und Regierung ▶ Haltung gegenüber Monopolen und Wettbewerb ▶ Fördermaßnahmen
Soziokulturelle Umwelt	
▶ Wertewandel ▶ Änderung des Lebensstils ▶ Einstellung zu Arbeit und Freizeit	▶ Bildung und Gesundheit ▶ Demographischer Wandel
Ökonomische Umwelt	
▶ Bruttoinlandsprodukt, Bruttoinlandsprodukt pro Kopf ▶ Inflationsrate ▶ Konsumausgaben und verfügbares Einkommen ▶ Zinssatz ▶ Währungsschwankungen und Wechselkurse	▶ Investitionen der öffentlichen Hand, privater und ausländischer Unternehmungen ▶ Konjunkturschwankungen ▶ Arbeitslosigkeit ▶ Energie-, Transport-, Kommunikations- und Rohstoffkosten
Technologische Umwelt	
▶ Investitionspolitik des Bundes und der Europäischen Union ▶ Identifizierte neue Forschungsinitiativen ▶ Neue Patente und Produkte ▶ Geschwindigkeit des technologischen Wandels	▶ Niveau der Forschungs- und Entwicklungsausgaben wichtiger Wettbewerber ▶ Entwicklungen in anderen Branchen, die übertragbar sein könnten
Ökologische Umwelt	
▶ Themen zu Umweltschutz oder zur Ressourcenschonung mit Einfluss auf die Unternehmung	▶ Niveau und Art des Energieverbrauchs ▶ Abfälle, Müll und Entsorgung
Rechtliche Umwelt	
▶ Wettbewerbsrecht und Regierungspolitik ▶ Arbeitsrecht	▶ Verbraucherschutz, Geräte- und Produktsicherheit

Branchenstrukturanalyse

3.3.2.3

Die Branchenstrukturanalyse ist eine Methode zur Analyse der *spezifischen Umwelt*, mit der die Branche als Ganzes betrachtet wird. *Zweck der Branchenstrukturanalyse* ist die Beurteilung der Attraktivität einer Branche für die Unternehmung. Bestimmt wird die Branchenattraktivität durch die Aussicht der Unternehmung, ihre langfristigen finanziellen Ziele in dieser Branche erreichen zu können. Die Branchenattraktivität hängt ab von

Branchenattraktivität

- der Branchenrentabilität und
- der Position der Unternehmung in der Branche.

Branchenrentabilität

Die Branchenrentabilität ist die von den Unternehmungen in der Branche durchschnittlich erzielte Rentabilität. Bestimmt wird sie durch die *Wettbewerbsintensität* in der Branche. Diese ist für den Umfang verantwortlich, in dem der Wettbewerb in der Branche den tatsächlichen Preis unter den Kundenwert des Produktes senkt, d.h. den Preis, den der Abnehmer für das Produkt zu zahlen bereit ist. Von der Wettbewerbsintensität hängen auch die Kosten für die Maßnahmen zur Verbesserung der Absatzchancen ab.

Position der Unternehmung

Die Rentabilität der Unternehmung im Vergleich zur Branchenrentabilität hängt von der Position der Unternehmung in der Branche ab. Diese beschreibt ihre Fähigkeit, die Risiken des Wettbewerbs abwehren und seine Chancen nutzen zu können. Diese Fähigkeiten erstrecken sich auf den Schutz vor den negativen Auswirkungen des Wettbewerbs auf die Rentabilität, die Einflussnahme auf den Wettbewerb und die Nutzung von Veränderungen des Wettbewerbs für die eigenen Ziele. Abbildung 3.30 gibt einen Überblick über die beschriebenen Zusammenhänge.

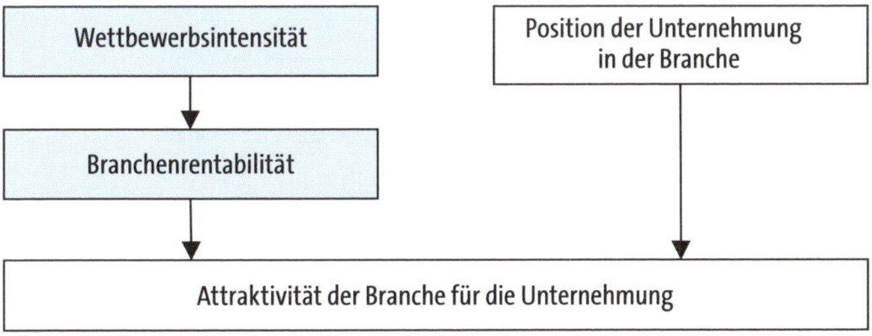

Abb 3.30

Einflussgrößen auf die Branchenattraktivität

Five-Forces-Modell

Das Five-Forces-Modell nach Michael E. Porter ((1990), S. 25 ff.; (2008)) ist ein *Analyserahmen* für die Branchenstrukturanalyse. Es erklärt die Wettbewerbsintensität in der Branche und damit die Branchenrentabilität über

- die Wettbewerbskräfte und
- die Branchenstruktur.

Die *Wettbewerbskräfte* sind die Hebel, über die tatsächliche und potentielle Akteure in der Branche Einfluss auf die Wettbewerbsintensität nehmen können. Zu den Akteuren einer Branche zählen neben den tatsächlichen und potentiellen Wettbewerbern die Anbieter von Ersatzprodukten, die Abnehmer und die Lieferanten. Ökonomische und technische Merkmale der Branche mit Einfluss auf die Stärke der Wettbewerbskräfte werden hier als »Wettbewerbsfaktoren« bezeichnet. Wettbewerbskräfte und Wettbewerbsfaktoren machen zusammen die *Branchenstruktur* aus. Abbildung 3.31 gibt einen Überblick über die Wettbewerbskräfte, die Wettbewerbsfaktoren und die zwischen diesen Faktoren bestehenden Beziehungen.

Abb 3.31

Struktur des Five-Forces-Modells

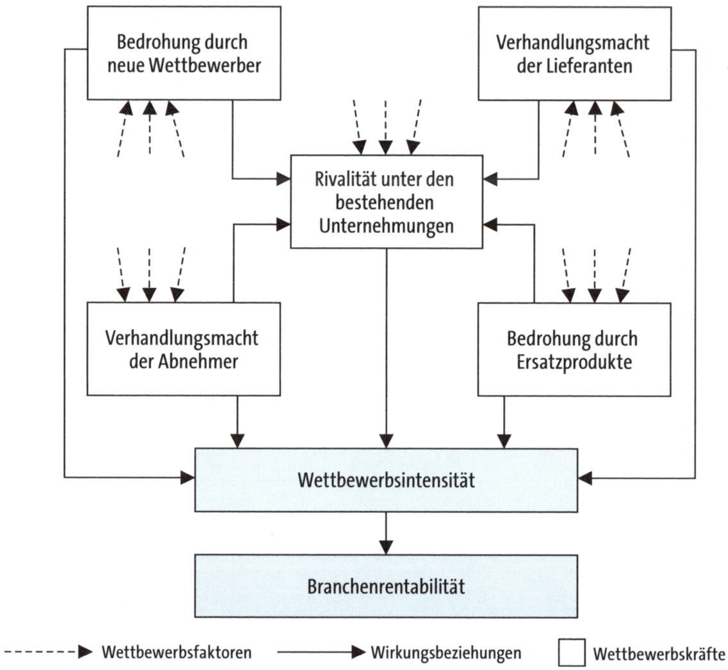

Five-Forces-Modell

Das Five-Forces-Modell nennt die folgenden fünf Wettbewerbskräfte (vgl. PORTER (1990), S. 25 und (2008), S. 80):

- die Bedrohung durch neue Wettbewerber,
- die Verhandlungsmacht der Lieferanten,
- die Verhandlungsmacht der Abnehmer,
- die Bedrohung durch Ersatzprodukte und
- die Rivalität unter den bestehenden Unternehmungen der Branche.

Aus der Sicht einer Unternehmung ist eine Branche umso *attraktiver*, je geringer die Bedrohung durch neue Wettbewerber ist. Neue Wettbewerber führen zu einer Erhöhung der Kapazität in der Branche und verschärfen die Konkurrenz um Marktanteile. Die Folgen sind ein zunehmender Preisdruck und steigende Kosten mit negativen Auswirkungen auf die Branchenrentabilität. Die Bedrohung durch neue Wettbewerber ist umso größer, je geringer die Wahrscheinlichkeit von Reaktionen bestehender Wettbewerber ist und je niedriger die Markteintrittsbarrieren sind. Eintrittsbarrieren sind Nachteile, die ein neuer Anbieter in eine Branche ausgleichen muss, um wettbewerbsfähig sein zu können. Abbildung 3.32 zeigt die Faktoren mit Einfluss auf die Bedrohung durch neue Wettbewerber (vgl. PORTER (1990), S. 29 ff. und (2008), S. 79 ff.).

Bedrohung durch neue Wettbewerber

Abb 3.32

Einflussgrößen der Bedrohung durch neue Wettbewerber

Markteintrittsbarrieren	Wahrscheinlichkeit von Reaktionen bestehender Wettbewerber
▶ Betriebsgrößenersparnisse bestehender Wettbewerber ▶ Starke Bindung der Kunden an bestehende Wettbewerber ▶ Hoher Kapitalbedarf für den Markteintritt ▶ Hohe Umstellungskosten der Abnehmer beim Übergang zu einem neuen Anbieter ▶ Erschwerter Zugang des neuen Wettbewerbs zu Vertriebskanälen ▶ Größenunabhängige Kostenvorteile bestehender Wettbewerber, wie z. B. der günstige Zugang zu Rohstoffen ▶ Staatliche Maßnahmen, die den Markteintritt behindern oder verteuern	▶ Harte Reaktionen bei früheren Eintrittsversuchen ▶ Verfügbarkeit umfangreicher Mittel für Reaktionen ▶ Hohe Austrittsbarrieren aus der Branche ▶ Geringes Branchenwachstum

Verhandlungsmacht

Mit der Verhandlungsmacht der *Lieferanten* steigen die Einsatzgüterpreise oder sinkt die Qualität der Einsatzgüter und damit das Qualitätsniveau der eigenen Produkte. Beides wirkt sich negativ auf die Branchenrentabilität aus. Eine Branche ist damit umso attraktiver, je geringer die Verhandlungsmacht der Lieferanten ist (vgl. PORTER (1990), S. 54 ff.). Die Verhandlungsmacht der *Abnehmer* beeinflusst über die Absatzpreise der Branchenprodukte sowie die von den Abnehmern geforderte Produktqualität die Branchenrentabilität. Die *Attraktivität* einer Branche ist damit umso höher, je geringer die Verhandlungsmacht der Abnehmer ist (vgl. PORTER (1990), S. 50 ff.). Einen Überblick über die Einflussgrößen auf die Verhandlungsmacht der Lieferanten und der Abnehmer gibt Abbildung 3.33.

Abb 3.33

Einflussgrößen der Verhandlungsmacht

Lieferanten	Abnehmer
▶ Konzentration der Lieferanten ▶ Fehlen von Ersatzprodukten ▶ Geringer Anteil der Branche an den Gesamtumsätzen der Lieferanten ▶ Hohe Bedeutung der Produkte der Lieferanten für die Wettbewerber ▶ Hohe Umstellungskosten der Wettbewerber bei einem Wechsel des Lieferanten ▶ Gefahr der Vorwärtsintegration der Lieferanten	▶ Konzentration der Abnehmer ▶ Hoher Anteil des Branchenproduktes an den Gesamtkosten der Abnehmer ▶ Standardisierung der Branchenprodukte ▶ Geringe Umstellungskosten der Abnehmer bei einem Anbieterwechsel ▶ Geringe Gewinne der Abnehmer ▶ Gefahr der Rückwärtsintegration der Abnehmer ▶ Bedeutung des Branchenprodukts für die Qualität der Produkte des Abnehmers ▶ Hoher Informationsstand der Abnehmer über das Angebot und die Preise der Wettbewerber

Ersatzprodukte sind prinzipiell geeignet, ähnliche Kundenbedürfnisse zu erfüllen wie das Branchenprodukt. Sie werden von den Abnehmern jedoch noch nicht als Substitutionsprodukte wahrgenommen, da sie auf eine andere Kundengruppe zielen oder in einer anderen Region angeboten werden. Bei einem Anstieg der Preise für das Branchenprodukt werden die Abnehmer zunehmend zu dem Ersatzprodukt wechseln. Ersatzprodukte begrenzen damit die Branchenrentabilität. Eine Branche ist umso *attraktiver*, je geringer die Bedrohung durch Ersatzprodukte ist. Sie hängt ab von

Bedrohung durch Ersatzprodukte

- ▶ dem Preis-Leistungs-Verhältnis der Ersatzprodukte im Vergleich zum Branchenprodukt,
- ▶ den Umstellungskosten der Abnehmer beim Übergang zum Ersatzprodukt und
- ▶ der Substitutionsneigung der Abnehmer.

Rivalität unter den bestehenden Unternehmungen

Die Rivalität unter den bestehenden Unternehmungen spiegelt sich in dem Ausmaß wider, in dem Preissenkungen oder eine Verbesserung der Leistungen für den Kunden Gegenmaßnahmen anderer Wettbewerber auslösen. Eine Branche ist damit umso *attraktiver*, je geringer diese Rivalität ist. Neben einer Reihe ökonomischer und technischer Faktoren, die in Abbildung 3.34 genannt sind, wird die Rivalität unter den bestehenden Unternehmungen auch durch die Stärke der anderen vier Wettbewerbskräfte beeinflusst (vgl. Porter (1990), S. 42 ff.).

Hohe Marktaustrittsbarrieren	Weitere Einflussgrößen
▶ Spezialisiertes Anlagevermögen ▶ Hohe Stilllegungskosten (z. B. Sozialpläne, Aufrechterhalten von Ersatzteillagern) ▶ Hohe Synergien zwischen dem Geschäftsfeld und den anderen Teilen der Unternehmung ▶ Emotionale Barrieren (z. B. Loyalität gegenüber den Mitarbeitern) ▶ Administrative und soziale Restriktionen	▶ Zahlreiche oder hinsichtlich Mittel und Größe ähnliche Wettbewerber ▶ Geringes Branchenwachstum ▶ Zwang zur Kapazitätsauslastung durch hohe Fixkosten oder Überkapazitäten ▶ Zwang zur Sicherung der Verkäufe aufgrund hoher Lagerkosten ▶ Fehlende Differenzierung oder Umstellungskosten der Abnehmer ▶ Heterogene Wettbewerber ▶ Hohe strategische Bedeutung

Abb 3.34

Einflussgrößen der Rivalität unter den Unternehmungen

3.3.3 Unternehmungsanalyse

3.3.3.1 Aufgaben der Unternehmungsanalyse

Stärken und Schwächen der Unternehmung

Aufgabe der Unternehmungsanalyse ist es, die gegenwärtigen und zukünftigen Stärken und Schwächen der Unternehmung zu identifizieren.

Prozess der Unternehmungsanalyse

Der Prozess der Unternehmungsanalyse vollzieht sich in drei Schritten (in Anlehnung an WELGE/AL-LAHAM (2012), S. 353 ff.):

- ▶ Identifikation potentieller Stärken und Schwächen
- ▶ Vergleich und Bewertung potentieller Stärken und Schwächen sowie
- ▶ Erstellung des Stärken-/Schwächen-Profils.

Definition

***Stärken und Schwächen* einer Unternehmung sind interne Faktoren, die geeignet sind, einen Wettbewerbsvorteil zu begründen, oder Ursache eines Wettbewerbsnachteils sind.**

Im *ersten Schritt* werden interne Faktoren identifiziert, die das Potential haben, strategische Handlungsmöglichkeiten zu eröffnen oder zu begrenzen. Nach dem gewählten Ansatz der Unternehmungsanalyse werden in diesem ersten Schritt *Wertaktivitäten* abgegrenzt oder *Ressourcen und organisatorische Fähigkeiten* erfasst und beschrieben.

Im *zweiten Schritt* wird der Frage nachgegangen, ob die identifizierten Faktoren als Stärken oder Schwächen einzustufen sind. Hierzu sind sie mit umweltbezogenen Anforderungen zu vergleichen und zu bewerten. Es bieten sich drei Formen des Vergleichs an:

- ▶ Wettbewerbervergleich
  Die identifizierten Faktoren werden mit denen der stärksten direkten Wettbewerber verglichen.
- ▶ Branchenübergreifender Vergleich
  Die identifizierten Faktoren werden jeweils mit denen der Unternehmung verglichen, die hinsichtlich des jeweiligen Faktors führend ist.

- Kundenorientierter Vergleich
  Die identifizierten Faktoren werden den Anforderungen der Kunden gegenübergestellt.

Auf der Grundlage der Ergebnisse des Vergleichs und der Bewertung werden die identifizierten internen Faktoren im *letzten Schritt* in die folgenden Gruppen gegliedert:

- *Strategische Stärken:* Zu diesen zählen die internen Faktoren, die einen Wettbewerbsvorteil begründen können.
- *Strategische Schwächen:* Das sind diejenigen internen Faktoren, die Wettbewerbsnachteile der Unternehmung begründen.
- *Basisanforderungen:* Diese internen Faktoren zeichnen sich weder durch eine positive noch durch eine negative Bewertung aus.

Ansätze der Unternehmungsanalyse

Nach den internen Faktoren, die den Gegenstand der Unternehmungsanalyse bilden, werden vor allem zwei Ansätze der Unternehmungsanalyse unterschieden (vgl. WELGE/AL-LAHAM (2012), S 353 f.):

- der wertaktivitätenorientierte Ansatz sowie
- der ressourcen- und fähigkeitsorientierte Ansatz.

Die *Wertkettenanalyse* ist ein Instrument der wertaktivitätenorientierten Unternehmungsanalyse auf der Ebene der strategischen Geschäftsfelder. Ein Instrument der ressourcen- und fähigkeitsorientierten Unternehmungsanalyse ist die *VRIO-Methode.*

3.3.3.2 Wertkettenanalyse

Die Wertkettenanalyse beruht auf der Erkenntnis, dass Wettbewerbsvorteile aus vielen einzelnen Aktivitäten im Unternehmungsprozess entstehen. Die Ausführung dieser Aktivitäten und ihre Verknüpfung sind maßgebend dafür, ob Kosten- oder Differenzierungsvorteile geschaffen werden können. Aktivitäten, die mögliche Quellen von Wettbewerbsvorteilen sind, können nicht erkannt werden, solange die Unternehmung als Ganzes betrachtet wird. Für die Wertkettenanalyse wird deshalb zunächst die Wertkette des strategischen Geschäftsfeldes ermittelt.

Definition

Die *Wertkette* ist die nach dem physischen Durchlaufprinzip geordnete und in aggregierter Form dargestellte Folge der Wertaktivitäten des strategischen Geschäftsfeldes.

Wertaktivitäten

Wertaktivitäten sind homogene Aktivitäten mit strategischer Relevanz (vgl. PORTER (1992), S. 72 f.). Die *Homogenität* betrifft das Kostenverhalten oder den Beitrag zum Kundenwert (→ QR-Glossar) der Teilaktivitäten, aus denen sich eine Aktivität zusammensetzt. *Strategisch relevant* sind die Aktivitäten, sofern sie zusammen einen erheblichen oder steigenden Anteil an den Kosten oder ein hohes Differenzierungspotential besitzen.

Die Ermittlung der Wertkette beginnt mit den neun generischen Aktivitäten. Das sind die Aktivitäten, die unabhängig von der Branche in jedem strategischen Geschäftsfeld ausgeführt werden. Durch sie werden in den strategischen Geschäftsfeldern Kundenwerte geschaffen und Kosten verursacht. Nach ihrem Bezug zum Unternehmungsprozess werden diese Aktivitäten in zwei Gruppen gegliedert:

generische Aktivitäten

- die primären Aktivitäten und
- die unterstützenden Aktivitäten.

Die *primären Aktivitäten* dienen der Leistungserstellung und -verwertung und lassen sich direkt aus der Marktaufgabe herleiten. *Unterstützende Aktivitäten* erbringen Dienstleitungen für die primären Aktivitäten oder für die gesamte Wertkette (vgl. PORTER (1992), S. 66 ff.). Abbildung 3.35 gibt einen Überblick über diese Aktivitäten.

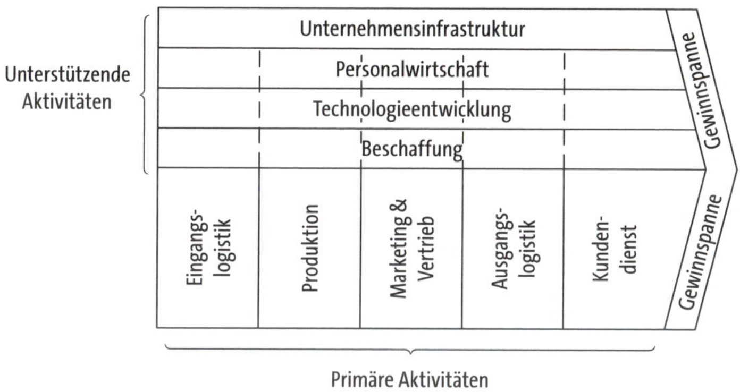

Abb 3.35

Struktur der Wertkette

Zur Ermittlung der Wertaktivitäten werden die generischen Aktivitäten in Teilaktivitäten untergliedert, die Unterschiede im Kostenverhalten oder im Beitrag zum Kundenwert aufweisen. Die sich ergebenden Teilaktivitäten werden nach diesem Prinzip weiter untergliedert, bis homogene Teilaktivitäten erreicht sind (vgl. PORTER (1992), S. 73 ff.). Sind die sich ergebenden Wertaktivitäten strategisch relevant, gehen sie als Wertaktivitäten in die Wertkette ein. Die so ermittelte Wertkette bildet die Grundlage für die Wertkettenanalyse.

Wertkettenanalyse

Definition

Die *Wertkettenanalyse* ist ein Instrument, das die Stärken und Schwächen eines strategischen Geschäftsfeldes, die einen kosten- oder differenzierungsbedingten Wettbewerbsvorteil begründen können, durch den Vergleich der Wertkette mit der des Wettbewerbs identifiziert.

Zur Identifikation von Quellen für einen Kostenvorteil wird die Wertkettenanalyse in der Form einer *strategischen Kostenanalyse* durchgeführt. Hierzu werden für jede einzelne Wertaktivität die Struktur, das Verhalten und die Abhängigkeit ihrer Kosten von anderen Aktivitäten in der Unternehmung, bei den Lieferanten oder den Kunden analysiert. Sollen die Quellen von Differenzierungsvorteilen ermittelt werden, wird die Wertkettenanalyse als *strategische Differenzierungsanalyse* durchgeführt. Bei dieser werden für jede einzelne Wertaktivität die vorhandenen oder potentiellen Quellen der Einmaligkeit ermittelt und hinsichtlich des Kundenwertes und der Kosten der Differenzierung bewertet. Auf der Basis der gewonnenen Erkenntnisse werden eine Kostenführerschafts- oder eine Differenzierungsstrategie entwickelt.

Dauerhaftigkeit des Wettbewerbsvorteils

Ein erzielter Wettbewerbsvorteil ist nur dann von Dauer, wenn sich der Kosten- oder Differenzierungsvorteil gegenüber den Konkurrenten behaupten lässt, d.h., sie diesen nicht nachahmen können. Sowohl die strategische Kostenanalyse als auch die strategische Differenzierungsanalyse sehen deshalb auch eine Überprüfung der Dauerhaftigkeit des Wettbewerbsvorteils vor. Als Ursachen der Dauerhaftigkeit können u.a. genannt werden: Markteintrittsbarrieren, die Nutzung einmaliger Ereignisse zur Schaffung des Wettbewerbsvorteils oder die Vielschichtigkeit der Quellen des geschaffene Wettbewerbsvorteils, so dass seine Ursachen von außen nicht erkennbar sind. Abbildung 3.36 nennt die Schritte der strategischen Kostenanalyse und der strategischen Differenzierungsanalyse (vgl. Porter (1992), S. 162 f., S. 215 ff.).

Abb 3.36

Schritte der Wertkettenanalyse

Strategische Kostenanalyse	Strategische Differenzierungsanalyse
▶ Zuordnung der Kosten zu den Wertaktivitäten ▶ Diagnose der Kosteneinflussgrößen jeder Wertaktivität und Analyse der zwischen den Kosteneinflussgrößen bestehenden Wechselwirkungen ▶ Ermittlung der Wertkette des Wettbewerbers, Diagnose der Kostenunterschiede und ihrer Ursachen ▶ Entwicklung einer Strategie zur Verbesserung der relativen Kostenposition durch die Optimierung einzelner Wertaktivitäten oder Neustrukturierung der Wertkette ▶ Analyse der Dauerhaftigkeit der entwickelten Strategie	▶ Ermittlung der tatsächlichen Kunden ▶ Analyse des Einflusses des Geschäftsfeldes auf die Wertkette der Kunden ▶ Feststellung der Kaufkriterien der Kunden und ihrer Rangfolge ▶ Bewertung der bestehenden und potentiellen Quellen der Einmaligkeit in der Wertkette des Geschäftsfeldes ▶ Ermittlung der Kosten vorhandener und potentieller Differenzierungsquellen ▶ Entwicklung einer Differenzierungsstrategie durch die Zusammenstellung von Wertaktivitäten unter Berücksichtigung der erreichbaren Differenz zwischen Kundenwert und Differenzierungskosten ▶ Senkung der Kosten der Aktivitäten, die nicht zum Differenzierungsvorteil beitragen ▶ Analyse der Dauerhaftigkeit der entwickelten Strategie

VRIO-Methode

3.3.3.3

Die VRIO-Methode ist ein Ansatz der Unternehmungsanalyse zur Identifikation strategischer Stärken und Schwächen, die begründet sind in

- den Ressourcen und
- den organisatorischen Fähigkeiten der Unternehmung.

Ressourcen

Ressourcen sind die Vermögenswerte, die von der Unternehmung beeinflusst werden können. Zu den Ressourcen zählen die materiellen, die immateriellen und die finanziellen Vermögenswerte sowie das Humankapital (vgl. Abbildung 3.37). Die *materiellen Vermögenswerte* sind physisch erfassbar. Sie umfassen u.a. die Werksanlagen, die Betriebsmittelausstattung und den Zugang zu Rohstoffen. Nicht physisch erfassbar sind die *immateriellen Vermögenswerte*, zu denen Patente, Urheberrechte, das Image und die Unternehmungskultur zählen. Die durch die Ausbildung, Weiterbildung und Erfahrung gewonnenen Fachkenntnisse der Führungskräfte und Mitarbeiter, ihre Motivation und Loyalität bilden zusammen das *Humankapital* (vgl. GRANT/NIPPA (2006), S. 183 ff.).

organisatorische Fähigkeiten

Die organisatorischen Fähigkeiten sind das Vermögen der Unternehmung, aus ihren Ressourcen einen Nutzen zu ziehen, d.h. die Ressourcen zielwirksam zu kombinieren und einzusetzen (vgl. GRANT/NIPPA (2006), S. 190 f.). Es sind die Prozesse, Strukturen und Programme, die für das Zusammenwirken der Ressourcen maßgebend sind.

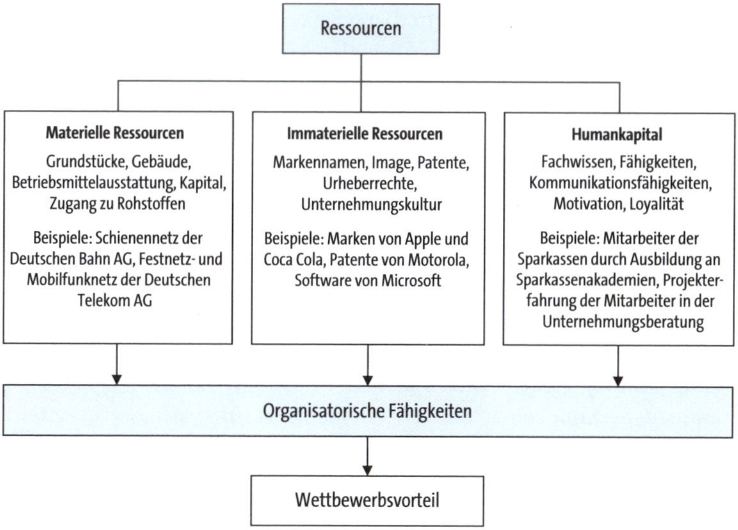

Abb 3.37

Ressourcen und organisatorische Fähigkeiten

Bewertet werden die Ressourcen nach dem VRIO- oder dem VRIN-Schema. VRIO steht für (vgl. Barney/Hesterly (2012), S. 86 ff.):

- V – Value: Strategischer Wert
- R – Rarity: Seltenheit
- I – Imitability: Imitierbarkeit oder Substituierbarkeit
- O – Organization: Organisatorische Nutzbarkeit

Beim VRIN-Schema tritt an die Stelle der organisatorischen Nutzbarkeit die Nicht-Substituierbarkeit »Non-Substitutability« (vgl. Johnson/Scholes/Whittington (2011), S. 137 ff.).

strategischer Wert

Ressourcen und organisatorische Fähigkeiten haben einen strategischen Wert, wenn sie geeignet sind, sich bietende Chancen zu nutzen oder drohende Risiken zu neutralisieren. Um den strategischen Wert der Ressourcen und Fähigkeiten beurteilen zu können, müssen sie den in der Umweltanalyse identifizierten *Chancen und Risiken* gegenübergestellt werden.

Eine strategisch wertvolle Ressource oder organisatorische Fähigkeit kann nur dann einen Wettbewerbsvorteil begründen, wenn sie selten ist.

selten

Selten ist eine Ressource oder organisatorische Fähigkeit, wenn nur wenige Wettbewerber über vergleichbare Ressourcen oder organisatorische Fähigkeiten verfügen. Die Beurteilung der Seltenheit einer Ressource oder organisatorische Fähigkeit verlangt einen *Vergleich mit den Wettbewerbern.*

Ein nachhaltiger Wettbewerbsvorteil kann mit einer strategisch wertvollen und seltenen Ressource oder organisatorischen Fähigkeit geschaffen werden, wenn sie nicht oder nur mit sehr hohen Kosten imitierbar,

imitierbar

d.h. substituierbar ist. Die Imitierbarkeit von Ressourcen und organisatorischen Fähigkeiten hängt von folgenden Faktoren ab (vgl. Wheelen/Hunger (2012), S. 188 f.):

- *Transparenz:* Wissen über den Zusammenhang zwischen dem Wettbewerbsvorteil und den Ressourcen oder organisatorischen Fähigkeiten, die ihn begründen
- Übertragbarkeit: Fähigkeit der Wettbewerber, die Ressourcen oder organisatorischen Fähigkeiten zu erwerben, die den Wettbewerbsvorteil begründen
- *Wiederholbarkeit:* Fähigkeit der Wettbewerber, mit nachgeahmten Ressourcen oder organisatorischen Fähigkeiten ähnliche Erfolge zu erzielen.

Strategisch wertvolle, seltene und nicht imitierbare Ressourcen oder organisatorische Fähigkeiten sind nur ein Potential für Wettbewerbsvorteile. Realisiert werden können die Wettbewerbsvorteile nur, wenn die Ressourcen oder organisatorischen Fähigkeiten auch organisatorisch nutzbar

organisatorisch nutzbar

sind. Die Unternehmung muss in der Lage sein, die strategisch wertvollen, seltenen und nicht imitierbaren Ressourcen oder organisatorischen Fähigkeiten in Differenzierungs- oder Kostenvorteile umzusetzen.

Zur Identifikation der Stärken und Schwächen der Unternehmung wird geprüft, inwieweit die Ressourcen oder organisatorischen Fähigkeiten der Unternehmung eines oder mehrere der erörterten Merkmale aufweisen. Ergebnis der Analyse ist die Gliederung der Ressourcen und organisatorischen Fähigkeiten in vier Gruppen: Wettbewerbsnachteile, Parität, zeitlich begrenzter Wettbewerbsvorteil sowie langfristiger Wettbewerbsvorteil (vgl. BARNEY (2002), S. 173 f.; Abbildung 3.38).

Gliederung der Ressourcen und organisatorischen Fähigkeiten

Abb 3.38

Wettbewerbsvorteile und Ressourcen

Position / Merkmal	Wettbewerbsnachteil	Parität	Temporärer Wettbewerbsvorteil	Langfristiger Wettbewerbsvorteil
Strategisch wertvoll	Nein	Ja	Ja	Ja
Selten	–	Nein	Ja	Ja
Kosten der Nachahmung	–	–	Gering	Hoch
Organisatorische Nutzbarkeit	–	Ja	Ja	Ja
	⇩	⇩	⇩	⇩
Stärke/Schwäche	Schwäche	Stärke	Stärke und temporäre Kompetenz	Stärke und nachhaltige Kompetenz
Ökonomische Leistung	Unterdurchschnittlich	Durchschnittlich	Überdurchschnittlich	Überdurchschnittlich

3.3.4 Strategieformulierung

3.3.4.1 Grundsätze der Strategieformulierung

Auf der Grundlage der Informationen aus der Unternehmungs- und der Umweltanalyse werden Strategien auf der Ebene der Gesamtunternehmung und der strategischen Geschäftsfelder entwickelt. Der Handlungsrahmen ist auf dieser Ebene der Unternehmungsplanung nur durch den normativen Rahmen begrenzt. Der *Kreativität* und der *unternehmerischen Intuition* kommt bei der Strategieformulierung deshalb eine erhebliche Bedeutung zu. Es erweist sich jedoch als vorteilhaft, einige Grundsätze als Leitlinien der Strategieformulierung zu beachten. Zentrale Grundsätze der Strategieformulierung sind (vgl. WELGE/AL-LAHAM (2012), S. 447 ff.; KREIKEBAUM/GILBERT/BEHNAM (2011), S. 112 ff.):

Grundsätze der Strategieformulierung

- *Aufbau und Nutzung von Verbundvorteilen:* Strategische Geschäftsfelder könnten auch als selbstständige Unternehmungen auf dem Markt tätig sein. Tätigkeitsbereiche sollten nur dann als strategische Geschäftsfelder der Unternehmung geführt werden, wenn dadurch Verbundvorteile realisiert werden können. Unternehmungsstrategien sollten deshalb klar aufzeigen, wo Verbundvorteile entstehen und wie sie genutzt werden können.

- *Abgleich der Stärken und Schwächen der Unternehmung mit den Chancen und Risiken des Marktes:* Die sich bietenden Chancen sollten mit den Stärken oder den gezielten Abbau von Schwächen nutzbar gemacht werden. Die Stärken sollten eingesetzt und die Schwächen abgebaut werden, um drohende Risiken zu verringern.
- *Sicherung der finanziellen Ausgewogenheit unter den strategischen Geschäftsfeldern:* Aussichtsreichen strategischen Geschäftsfeldern, die gefördert werden sollten, müssen immer im ausreichenden Umfang strategische Geschäftsfelder gegenüberstehen, die Finanzmittelüberschüsse generieren.
- *Positionierung gegenüber den Wettbewerbern:* Stärken und Schwächen sowie Erfolgspotentiale der strategischen Geschäftsfelder sind im Vergleich zu den Wettbewerbern und unter Berücksichtigung ihrer Reaktionen auf Maßnahmen der Unternehmung zu bewerten, zu gestalten oder zu nutzen.
- *Optimierung der Ressourcen- und Fähigkeitsbasis:* Langfristige Wettbewerbsvorteile sollten nur auf der Basis strategisch wertvoller, seltener, nicht imitierbarer und organisatorisch nutzbarer Ressourcen und Fähigkeiten geschaffen werden.

3.3.4.2 SWOT-Analyse

Bei der SWOT-Analyse werden aus dem Abgleich der Stärken und Schwächen der Unternehmung mit den Chancen und Risiken des Marktes Handlungsempfehlungen für die Strategieformulierung hergeleitet. »SWOT« ist ein Akronym und steht für die Begriffe »Strengths« (Stärke), »Weaknesses« (Schwächen), »Opportunities« (Chancen) und »Threats« (Risiken). Die SWOT-Analyse sieht vor, die Chancen und Risiken der Umwelt und die Stärken und Schwächen der Unternehmung zu ermitteln und miteinander in Beziehung zu setzen, um daraus strategische Handlungsempfehlungen herzuleiten, wie mit den Stärken und Schwächen der Unternehmung umzugehen ist, um den Chancen und Risiken der Umwelt zielorientiert zu begegnen.

Schritte

Die SWOT-Analyse erfordert die folgenden Schritte (vgl. Kreikebaum/Gilbert/Behnam (2011), S. 248 f.):

- Festlegung der Untersuchungseinheit,
- Feststellung der Stärken und Schwächen der Untersuchungseinheit,
- Ermittlung der Chancen und Risiken der Umwelt,
- Gegenüberstellung der Stärken/Schwächen und der Chancen/Risiken in der SWOT-Matrix sowie
- Herleitung strategischer Handlungsempfehlungen.

Untersuchungseinheit einer SWOT-Analyse kann die Unternehmung, ein Geschäftsfeld oder ein Funktionsbereich sein. Sofern Geschäftsfelder oder Funktionsbereiche die Untersuchungseinheit bilden, werden diese isoliert betrachtet. Die *Unternehmungs- und Umweltanalyse* werden komparativ durchgeführt, d.h. die Stärken, Schwächen, Chancen und Risiken werden im Vergleich zu den Konkurrenten festgestellt und bewertet. Die SWOT-Matrix ist eine Tabelle mit den Stärken und Schwächen der Unternehmung in den Zeilen der Kopfspalte und den Chancen und Risiken in den Zeilen der Kopfzeile (vgl. Abbildung 3.39). SWOT-Matrix

Die Kombinationen aus Stärken und Schwächen auf der einen Seite sowie Chancen und Risiken auf der anderen Seite stehen für vier Typen von Strategien, die Antworten auf die folgenden Fragen geben (vgl. Koontz/Weihrich (1988), S. 111 f.): vier Typen von Strategien

- *SO-Strategie:* Wie sollen die Stärken genutzt werden, um die Chancen der Umwelt ergreifen zu können?
- *WO-Strategie:* Wie sollen Schwächen beseitigt werden, um die Chancen des Marktes ergreifen zu können?
- *ST-Strategie:* Wie sollen die Stärken genutzt werden, um die Risiken der Umwelt reduzieren oder vermeiden zu können?
- *WT-Strategie:* Wie sollen die Schwächen abgebaut werden, um die Risiken der Umwelt reduzieren oder vermeiden zu können?

Externe Faktoren / Interne Faktoren	Chancen (Opportunities) 1. ... 2.	Risiken (Threats) 1. ... 2. ... ...
Stärken (Strenths) 1. ... 2.	SO-Strategie	ST-Strategie
Schwächen (Weaknesses) 1. ... 2.	WO-Strategie	WT-Strategie

Abb 3.39
SWOT-Matrix

3.3.4.3 Portfolio-Analyse

Die Untersuchungseinheiten der Portfolio-Analyse sind die Geschäftsfelder. Durch den Begriff »Portfolio«, der eine Sammlung von Objekten eines bestimmten Typs bezeichnet, wird zum Ausdruck gebracht, dass die Geschäftsfelder in ihrer Gesamtheit analysiert werden, um der Gefahr von Suboptimierungen vorzubeugen, die bei einer isolierten Betrachtung

Strategieformulierung

der Geschäftsfelder auftreten können. Die Strategieformulierung unterstützt die Portfolio-Analyse durch

- die Beurteilung der finanziellen Ausgewogenheit zwischen den Geschäftsfeldern,
- die Priorisierung der Geschäftsfelder als Grundlage von Entscheidungen über die Zuordnung von Ressourcen und
- die Herleitung strategischer Handlungsempfehlungen.

Für die SWOT-Analyse werden die Stärken und Schwächen der Unternehmung und die Chancen und Risiken des Marktes möglichst umfassend erhoben. Bei der Portfolio-Analyse werden lediglich zwei möglichst repräsentative Faktoren ausgewählt, und zwar ein *Unternehmungs- und ein Umweltfaktor*. Bei der Unternehmungs- und Umweltanalyse werden diese beiden Erfolgsfaktoren für alle Geschäftsfelder der Unternehmung erfasst. Entsprechend der ermittelten Werte werden die Geschäftsfelder in der Portfolio-Matrix positioniert, einem Koordinatensystem mit dem Umweltfaktor auf der Ordinate und dem Unternehmungsfaktor auf der Abszisse (vgl. Abbildung 3.40). Über die Kreisfläche wird der Umsatz oder der Deckungsbeitrag der Geschäftsfelder visualisiert. Mittels kritischer Ausprägungen des Unternehmungs- und des Umweltfaktors wird die Portfolio-Matrix in mehrere Felder gegliedert, denen jeweils eine *Normstrategie* zugeordnet ist. Diese geben ein grobe Stoßrichtung für die Entwicklung der strategischen Geschäftsfelder an.

Portfolio-Matrix

Abb 3.40

Portfolio-Matrix

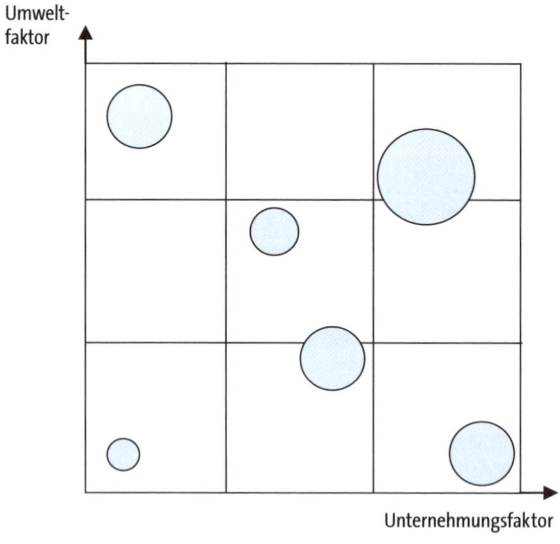

Es sind mehrere Methoden der Portfolio-Analyse vorgeschlagen worden, die sich in den betrachteten Umwelt- und Unternehmungsfaktoren sowie in der Abgrenzung der Matrixfelder unterscheiden. Eine der bekanntesten Methoden ist das Marktwachstum-Marktanteil-Portfolio der BOSTON CONSULTING GROUP. Mit dieser Methode der Portfolio-Analyse wird das *Ziel der finanziellen Ausgewogenheit* der Geschäftsfelder verfolgt. Um dieses Ziel zu erreichen, werden

Marktwachstum-Marktanteil-Portfolio

- der relative Marktanteil als Unternehmungsfaktor und
- das Marktwachstum als Umweltfaktor

verwendet. Der relative Marktanteil ist der Quotient aus dem Umsatz des Geschäftsfeldes und dem Umsatz des stärksten Wettbewerbers in diesem Geschäftsfeld:

relativer Marktanteil

$$\text{Relativer Marktanteil} = \frac{\text{Umsatz des Geschäftsfeldes}}{\text{Umsatz des stärksten Wettbewerbers im Geschäftsfeld}}$$

Die Auswahl des relativen Marktanteils als Unternehmungsfaktor wird mit der *Erfahrungskurve* begründet. Diese beschreibt den Zusammenhang zwischen den Stückkosten und der kumulierten Produktionsmenge. Es besagt, dass mit jeder Verdoppelung der kumulierten Produktionsmenge eines Produktes im Zeitablauf die Stückkosten um 20–30% sinken (vgl. HENDERSON (1984), S. 19). Danach kann eine Unternehmung, deren relativer Marktanteil einen Wert über 1 hat, die kumulierte Produktionsmenge schneller vergrößern als ihre Wettbewerber und damit einen Kostenvorteil aufbauen. Ein relativer Marktanteil mit einem Wert über (unter) 1 kann deshalb als Stärke (Schwäche) der Unternehmung verstanden werden.

Das Marktwachstum kann wie folgt ermittelt werden:

Marktwachstum

$$\text{Marktwachstum} = \frac{\text{Umsatz in t} - \text{Umsatz t}-1}{\text{Umsatz in t}-1} \times 100$$

Der Wahl des Marktwachstums als Umweltfaktor liegt die Annahme zugrunde, dass es ein geeigneter Indikator für die Lebenszyklusphase ist, in der sich die Branche des Geschäftsfeldes befindet. Das *Lebenszykluskonzept* unterstellt, dass jede Branche bestimmte Lebenszyklusphasen durchläuft, die unterschiedliche Umsatz- und Gewinnpotentiale aufweisen. Von positiven Wachstumsraten wird auf die Einführungs- und Wachstumsphase und von stagnierenden oder negativen Wachstumsraten wird auf die Reife- und Sättigungsphase geschlossen. Da in frühen Lebenszyklusphasen die Stärke der Wettbewerbskräfte (→ Abschnitt 3.3.2.3, S. 124 ff.) noch gering ist (vgl. MÜLLER-STEWENS/LECHNER (2011), S. 130), bieten sie mehr Chancen für das Geschäftsfeld als dies in späten Lebenszyklusphasen der Fall ist.

Nur vom Marktführer kann ein *relativer Marktanteil* erreicht werden, der über 1 liegt. Zur Abgrenzung der Matrixfelder wird jedoch ein

kritischer Wert

kritischer Wert von 1,5 empfohlen. Diese Empfehlung beruht auf der Erkenntnis, dass erst bei einem Marktanteil, der mindestens 50% über dem des stärksten Wettbewerbers liegt, ein Erfahrungsvorsprung und damit ein Kostenvorteil erreicht werden kann, der die dauerhafte Erwirtschaftung von Finanzmittelüberschüssen zulässt. Beim *Marktwachstum* kann als kritischer Wert z.B. das Wachstum des Bruttosozialprodukts oder das gewichtete durchschnittliche Wachstum aller Märkte herangezogen werden, auf denen die Unternehmung tätig ist.

vier Felder

Mit den kritischen Werten wird die Marktwachstums-Markanteils-Matrix in die folgenden vier Felder gegliedert (vgl. Abbildung 3.41):

- *Cash Cows*
  Die Geschäftsfelder in diesem Matrixfeld sind Marktführer in Märkten mit geringem Marktwachstum. Aufgrund der Marktführerschaft werden in diesen Geschäftsfeldern hohe Stückgewinne erzielt. Zur Erhaltung des relativen Marktanteils müssen aufgrund des geringen Marktwachstums nur noch Ersatz- und Rationalisierungsinvestitionen getätigt werden, so dass deutliche Finanzmittelüberschüsse erwirtschaftet werden.
- *Stars*
  In diesem Feld befinden sich die Geschäftsfelder, die Marktführer in einem Markt mit hohem Marktwachstum sind. Um bei wachsendem Markt den relativen Marktanteil erhalten oder sichern zu können, entsteht u.a. für die erforderlichen Kapazitätserweiterungen ein hoher Finanzmittelbedarf, den das jeweilige Geschäftsfeld nicht selbst decken kann. Es werden Finanzmittelüberschüsse anderer Geschäftsfelder benötigt. Die Stars von heute sind die Cash Cows von morgen und sollten gefördert werden.
- *Questions Marks* (Nachwuchsprodukte)
  Diesem Matrixfeld sind die Geschäftsfelder mit einem geringen relativen Marktanteil zugeordnet, die in Märkten mit einem hohen Marktwachstum tätig sind. Für diese Geschäftsfelder ist zu überlegen, ob der relative Marktanteil gesteigert werden soll, um Kostenvorteile zu generieren. Der dafür erforderliche Finanzmittelbedarf ist erheblich. Er kann mit den im jeweiligen Geschäftsfeld generierten Finanzmitteln nicht gedeckt werden. Es werden deshalb Finanzmittelüberschüsse anderer Geschäftsfelder benötigt. Da diese begrenzt sind, ist bei mehreren Nachwuchsprodukten eine Auswahl vorzunehmen.
- *Poor Dogs* (Auslaufprodukte)
  Die Geschäftsfelder in diesem Matrixfeld haben einen niedrigen relativen Marktanteil und sind in einem unterdurchschnittlich wachsenden oder stagnierenden Markt tätig. Aufgrund der ungünstigen Marktposition können keine Finanzmittelüberschüsse erzielt werden.

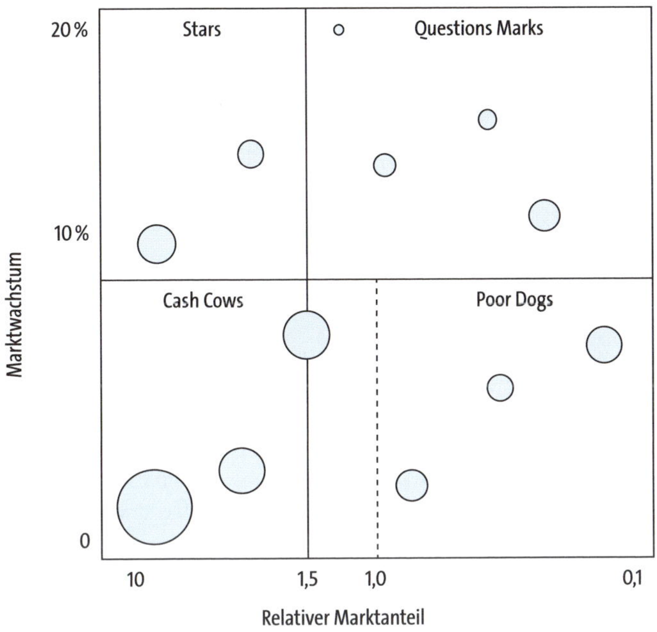

Abb 3.41
Marktwachstsum-Marktanteil-Portfolio

Die durch die Cash Cows, die liquidierten Question Marks und Poor Dogs generierten Finanzmittel sind für die Entwicklung der Stars und der ausgewählten Questions Marks einzusetzen. Anhand der Verteilung der Geschäftsfelder in der Portfolio-Matrix kann überprüft werden, ob ein Gleichgewicht zwischen Finanzmittelbedarf und Finanzmittelüberschüssen besteht. Sie zeigt auch auf, ob es Stars gibt, die bei abnehmendem Marktwachstum zu Cash Cows werden, und Nachwuchsprodukte existieren, die zu Stars entwickelt werden können.

Gleichgewicht zwischen Finanzmittelbedarf und Finanzmittelüberschüssen

Schließlich können aus ihrer Positionierung in der Portfolio-Matrix strategische Handlungsempfehlungen für die Geschäftsfelder hergeleitet werden. Den Feldern der Marktanteils-Marktwachstums-Matrix sind die folgenden Normstrategien zugeordnet: den Cash Cows Abschöpfungsstrategien, den Stars Investitionsstrategien, den Questions Marks Investitions- oder Desinvestitionsstrategien und den Poor Dogs Desinvestitionsstrategien (→ Abschnitt 3.2.2.2, S. 104 f.).

Normstrategien

3.3.5 Strategiebewertung

Bei der Strategiebewertung sollen möglichst alle quantitativen und qualitativen Wirkungen der Strategie hinsichtlich der Vision, der Mission, der

Werte und der langfristigen Ziele ermittelt werden. Bewertet werden (vgl. Welge/Al-Laham (2012), S. 730):

- generierte Strategien für die Strategieauswahl bei einer strategischen Neuorientierung der Unternehmung, aber auch
- bestehende Strategien für die Identifikation neuer strategischer Handlungsfelder und die Planung weiterer strategischer Maßnahmenprogramme.

Bei der Bewertung stehen in der Regel zunächst die Wirkungen hinsichtlich der ökonomischen Zielkriterien im Vordergrund. Strategiealternativen sind in dieser Phase der strategischen Planung selten bereits so genau spezifiziert, dass Aussagen über die Höhe der Ein- und Auszahlungen, die diese Strategien auslösen, prognostiziert werden könnten. An die Stelle quantitativer treten qualitative Bewertungskriterien, anhand derer die Strategiealternativen kritisch überprüft werden. Es ist Aufgabe des General Managements, diese Bewertungskriterien festzulegen. In Abbildung 3.42 werden Bewertungskriterien genannt, die aus einer Analyse strategischer Fehlschläge hergeleitet worden sind (vgl. Day (1986), S. 63 ff.; Lynch (2012), S. 379 ff.).

qualitative Bewertungskriterien

Abb 3.42 | *Kriterien zur Bewertung von Strategiealternativen*

▶ Konsistenz ▶ Angemessenheit ▶ Validität	▶ Durchführbarkeit ▶ Risiko ▶ Finanzielle Vorteilhaftigkeit

konsistent

Eine strategische Alternative ist konsistent, wenn sie in Übereinstimmung mit dem normativen Rahmen steht. Das verlangt zum einen, dass sie die Grenzen des Handlungsrahmens nicht verletzt, der durch die Mission und die Werte definiert wird. Zum anderen fordert dieses Beurteilungskriterium, dass die Strategie zur Realisation der Vision und der langfristigen Ziele beiträgt.

angemessen

Angemessen ist eine Strategie, wenn sie den Möglichkeiten der Unternehmung und den Anforderungen der Umwelt gerecht wird und Wettbewerbsvorteile erarbeitet werden können. Die Beurteilung der *Validität* der strategischen Alternativen bezieht sich auf die Übereinstimmung mit den vorhandenen Informationen und ihrer Aussagekraft sowie auf die Realitätsnähe der getroffenen Annahmen.

Durchführbarkeit

Für die Beurteilung der Durchführbarkeit werden die internen und externen Faktoren betrachtet, die eine Umsetzung der Strategiealternative be- oder sogar verhindern können. Interne Faktoren betreffen zum einen die Verfügbarkeit der erforderlichen Ressourcen und Fähigkeiten und zum anderen die Bereitschaft der Führungskräfte und Mitarbeiter zur Umsetzung der Strategiealternative. Die Akzeptanz durch die Kunden und Lieferanten, die Reaktionen der Wettbewerber und staatliche Genehmigungen zählen zu den externen Faktoren mit Einfluss auf die Durchführbarkeit.

Risiko

Zur Bewertung des Risikos wird überprüft, ob die mit der Strategiealternative verbundenen Risiken eingegangen werden können. Zur Beantwortung dieser Frage sind die Risiken zu identifizieren, die Schadenshöhe und die Eintrittswahrscheinlichkeit zu schätzen sowie die Möglichkeit der Risikovermeidung oder -begrenzung zu prüfen.

Flexibilität

Die Flexibilität hängt von den Möglichkeiten zur Anpassung der Strategie bei Unternehmungs- und Umweltveränderungen sowie den Kosten dieser Anpassung ab.

finanzielle Vorteilhaftigkeit

Zur Prüfung der finanziellen Vorteilhaftigkeit der Strategiealternative ist ihre Wirkung hinsichtlich der monetären Ziele relativ zu den Risiken zu beurteilen, die mit ihrer Umsetzung eingegangen werden.

Zusammenfassung

In diesem Kapital wurde die *Strategieentwicklung* näher erläutert. Diese Phase im Prozess der strategischen Planung kann in *fünf Teilphasen* gegliedert werden: die Geschäftsfeldsegmentierung, die Umweltanalyse zur Identifikation der Chancen und Risiken des Marktes, die Unternehmungsanalyse zur Ermittlung und Bewertung der Stärken und Schwächen der Unternehmung, die Strategieformulierung und die Strategiebewertung. Für jede dieser Teilphasen wurden die *Aufgaben* aufgezeigt und ausgewählte *Instrumente* dargestellt. Behandelt wurden:

- **der Inside-out- und der Outside-in-Ansatz der Geschäftsfeldsegmentierung,**
- **die PESTEL-Analyse zur Analyse der globalen und das Five-Forces-Modell zur Analyse der spezifischen Umwelt,**
- **die Wertkettenanalyse, mit der Stärken und Schwächen in den Aktivitäten des Unternehmungsprozesses aufgedeckt werden können,**
- **die VRIO-Analyse zur Feststellung der Stärken und Schwächen der Ressourcen und organisatorischen Fähigkeiten sowie**
- **die SWOT- und die Portfolio-Analyse zur Ableitung von Empfehlungen für die Strategieformulierung.**

Fragen

1 Was wird unter dem Dilemma der strategischen Segmentierung verstanden?
2 Wie unterscheiden sich die globale und die spezifische Umwelt?
3 Was wird unter der Attraktivität einer Branche für die Unternehmung verstanden?
4 Welche Wettbewerbskräfte wirken nach dem Five-Forces-Modell auf die Wettbewerbsintensität in der Branche?
5 In welcher Beziehung stehen die Wettbewerbskräfte und die Wettbewerbsfaktoren?
6 Skizzieren Sie das Vorgehen bei der Ermittlung der Wertkette eines strategischen Geschäftsfeldes.
7 Erläutern Sie die Merkmale der Ressourcen aus denen ein langfristiger Wettbewerbsvorteil entstehen kann.
8 Welchen Schwerpunkt gibt eine WO-Stratgie für die Suche nach Handlungsmöglichkeiten vor?
9 Wie unterstützen die Methoden der Portfolio-Analyse die Strategieformulierung?
10 Welche Normstrategien sind den Feldern der Portfolio-Matrix nach der Marktwachstum-Marktanteil-Methode zugeordnet?

3.3.6 | Literatur

Bea/Haas (2015); Kreikebaum/Gilbert/Behnam (2011); Müller-Stewens/Lechner (2011); Welge/Al-Laham (2012); Wheelen/Hunger (2012)

Strukturbezogene Aufgaben des General Managements

4

Inhalt

Übersicht

Die strukturbezogene Aufgabe des General Managements ist es, den Vollzug des Unternehmungsprozesses für die Ausführung der in der Planung definierten Gesamtaufgabe der Unternehmung festzulegen. Dazu entscheidet das General Management über die Organisationsstruktur der Unternehmung.

In Abschnitt 4.1 werden die Merkmale zur Beschreibung einer Organisationsstruktur erläutert. Über sie entscheidet das General Management bei der Gestaltung der Organisationsstruktur, sie sind die Entscheidungsvariablen des Entscheidungsproblems. Als Entscheidungsziele dienen Effektivitätskriterien, die als Anforderungen an eine Organisationsstruktur verstanden werden können. Abschnitt 4.2 ist alternativen Ausprägungen dieser Merkmale gewidmet. Diese bilden die Basis für die Formulierung organisatorischer Strukturmodelle, d.h. vereinfachter Abbildungen der in der Wirtschaftspraxis beobachtbaren Organisationsstrukturen. In Abschnitt 4.3 werden grundlegende Modelle dargestellt und anhand der Anforderungen an eine Organisationsstruktur (Entscheidungsziele) beurteilt.

4.1 Abgrenzung der Organisation

4.1.1 Merkmale der Organisation

Prozess des General Managements

Im Prozess des General Managements schließt sich an die Planungsphase die Phase der Organisation an. In dieser Phase legt das General Management fest, wie die in den Plänen definierte Gesamtaufgabe der Unternehmung ausgeführt werden soll. Der wichtigste Anknüpfungspunkt für die Gestaltung dieser Regelungen ist das *Sachziel* (→ QR-Glossar) der Unternehmung, d. h. seine Gesamt- oder Marktaufgabe.

In Unternehmungen kann die Gesamtaufgabe nur arbeitsteilig bewältigt werden. Bei einem arbeitsteilig ausgeführten Unternehmungsprozess kann die Erreichung der Sach- und Formalziele (→ QR-Glossar) nur dann gewährleistet werden, wenn alle Aktivitäten koordiniert werden. Zur Koordination (→ QR-Glossar) werden Regelungen gestaltet und vorgegeben, die das arbeitsteilige Vorgehen und Zusammenwirken der Mitarbeiter in die gewünschten Bahnen lenken. Mit diesen *Regelungen* werden die Verteilung von Teilaufgaben auf Stellen, Abteilungen und Bereiche sowie die Mechanismen festgelegt, nach denen die Aktivitäten zur Ausführung der zugeordneten Teilaufgaben abgestimmt werden sollen. Diese Regelungen können von Dauer sein oder fallweise formuliert und vorgegeben werden.

Koordination

Generelle Regelungen legen den Aufgabenvollzug auf Dauer fest. Sie führen vorhersehbare und in gleicher Form wiederkehrende Aufgaben einer verallgemeinerten, einheitlichen Vorgehensweise zu und begründen eine Routine. Damit erübrigen sich immer wieder neu aus der Situation heraus entwickelte Anweisungen an die Mitarbeiter. Diese generellen Regelungen bilden den Gegenstand der Organisation. Der Begriff der Organisation kann aus einer prozessorientierten und einer instrumentellen Perspektive heraus definiert werden. Wird der Organisationsbegriff *prozessorientiert* definiert, wird unter Organisation der Prozess der Gestaltung dieser Regelungen verstanden. Das Ergebnis dieses Prozesses, d. h. das System dieser Regelungen, bildet bei *instrumenteller* Definition den Inhalt des Organisationsbegriffs.

Organisationsbegriff

Definition

Prozessorientierter Organisationsbegriff:
Organisation ist der mehr oder weniger bewusste Prozess der Formulierung eines generellen Regelsystems mit dem Zweck, den Vollzug des Unternehmungsprozesses an den Sach- und Formalzielen der Unternehmung auszurichten.

Instrumenteller Organisationsbegriff:
Organisation ist die Gesamtheit der generellen Regelungen, die den Vollzug des Unternehmungsprozesses an den Sach- und Formalzielen der Unternehmung ausrichten sollen.

Im Unternehmungsprozess sind nicht alle Aufgaben beständig und vorhersehbar, wie es für die generellen Regelungen erforderlich ist. Aufgaben können auch unerwartet auftreten und zügig eine neue Lösung erfordern. Generelle Regelungen werden solchen variablen Aufgaben nicht gerecht, da sie standardmäßig und nicht anforderungsgerecht bearbeitet würden. Fehler, Korrekturen und aufwendige Nacharbeiten wären die Folge eines standardmäßigen Aufgabenvollzugs. Neben die generellen Regelungen treten deshalb *fallweise Regelungen*. Sie sind auf den Einzelvorgang bezogen und werden situativ festgelegt. d. h. erst unmittelbar vor Beginn des Aufgabenvollzugs. Sie sind einmalige Einzelanweisungen. Die Organisation der Unternehmung wird als Rahmenbedingung zur Einflussnahme auf das Verhalten der Mitarbeiter verstanden (→ Abschnitt 5.1.1, S. 196 f.). Die Gestaltung und Vorgabe fallweiser Regelungen wird nicht zur Organisation gezählt, sondern zur Führung (vgl. SCHREYÖGG (2012), S. 15 ff.).

Führung

Gestaltung der Organisationsstruktur | 4.1.2

Merkmale der Organisationsstruktur | 4.1.2.1

Die Organisationsstruktur einer Unternehmung ist ihr System genereller Regelungen, die den Vollzug des Unternehmungsprozesses an den Unternehmungszielen ausrichten sollen. Sie lässt sich durch fünf Merkmale beschreiben. Die fünf Merkmale einer Organisationsstruktur sind (vgl. KIESER/WALGENBACH (2010), S. 71 ff.):

Merkmale einer Organisationsstruktur

- die Spezialisierung (Arbeitsteilung),
- die Koordination,
- das Leitungssystem,
- die Entscheidungsdelegation (Kompetenzverteilung) und
- die Formalisierung.

Der Unternehmungsprozess wird arbeitsteilig erbracht, d. h. die Unternehmungsaufgabe ist auf mehrere Mitarbeiter verteilt. Mit den Regelungen zur Spezialisierung wird festgelegt, welche Teilaufgaben durch jeweils einen Mitarbeiter erledigt werden sollen (→ Abschnitt 1.1.3, S. 17). Durch die Spezialisierung werden Organisationseinheiten geschaffen.

Spezialisierung

Jeder Organisationseinheit ist jeweils ein abgegrenzter Teil der Gesamtaufgabe der Unternehmung zugeteilt. Die Teilaufgaben werden von mehreren Mitarbeitern, an verschiedenen Orten zu unterschiedlichen Zeiten erledigt, wobei sich jeder Mitarbeiter zunächst einmal auf den Vollzug der eigenen Teilaufgabe konzentriert. Die den Organisationseinheiten zugeordneten Teilaufgaben sind meist nicht unabhängig voneinander. Häufig bestehen zwischen den Teilaufgaben Sachinterdependenzen (→ QR-Glossar), d. h., die Aktivitäten eines Mitarbeiters haben Einfluss auf den Zielerreichungsbeitrag der Aktivitäten anderer Mitarbeiter. Diese *Sachinterdependenzen* entstehen dadurch, dass Mitarbeiter einander zuarbeiten (Prozessverbund), beim Aufgabenvollzug knappe Ressourcen gemeinsam nutzen (Ressourcenverbund) oder zur Realisation

Definition

Organisationseinheiten **sind Aufgabenbündel, die von einer oder mehreren gedachten Personen mit einer bestimmten Ausbildung bei Normalleistung innerhalb der regelmäßigen Arbeitszeit erledigt werden können. Es handelt sich bei den Organisationseinheiten um personenbezogene, jedoch versachlicht abgegrenzte Aufgabenbündel, wie z. B. Stellen und Abteilungen.**

von Verbundvorteilen zusammenarbeiten sollten (Zielverbund). Sind die Teilaufgaben interdependent, müssen die Aktivitäten der Mitarbeiter koordiniert werden, d.h. im Hinblick auf die Sach- und Formalziele der Unternehmung zeitlich, quantitativ und qualitativ aufeinander abgestimmt werden. Mit den Regelungen zur Koordination werden die Mechanismen zur Abstimmung von Aktivitäten definiert.

Koordination

Die Aktivitäten der Mitarbeiter können durch Anordnung auszuführender oder zu unterlassender Handlungen (→ QR-Glossar) koordiniert werden. Diese Koordinationsmechanismen setzen voraus, dass Organisationseinheiten *Leitungsbefugnisse* (→ QR-Glossar) zugeordnet sind, d.h. das Recht, Handlungen auszuwählen, Mitarbeiter anzuweisen, diese Handlungen auszuführen, und im Anschluss die regelgerechte Ausführung der Handlungen zu kontrollieren. Durch die Ausstattung der Organisationseinheiten mit Leitungsbefugnissen entsteht eine *hierarchische Ordnung*, d.h. die Organisationseinheiten werden einander über-, unter- oder gleichgeordnet. Festgelegt wird diese Ordnung durch die Regelungen zum Leitungssystem.

Leitungssystem

Die Entscheidungen über die Unternehmungsziele und die Ausführung des Unternehmungsprozesses stehen grundsätzlich den Eigentümern des Vermögens der Unternehmung zu. Sind diese nicht in der Lage, alle Entscheidungen selbst zu treffen, werden Entscheidungskompetenzen an ihnen unterstellte Organisationseinheiten delegiert. *Entscheidungskompetenzen* sind das Recht, künftige Sachverhalte für die Unternehmung verbindlich festzulegen. Mit den Regelungen zur Entscheidungsdelegation werden Entscheidungskompetenzen dauerhaft auf Organisationseinheiten übertragen. Werden Entscheidungskompetenzen systematisch auf Organisationseinheiten unterer Hierarchieebenen delegiert, wird von *Entscheidungsdezentralisation* gesprochen. *Entscheidungszentralisation* liegt vor, wenn die Entscheidungskompetenzen auf der obersten Hierarchieebene konzentriert sind. Die Regelungen zur Entscheidungsdelegation können auch Anhörungs-, Veto- oder Mitentscheidungsbefugnisse vorsehen, wenn untergeordnete Organisationseinheiten nicht unabhängig von anderen Organisationseinheiten entscheiden sollen.

Entscheidungsdelegation

Die Formalisierung betrifft die Regelungen zur schriftlichen Fixierung organisatorischer Regelungen, einzelfallbezogener Weisungen sowie zur Leistungsdokumentation. *Organisatorische Regelungen* werden mit Hilfe von Organigrammen, Stellenbeschreibungen (→ Abschnitt 5.3.3.2, S. 234f.), Organisationshandbüchern und Richtlinien schriftlich fixiert. Ein Organigramm ist die graphische Abbildung der Organisationsstruktur der Unternehmung, durch die vor allem die Art der Arbeitsteilung und das Leitungssystem verdeutlich werden (vgl. Abbildung 4.1). Beispiele für schriftlich fixierte *Weisungen* sind Dienstanweisungen, Vorstandsbeschlüsse und Protokolle, die Beschlüsse von Gremien wiedergeben. Instru-

Formalisierung

ment der *Leistungsdokumentation* sind Arbeitszeitkarten in Verbindung mit Stechuhren, Arbeits- und Lohnzettel in der Fertigung sowie Fragebögen für periodische Mitarbeitergespräche.

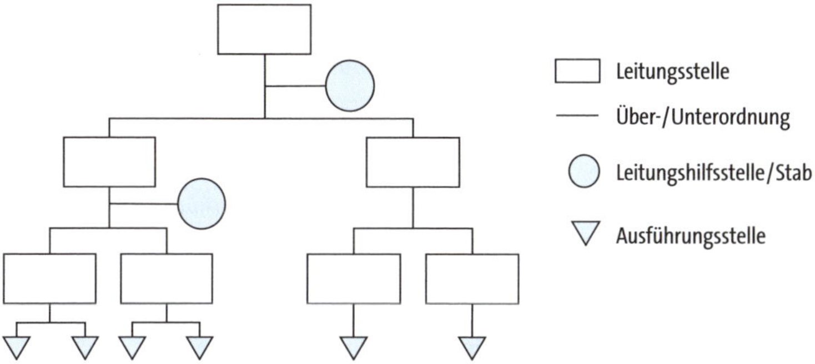

Abb 4.1
Organigramm

Anforderungen an die Organisationsstruktur

4.1.2.2

Der Beitrag der Organisationsstruktur der Unternehmung zur Erreichung der Sach- und Formalziele lässt sich nicht eindeutig ermitteln (vgl. VON WERDER (1999), S. 412). Organisationsstrukturen werden deshalb anhand von Effektivitätskriterien beurteilt. Sie beschreiben mögliche Wirkungen von Organisationsstrukturen, von deren Vorhandensein oder Ausmaß auf die Vorteilhaftigkeit einer Gestaltungsalternative im Hinblick auf die Zielerreichung geschlossen werden kann. Sie können als Anforderungen an die Organisationsstruktur der Unternehmung verstanden werden, die sich als Orientierungshilfe bei der Organisationsgestaltung und zur Beurteilung alternativer Organisationsstrukturen eignen (vgl. LAUX/LIERMANN (2003), S. 58ff.). Abbildung 4.2 nennt einige dieser Anforderungen an die Organisationsstruktur (vgl. BEA/GÖBEL (2010), S. 11ff.).

Effektivitätskriterien

Abb 4.2
Effektivitätskriterien

Effizienzkriterien	Einzelaspekte
Effizienz der Ressourcennutzung	► Economies of Scale ► Economies of Scope
Koordinationsaufwand	► Horizontale Koordination ► Vertikale Koordination
Markt- und Kundenorientierung	► Sensitivität gegenüber Anpassungserfordernissen ► Anpassungsfähigkeit
Mitarbeiterorientierung	► Stärken der Motivation ► Qualifizieren für Führungsaufgaben
Flexibilität	► Möglichkeit zur Erweiterung des Sachziels ► Störungsfreie Anpassung an Sachzieländerungen

(1) Effizienz der Ressourcennutzung

Die Effizienz der Ressourcennutzung verlangt, dass durch die Organisationsstruktur

- Economies of Scale oder
- Economies of Scope

Economies of Scale

realisiert werden können. Unter Economies of Scale wird die Realisation von Mengenvorteilen verstanden. Mengenvorteile beschreiben das Phänomen sinkender Stückkosten bei steigenden Produktionsmengen. Als Ursachen können Lerneffekte, die Beschäftigungs- und die Größendegression genannt werden. *Lerneffekte* sind Kosteneinsparungen, die aus der Wiederholung derselben Aktivitäten folgen. Die *Beschäftigungsdegression* beschreibt das Sinken der fixen Stückkosten (→ QR-Glossar) durch die bessere Kapazitätsauslastung bei höheren Produktionsmengen. Sie ergibt sich aus dem Durchschnittskostenprinzip, nach dem sich die fixen Kosten auf eine größere Stückzahl verteilen. Resultiert die Senkung der Stückkosten aus einer Kapazitätserhöhung, liegt eine *Größendegression* vor. Diese kann die in Abbildung 4.3 genannten Ursachen haben.

Abb 4.3 | *Ursachen der Größendegression*

Ursachen	Erläuterung
Größenvorteile	Diese treten u. a. beim Einsatz von Maschinen mit höherer Kapazität auf und können auf einen unterproportionalen Anstieg der Wartungs- und Bedienungskosten, eine relative Senkung der Raum- und Zinskosten oder ein Sinken der Energiekosten pro Ausbringungseinheit zurückgehen.
Spezialisierungsvorteile	Sie entstehen beim Übergang zu einer Spezialmaschine durch eine Verringerung des Bedienungspersonals infolge von Automatisierung oder den Wegfall von Rüstkosten.
Erhöhung der Marktmacht	Sie ist das Ergebnis größerer Beschaffungsmengen. Die Kostensenkung ergibt sich aus einer Verbesserung der Konditionen für den Bezug der Einsatzgüter.

Economies of Scope

Von Economies of Scope wird bei der Realisation von Verbundvorteilen (→ QR-Glossar) gesprochen. Verbundvorteile bezeichnen den Sachverhalt, dass die Gesamtkosten der gemeinsamen Produktion zweier Produkte geringer sind als die Summe der Produktionskosten jedes Produktes bei getrennter Produktion. Ursache für Verbundvorteile ist die gemeinsame, aber nicht konkurrierende Nutzung von Ressourcen oder Märkten. Sie werden erzielt, wenn Ressourcen für die Produktion von mehreren Produkten gemeinsam genutzt oder Verrichtungen für mehrere Produkte gemeinsam ausgeführt werden. Als Beispiel für Economies of Scope können Kostensenkungen durch Mengenrabatte bei gemeinsamer Beschaffung von Einsatzgütern für die Produktion mehrerer Produkte genannt werden.

(2) Koordinationsaufwand

Koordinationsaufwand

Zwischen den Organisationseinheiten, die durch die Spezialisierung entstehen, können Sachinterdependenzen (→ QR-Glossar) bestehen. Diese begründen einen Koordinationsbedarf. Werden diese Aktivitäten nicht koordiniert, wird die Erreichung der Sach- und Formalziele beeinträchtigt. Auf der anderen Seite bindet die Koordination Ressourcen. Den Vorteilen der Spezialisierung steht damit der Aufwand für die Abstimmung der Aktivitäten gegenüber. Die Organisationsstruktur sollte so gestaltet werden, dass das Sachziel bei dem notwendigen Spezialisierungsgrad mit dem geringstmöglichen Koordinationsaufwand realisiert werden kann.

(3) Markt- und Kundenorientierung

Markt- und Kundenorientierung

Aus veränderten Marktbedingungen oder Kundenanforderungen können sich für die Unternehmung Risiken, aber auch Chancen ergeben. Die Organisationsstruktur soll dazu beitragen, dass solche Veränderungen frühzeitig erkannt und die Entscheidungen über die notwendigen Anpassungsmaßnahmen ohne Verzögerungen getroffen und umgesetzt werden können, so dass schnell und adäquat gehandelt werden kann (vgl. Welge (1987), S. 61f.). Die Markt- und Kundenorientierung steht damit für zwei Anforderungen: *Sensitivität* gegenüber Anpassungserfordernissen und *Anpassungsfähigkeit*, d.h. die Fähigkeit, bei wechselnden Bedingungen oder Anforderungen die Ziele erreichen zu können.

(4) Mitarbeiterorientierung

Mitarbeiterorientierung

Die Organisationsstruktur sollte die Motivation und Qualifikation der Mitarbeiter positiv beeinflussen. Nach dem Job-characteristic-Modell nach Hackman/Oldham geht von der Arbeit ein positiver Einfluss auf die *Motivation* (→ QR-Glossar) aus, wenn der Mitarbeiter

Motivation und Qualifikation der Mitarbeiter

- die Arbeit als bedeutsam erlebt,
- sich selbst für die Arbeit verantwortlich fühlt und
- Kenntnis der aktuellen Ergebnisse seiner Arbeit hat.

Diese psychologischen Erlebniszustände werden durch die in Abbildung 4.4 genannten Merkmale der Arbeit hervorgerufen (vgl. Hackman/Oldham (1980), S. 72f.). Diese Merkmale bestimmen auch den Freiraum für selbstständiges unternehmerisches Handeln der Mitarbeiter. Verfügen Mitarbeiter über solche Freiräume, können sie sich für Führungsaufgaben *qualifizieren*. Für eine mitarbeiterorientierte Gestaltung der Organisationsstruktur können diese Merkmale der Arbeit als Orientierungshilfe dienen.

Abb 4.4

Merkmale der Arbeit

Merkmal der Arbeit	Erläuterung
Anforderungsvielfalt	Ausmaß, in dem die Aufgabe verschiedenartige Fähigkeiten und Fertigkeiten des Mitarbeiters beansprucht
Ganzheitlichkeit	Anteil der Aufgabe an der Erstellung und Verwertung eines Produktes oder einer Dienstleistung
Bedeutung	Wichtigkeit der Aufgabe für andere Unternehmungsbereiche, die Unternehmung oder die Unternehmungsumwelt (z. B. Kunden, Nutzer)
Autonomie	Ausmaß, in dem der Mitarbeiter den Ablauf und das Verfahren der Aufgabenerfüllung selbst festlegen kann
Rückmeldung	Umfang, in dem der Mitarbeiter die Ergebnisse seiner Arbeit unmittelbar erkennen kann

(5) Flexibilität

Flexibilität

Eine Erweiterung des Leistungsprogramms der Unternehmung oder die Erschließung neuer Märkte *verändern das Sachziel* der Unternehmung. Die Forderung nach Flexibilität verlangt, dass die Organisationsstruktur solche Veränderungen bereits vorsieht oder ohne Störungen der betrieblichen Prozesse an das veränderte Sachziel angepasst werden kann (vgl. Welge (1987), S. 61).

Zusammenfassung

Organisation ist die Gesamtheit der generellen Regelungen, die den Vollzug des Unternehmungsprozesses an den Sach- und Formalzielen ausrichten sollen. Diese Regelungen betreffen die Spezialisierung, die Koordination, das Leitungssystem, die Entscheidungsdelegation und die Formalisierung. *Aufgabe des General Managements* ist es, diese Regelungen so zu gestalten, dass die Ziele der Unternehmung bestmöglich erreicht werden.

Der Beitrag der Organisationsstruktur zur Erreichung der Ziele der Unternehmung lässt sich nicht eindeutig ermitteln. Zur Beurteilung alternativer Organisationsstrukturen werden deshalb *Effektivitätskriterien* definiert. Diese sind die Effizienz der Ressourcennutzung (Realisation von Mengen- und Verbundvorteilen), der Aufwand für die Koordination des Vollzugs des Unternehmungsprozesses, die Markt- und Kundenorientierung (Fähigkeit zur schnellen Anpassung an veränderte Anforderungen der Kunden oder des Marktes), die Mitarbeiterorientierung und die Flexibilität (Fähigkeit zur Anpassung der Organisationsstruktur an Änderungen des Sachziels der Unternehmung).

Fragen

1 Durch welche Merkmale kann eine Organisationsstruktur beschrieben werden?
2 Begründen Sie, warum der Beitrag der Organisationsstruktur zur Erreichung der Sach- und Formalziele nicht eindeutig ermittelt werden kann.
3 Nennen Sie die Ursachen für Economies of Scale.
4 Was wird unter Economies of Scope verstanden? Nennen Sie Beispiele für Economies of Scope.
5 Welche Merkmale der Arbeit haben einen positiven Einfluss auf die Motivation der Mitarbeiter? Erläutern Sie diese Merkmale.
6 Sowohl mit der »Kunden- und Mitarbeiterorientierung« als auch mit der »Flexibilität« wird die Fähigkeit zur Anpassung an Veränderungen gefordert. Erläutern Sie den Unterschied zwischen diesen beiden Effektivitätskriterien.

Literatur | 4.1.3

BEA/GÖBEL (2010); KIESER/WALGENBACH (2010); SCHREYÖGG (2008)

Gestaltungsparameter der Organisationsstruktur | 4.2

Spezialisierung | 4.2.1

Aufgabenanalyse und Aufgabensynthese | 4.2.1.1

artmäßige Arbeitsteilung

Spezialisierung ist die artmäßige Arbeitsteilung, d.h. die Form der Arbeitsteilung, bei der Teilaufgaben unterschiedlicher Art entstehen (→ Abschnitt 1.1.3, S. 17). Ergebnis der Spezialisierung ist eine Gliederung der Unternehmung in mehrere Organisationseinheiten, denen Teilaufgaben unterschiedlicher Art zugeteilt sind. Die Regelungen zur Spezialisierung werden in den beiden folgenden Schritten entwickelt (vgl. KOSIOL (1962a), S. 32 f.):

- der Aufgabenanalyse und
- der Aufgabensynthese.

Aufgabenanalyse

Die Aufgabenanalyse beruht auf der Annahme, dass sich die Gesamtaufgabe der Unternehmung aus einer Vielzahl von Teilaufgaben zusammensetzt, die durch Abspaltung, Auflösung und Aussonderung isoliert werden können. Ausgehend von der Gesamtaufgabe der Unternehmung werden bei der Aufgabenanalyse in mehreren Schritten gedanklich immer kleinere Teilaufgaben ermittelt, bis schließlich Elementaraufgaben entstanden sind. Eine *Elementaraufgabe* ist eine Teilaufgabe, die durch einen einzelnen Mitarbeiter ausgeführt und deshalb nicht weiter untergliedert werden soll.

Aufgabensynthese

Zweck der Aufgabensynthese ist es, die bei der Aufgabenanalyse ermittelten Elementaraufgaben zu Organisationseinheiten zusammenzufassen. Die *Stelle* ist die kleinste Organisationseinheit und bildet das Basiselement der organisatorischen Gestaltung. Wird eine größere Zahl von Stellen gebildet, werden sie für gewöhnlich zu *Stellenmehrheiten* zusammengefasst. In größeren Unternehmungen können das Gruppen, Unterabteilungen, Abteilungen, Hauptabteilungen und Bereiche sein. Abbildung 4.5 verdeutlicht den Zusammenhang zwischen Aufgabenanalyse und Aufgabensynthese (vgl. SCHREYÖGG (2008), S. 105).

Abb 4.5

Aufgabenanalyse und Aufgabensynthese

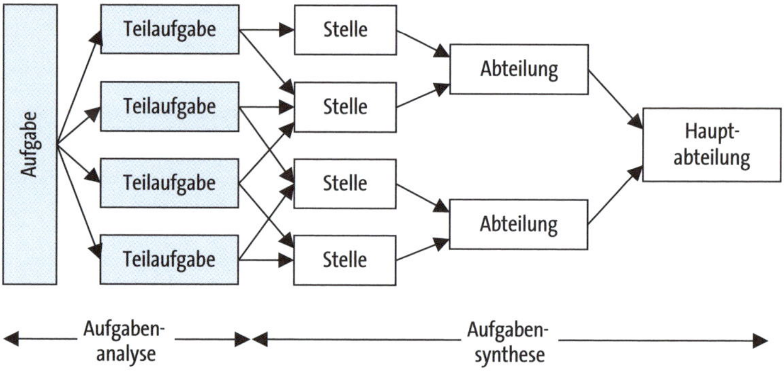

Definition

Eine *Aufgabe* ist die dauerhafte Verpflichtung, eine bestimmte Leistung zu erbringen, indem Verrichtungen an Objekten durchgeführt werden. Vollzogen werden Aufgaben durch *Aktivitäten*, d. h. die Durchführung von Verrichtungen an Objekten.

Aufgabenmerkmale

Verrichtungen und Objekte sind die zentralen Merkmale von Aufgaben für die Gliederung und Ordnung der Gesamtaufgabe der Unternehmung im Rahmen der Aufgabenanalyse und -synthese. Für eine detaillierte Gliederung und Ordnung werden zusätzliche Merkmale der Verrichtungen zur Aufgabenanalyse und -synthese herangezogen. Im Mittelpunkt der Aufgabenanalyse und -synthese stehen die folgenden Aufgabenmerkmale (vgl. KOSIOL (1972), S. 74 ff.):

- Verrichtung,
- Objekt,
- Rang,
- Phase und
- Zweckbeziehung.

Die *Verrichtung* ist die sachlich-technologisch abgegrenzte Tätigkeit, die zur Erfüllung einer Aufgabe auszuführen ist. Die Elemente, an denen die

Verrichtungen vollzogen werden, sind die Objekte. *Objekte* können die zu bearbeitenden Ausgangsobjekte sein (z.B. Rohstoffe, Werkstoffe, Bauteile, Zwischenprodukte), die herzustellenden Endprodukte, Personen (z.B. Lieferanten, Kunden) oder Regionen (z.B. Absatzgebiete). Nach dem *Rang* werden Ausführungs- und Leitungsaufgaben getrennt. Nach der *Phase* werden die Leitungsaufgaben z.B. in Planungs-, Durchsetzungs- und Kontrollaufgaben gegliedert. Wird nach dem *Zweck* gegliedert, werden primäre und sekundäre Aufgaben abgegrenzt. Primäre Aufgaben dienen unmittelbar der Leistungserstellung und -verwertung. Gegenstand der sekundären Aufgaben sind Unterstützungsleistungen für den Vollzug der primären Aufgaben. Sie tragen nur mittelbar zur Leistungserstellung und -verwertung bei. Abbildung 4.6 nennt Beispiele zu den Teilaufgaben, die sich bei Gliederung von Aufgaben nach den verschiedenen Merkmalen ergeben können (zu weiteren Merkmalen BEA/GÖBEL (2010), S. 250 f.).

Abb 4.6

Merkmale von Aufgaben

Merkmale	Teilaufgaben
Verrichtung	Bestellen, Drehen, Montieren, Verpacken, Verkaufen, Buchen
Objekt	Erstellung und Verwertung von Produkt A, Produkt B
Rang	Ausführungsaufgaben, Leitungsaufgaben
Phase	Planung, Personaleinsatz, Führung, Kontrolle
Zweck	Primäre Aufgaben: z. B. Bestellen, Drehen, Fräsen Sekundäre Aufgaben: z. B. Instandhaltung, Rechnungswesen

Arten und Grad der Spezialisierung

4.2.1.2

Art der Spezialisierung

Die Art der Spezialisierung wird durch das Kriterium zur Auswahl der Elementaraufgaben geprägt, die zu einer Organisationseinheit zusammengefasst werden. Danach kann u.a. zwischen

- der Verrichtungsspezialisierung,
- der Objektspezialisierung und
- der Rangspezialisierung

unterschieden werden (vgl. KOSIOL (1962a), S. 84 ff.). Erstreckt sich das Aufgabenspektrum der Organisationseinheit auf eine Verrichtung, die an verschiedenen Objekten ausgeführt wird, liegt *Verrichtungsspezialisierung* vor. Werden dagegen alle Verrichtungen zusammengefasst, die sich auf ein Objekt beziehen, wird von der *Objektspezialisierung* gesprochen. Bei der *Rangspezialisierung* werden Leitungs- und Ausführungsaufgaben verschiedenen Organisationseinheiten zugeteilt.

Der Grad der Spezialisierung spiegelt sich in der Anzahl der Organisationseinheiten mit verschiedenen Teilaufgaben wider. Je enger umrissen die Teilaufgaben der Organisationseinheiten, desto höher ist die Anzahl

Grad der Spezialisierung

der Organisationseinheiten mit unterschiedlichen Teilaufgaben und damit der Grad der Spezialisierung (vgl. Kieser/Walgenbach (2010), S. 93). Eine Erhöhung des Spezialisierungsgrades ist mit einer Reihe von *Vor- und Nachteilen* verbunden (vgl. Kieser/Walgenbach (2010), S. 74 ff.). Abbildung 4.7 gibt einen Überblick über die Folgen zunehmender Spezialisierung.

Abb 4.7

Vor- und Nachteile einer zunehmenden Spezialisierung

Effizienzkriterien	Vorteile
Effizienz der Ressourcennutzung	▶ Kurze Einarbeitungszeiten der Mitarbeiter ▶ Einsatz gering qualifizierter Mitarbeiter ▶ Beschäftigungs- und Größendegression ▶ Steigerung der quantitativen und qualitativen Arbeitsleistung durch Lerneffekte
Effizienzkriterien	**Nachteile**
Mitarbeiterorientierung	▶ Abnehmende Motivation der Mitarbeiter ▶ Monotonie der Aufgabenerfüllung
Koordinationsaufwand	Mit dem Spezialisierungsgrad steigt der Koordinationsaufwand

Effizienz der Ressourcennutzung

Die Spezialisierung wirkt positiv auf die Effizienz der Ressourcennutzung. Durch die enger umrissenen Teilaufgaben benötigen die Mitarbeiter nur *kurze Einarbeitungszeiten*. Die begrenzten Anforderungen engerer Aufgabenstellungen ermöglichen den Einsatz *gering qualifizierter Mitarbeiter*, die entsprechend niedriger entlohnt werden. Die Spezialisierung kann beispielsweise zur Folge haben, dass eine Verrichtung (z. B. Sägen) nur noch in einer Organisationseinheit ausgeführt wird. Entsprechend wird das zur Aufgabenerfüllung notwendige Betriebsmittel (z. B. Säge) nur noch in dieser Organisationseinheit benötigt. Die Kapazität des Betriebsmittels kann dadurch besser ausgelastet und die Anzahl identischer Betriebsmittel reduziert werden *(Beschäftigungsdegression)*. Spezialisierung kann dadurch auch die Möglichkeit eröffnen, durch den Einsatz von Betriebsmitteln mit einer größeren Kapazität oder spezialisierten Betriebsmitteln Kostenvorteile zu realisieren *(Größendegression)*. Da eine weniger umfangreiche Teilaufgabe innerhalb eines Zeitintervalls häufiger wiederholt wird, treten *Lerneffekte* auf, die sich positiv auf die quantitative und qualitative Arbeitsleistung der Mitarbeiter auswirkt.

Mitarbeiterorientierung

Diesen Vorteilen stehen nicht unerhebliche Nachteile gegenüber. So wirkt sich die Spezialisierung negativ auf die Mitarbeiterorientierung der Organisationsstruktur aus. Die Aufgabenvielfalt, die Ganzheitlichkeit und die Bedeutung der Aufgaben nehmen mit ungünstigen Wirkungen auf die *Motivation* (→ QR-Glossar) der Mitarbeiter ab. Folgen können ein Anstieg der Fluktuation und des Krankenstandes sowie ein Sinken der quantitativen und qualitativen Arbeitsleistung sein. Durch die *Monotonie* der Arbeit können sich die Konzentration der Mitarbeiter und damit auch die Qualität der Arbeitsleistung verringern.

Koordinationsbedarf

Zunehmende Spezialisierung erzeugt einen steigenden Koordinationsbedarf. Jede Organisationseinheit, die durch Spezialisierung entsteht, verursacht Unterbrechungen im Unternehmungsprozess, weil die Teilaufgaben von jeweils anderen Personen, an verschiedenen Orten und zu unterschiedlichen Zeitpunkten ausgeführt werden. Mit dem Spezialisierungsgrad steigt die Zahl solcher Schnittstellen und der Einzelne überblickt nicht länger alle Aktivitäten. Jede Organisationseinheit ist auf Zuarbeit und Zusammenarbeit angewiesen. Die Aktivitäten müssen deshalb im Hinblick auf die gemeinsame Aufgabenerfüllung zwischen den Organisationseinheiten abgestimmt werden.

4.2.1.3 Stellenbildung

Die Stellenbildung ist der erste Schritt im Rahmen der Aufgabensynthese. Ihr Ergebnis sind Regelungen, die festlegen, welche Elementaraufgaben dauerhaft zusammengefasst und von einem Mitarbeiter vollzogen werden sollen.

Stellen

Stellen werden grundsätzlich *personenunabhängig*, d.h. der Sache nach und nicht auf eine bestimmte Person hin gebildet. Eine Stelle ist ein personenbezogener Aufgabenbereich, der von einem Personenwechsel unabhängig ist (vgl. KRÜGER (1993a), S. 45 f.).

Definition

Stellen **sind Bündel von Elementaraufgaben, die auf das durchschnittliche Leistungsvermögen eines Mitarbeiters zugeschnitten sind.**

Kompetenzen

Um die zugeordneten Teilaufgaben ausführen zu können, müssen die Stellen mit entsprechenden Kompetenzen ausgestattet werden.

Definition

Kompetenzen**, die auch als Befugnisse bezeichnet werden, sind die stellenbezogenen Rechte, die den Stelleninhaber zu Aktivitäten legitimieren, die zur Erfüllung der Stellenaufgaben notwendig sind.**

Es werden u.a. folgende *Arten von Kompetenzen* unterschieden:

- Ausführungskompetenzen,
- Verfügungskompetenzen,
- Entscheidungskompetenzen,
- Vertretungskompetenzen,
- Weisungskompetenzen und
- Kontrollkompetenzen.

Ausführungskompetenzen sind das Recht, im Rahmen der zugeteilten Aufgaben tätig zu werden und in bestimmten Grenzen den eigenen Arbeitsrhythmus und das Arbeitsverfahren zu wählen. *Verfügungskompetenzen* umfassen das Recht, die für die Ausführung der Aufgabe notwendigen Einsatzgüter und finanziellen Mittel einzusetzen. Unter *Entscheidungs-*

kompetenzen wird das Recht verstanden, für die Unternehmung verbindliche Entscheidungen über künftige Sachverhalte zu treffen. Um Entscheidungen nach außen verbindlich treffen zu können, wie z.B. beim Abschluss eines Kaufvertrags, bedarf es *Vertretungskompetenzen*. *Weisungskompetenzen* sind das Recht, anderen Stellen Anordnungen zum Vollzug der zugeteilten Teilaufgaben zu erteilen. Damit verbunden sind *Kontrollbefugnisse*, die sich auf die Richtigkeit und Vollständigkeit der Erfüllung einer Anordnung erstrecken (vgl. HILL/FEHLBAUM/ULRICH (1994), S. 125 ff.).

Verantwortung

Mit der Zuweisung von Aufgaben und Kompetenzen wird die Stelle verpflichtet, diese Aufgaben richtig zu erfüllen und die übertragenen Kompetenzen korrekt zu nutzen. Diese Verpflichtung ist die Verantwortung.

Definition

Die *Verantwortung* ist die Verpflichtung, für die zielentsprechende Erfüllung der zugeteilten Aufgaben persönlich Rechenschaft abzulegen (vgl. HAUSCHILDT (1969), Sp. 2311).

Formen der Verantwortung sind u.a.

- die Vollzugsverantwortung und
- die Ergebnisverantwortung.

Die *Vollzugsverantwortung* erstreckt sich auf die regelgerechte Ausführung einer zugeteilten Aufgabe. Die *Ergebnisverantwortung* betrifft dagegen die Erreichung vereinbarter Ziele (vgl. BRONNER (1992), Sp. 2511).

Kongruenzprinzip

Ein *Grundprinzip der Stellenbildung* ist das Kongruenzprinzip. Es besagt, dass die einer Stelle zugeteilten Aufgaben, die ihr übertragenen Kompetenzen und die ihr zugewiesene Verantwortung deckungsgleich sein sollten.

Arten von Stellen

Nach den zugeteilten Aufgaben und Kompetenzen und der damit zugewiesenen Verantwortung werden folgende Arten von Stellen unterschieden (vgl. KRÜGER (1993a), S. 48 ff.):

(1) Ausführungsstellen

Ausführungsstellen

Ausführungsstellen sind nur *primäre Aufgaben* zugeteilt. Es werden ausschließlich Aufgaben vollzogen, die unmittelbar zur Leistungserstellung und -verwertung beitragen. Ausführungsstellen haben lediglich *Ausführungs- und Verfügungsbefugnisse*. Die Entscheidungskompetenzen von Ausführungsstellen sind auf Entscheidungen im Rahmen des eigenen Aufgabenvollzugs begrenzt. Weisungskompetenzen werden Ausführungsstellen nicht übertragen.

(2) Instanzen oder Leitungsstellen

Instanzen

Die oberste Instanz ist die Unternehmungsleitung. Instanzen unterhalb der Unternehmungsleitung werden auch als *Linienstellen* bezeichnet. Instanzen entstehen durch die Zusammenfassung von *Leitungsaufgaben*. Leitungsaufgaben zeichnen sich dadurch aus, dass Einfluss auf den Handlungsbereich anderer Organisationseinheiten genommen wird. Zu den Leitungsaufgaben zählen

- Fremdentscheidung,
- Anordnung und
- Fremdkontrolle.

Fremdentscheidungen sind Entscheidungen, die für andere Organisationseinheiten getroffen werden. Durch *Anordnung* werden diese Organisationseinheiten angewiesen, die Entscheidungen durchzusetzen oder zu realisieren. Im Rahmen der *Fremdkontrolle* wird die regelgerechte Umsetzung dieser Anordnungen überprüft. Um die Leitungsaufgaben bewältigen zu können, werden Instanzen *Entscheidungs-, Weisungs- und Kontrollkompetenzen* übertragen. Die Instanz trägt entsprechend nicht nur die *Verantwortung* für das eigene Handeln, sondern auch die Ergebnisverantwortung für das Handeln der Organisationseinheiten, die von ihr Anweisungen erhalten haben.

(3) Stabsstellen oder Stäbe

Stabsstellen sind jeweils einer Instanz zugeordnet. Sie haben die Aufgabe, diese Instanzen bei ihren Entscheidungs- und Kontrollaufgaben zu unterstützen. In Stabsstellen werden Entscheidungsprobleme analysiert, Informationen beschafft oder Lösungsvorschläge erarbeitet. Sie verfügen über keine Entscheidungs- oder Weisungsbefugnisse und werden deshalb auch als *Leitungshilfsstellen* bezeichnet. Nach der Art der Spezialisierung werden generalisierte und spezialisierte Stäbe unterschieden. *Generalisierte Stäbe* sollen zu einer quantitativen Entlastung der Instanz beitragen, *spezialisierte Stäbe* zu einer qualitativen Entlastung. Ein spezialisierter Stab besteht deshalb aus einem oder mehreren Experten für eine spezifische Aufgabe der Instanz. Die Assistenz der Geschäftsleitung ist typisch für einen generalisierten Stab. Beispiele für spezialisierte Stäbe sind die strategische Planung, das Public Relations und die volkswirtschaftliche Abteilung in Banken. Stabsstellen

(4) Dienstleistungsstellen

Für diese Stellenart finden sich auch die Bezeichnungen »Unterstützungsstellen«, »Servicestellen«, »Zentralstellen« und »Zentralbereiche«. Sie erbringen für mehrere Instanzen spezifizierte Unterstützungsleistungen. Beispiele für Dienstleistungsstellen sind die IT-, die Organisations- und die Personalabteilung sowie das Controlling und das Rechnungswesen. Dienstleistungsstellen

Abteilungsbildung | 4.2.1.4

Wird eine größere Zahl von Stellen gebildet, werden sie anhand der Aufgabenmerkmale zu Abteilungen zusammengefasst und der Leitung einer Instanz unterstellt. Instanzen werden deshalb auch als Abteilungsleitungen bezeichnet.

Definition

***Abteilungen* sind hierarchisch gegliederte Teilbereiche einer Unternehmung, die bereichsbezogene Daueraufgaben erfüllen.**

Abteilungsbildung

Durch die Abteilungsbildung wird in einem ersten Schritt unterhalb der Unternehmungsleitung eine zusätzliche Hierarchieebene mit weiteren Instanzen eingerichtet, die der Unternehmungsleitung nachgeordnet sind. Die Unternehmungsleitung überträgt auf die Instanzen die Leitungsaufgaben, Entscheidungs-, Weisungs- und Kontrollkompetenzen sowie die Verantwortung für alle Aufgaben der zu den Abteilungen zusammengefassten Stellen. In weiteren Schritten werden Abteilungen zu *Hauptabteilungen* zusammengefasst, die wieder einer Instanz unterstellt werden (vgl. Abbildung 4.8). Werden Hauptabteilungen unter der Leitung einer weiteren Instanz zusammengefasst entstehen schließlich *Bereiche* (vgl. Schreyögg (2008), S. 104 f.).

Abb 4.8

Abteilungsbildung

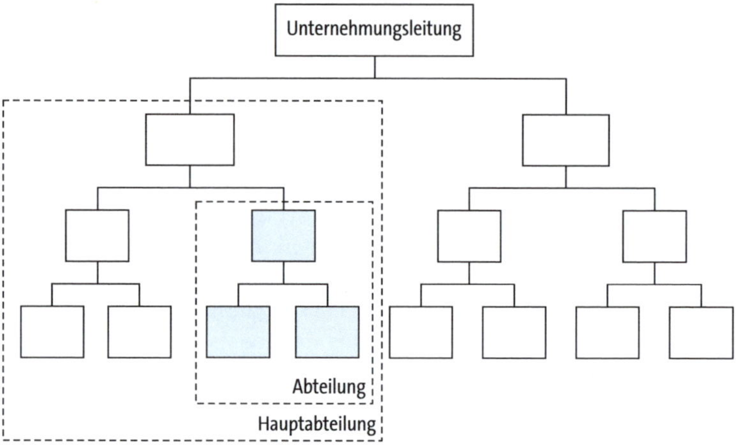

Hierarchie

Durch die Abteilungsbildung entsteht eine Hierarchie. Eine Hierarchie definiert ein mehrstufig gegliedertes Gefüge von Stellen, die vertikal über Leitungsbeziehungen verbunden sind. Durch die Leitungsbeziehungen zwischen den Stellen aufeinanderfolgender Hierarchieebenen entsteht ein System von Unter- und Überordnung. Stellen einer Hierarchieebene sind *gleichgeordnet*, d h. keine Stelle kann einer anderen Stelle der gleichen Ebene Anordnungen erteilen. Das ist anders bei Stellen verschiedener Ebenen, bei denen es sich um *über- und nachgeordnete* Stellen handelt. Die Unternehmungsleitung bildet die Spitze der Hierarchie. Der untersten Hierarchieebene sind die Ausführungsstellen zugeordnet, woraus sich das bekannte Bild der Pyramide ergibt. Abbildung 4.9 zeigt die Struktur einer Hierarchie.

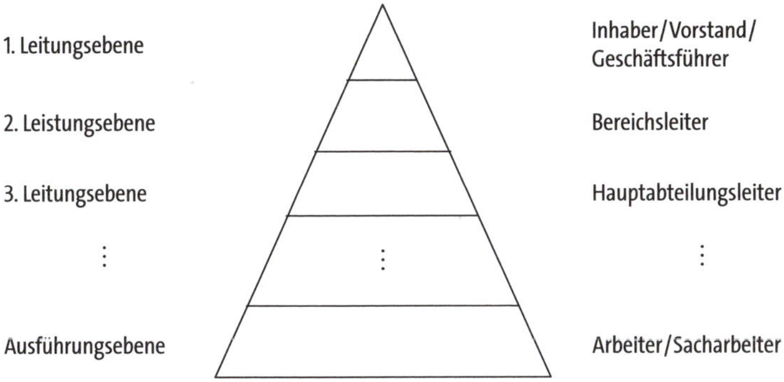

Abb 4.9
Hierarchieebenen

Gründe für die Abteilungsbildung

Gründe für die Abteilungsbildung sind
- die Entlastung der Instanzen sowie
- die Vereinfachung der Koordinationsaufgaben.

Die Abteilungsbildung *entlastet die Instanz* von den Leitungsaufgaben, die auf die nachgeordneten Instanzen übertragen werden. Die Unternehmungsleitung wird ihre Leitungsaufgaben gegenüber den gebildeten Abteilungen zwar nicht vollständig auf die Bereichsleitungen übertragen können. Dennoch vereinfachen sich ihre Aufgaben, da sie nur noch den Bereichsleitungen gegenüber Anweisungen erteilt, die diese dann für ihren jeweiligen Bereich detaillieren, differenzieren, präzisieren und weiterleiten.

Die Abteilungsbildung *vereinfacht die Koordinationsaufgaben* der Unternehmungsleitung, da die Instanzen den Aufgabenvollzug der ihr unterstellten Stellen koordinieren. Um die Komplexität des Koordinationsproblems zu verringern, sollte bei der Abteilungsbildung sichergestellt werden, dass die Abteilungen ihre Aufgabenbereiche möglichst autonom wahrnehmen können, d.h. weitgehend unabhängig vom Aufgabenvollzug der Stellen in anderen Abteilungen. Stellen, zwischen deren Teilaufgaben starke Sachinterdependenzen bestehen, sollten zu Abteilungen zusammengefasst werden (vgl. Kieser (1992), Sp. 57).

4.2.2 Koordinationsmechanismen

Definition

Die *Koordinationsmechanismen* sind Regelungen, die der Abstimmung des Aufgabenvollzugs zwischen den Organisationseinheiten sowie der Ausrichtung dieser Aktivitäten an den Unternehmungszielen dienen.

Der Aufgabenvollzug kann vorausschauend oder als Reaktion auf Störungen koordiniert werden. Nach dem Anlass der Abstimmung werden die Vorauskoordination und die Feedbackkoordination unterschieden (vgl. Kieser/Walgenbach (2010), S. 98 f.). Nach der Mitwirkung der Instanz bei der Koordination können hierarchische und hierarchiefreie Koordinationsmechanismen unterschieden werden (Laux/Liermann (2003), S. 97 ff.).

Arten von Koordinationsmechanismen

4.2.2.1 Hierarchische Koordination

Bei der hierarchischen Koordination wird das Problem der Abstimmung des Aufgabenvollzugs zwischen Organisationseinheiten von der zuständigen Instanz bearbeitet und durch Anweisungen an die betroffenen Organisationseinheiten umgesetzt. Die hierarchische Koordination verlangt deshalb nach einer Hierarchie. Nach der *Art der Anweisung* werden folgende Mechanismen der hierarchischen Koordination unterschieden: die Koordination durch persönliche Weisungen, die Koordination durch Programme sowie die Koordination durch Pläne (vgl. Kieser/Walgenbach (2010), S. 100 ff.).

Hierarchie

(1) Koordination durch persönliche Weisungen

Bei der Koordination durch persönliche Weisungen sind die Anweisungen einzelfallbezogen und haben die auszuführenden Aktivitäten zum Inhalt (→ Abschnitt 5.3.3.2, S. 232). Persönliche Weisungen eignen sich sowohl für die Vorauskoordination als auch für die Feedbackkoordination. Bei der Vorauskoordination trifft eine Instanz z. B. die Entscheidung über die Annahme eines Auftrags. Eine Organisationseinheit der nachgeordneten Ebene wird angewiesen, den Auftrag zu erfüllen. Die beauftragte Organisationseinheit wird aus dem Auftrag terminlich, quantitativ und qualitativ abgestimmten Beschaffungs-, Produktions- und Vertriebsaufträge ableiten. Die nachgeordneten Ausführungsstellen erhalten die Anweisung, diese Aufträge zu erledigen.

Vorauskoordination

Bei der Feedbackkoordination wird der jeweilige Vorgesetzte über eine Störung informiert, z. B. über eine Lieferverzögerung bei einem Einsatzgut. Kann der Vorgesetzte das Abstimmungsproblem lösen, entscheidet er über die zu ergreifenden Handlungen und gibt entsprechende Anweisungen an die nachgeordnete Stelle, z. B. das Einsatzgut von einem anderen Lieferanten zu beziehen. Steht dem Vorgesetzten keine geeignete Handlungsalternative zur Verfügung, gibt er das Koordinationsproblem an seinen Vorgesetzten weiter, der dann z. B. den Produktionsleiter anweist, die lieferungsbedingte Verzögerung durch Überstunden auszugleichen.

Feedbackkoordination

Nachteile der Koordination durch persönliche Weisungen sind zum einen die Überlastung der Instanzen. Zum anderen überblicken die Instanzen auf den höheren Ebenen der Hierarchie nicht die Anforde-

Nachteile

rungen in den nachgeordneten Stellen, so dass die angeordneten Handlungen u.U. nicht realisierbar sind.

(2) Koordination durch Programme

Programme

Programme sind auf Dauer festgelegte detaillierte Anweisungen, wie ein Mitarbeiter in verschiedenen Situationen generell zu handeln hat. Die Koordination durch Programme eignet sich für die Vorauskoordination von Abstimmungsproblemen, die unter *weitgehend stabilen Bedingungen* regelmäßig auftreten. Bei diesem Koordinationsmechanismus treten an die Stelle persönlicher Weisungen für den Einzelfall generelle Handlungsvorschriften, wodurch die Instanzen entlastet werden.

Info

Ein Beispiel für Programme sind die Lagerhaltungspolitiken. Sie legen fest, wann und in welcher Höhe eine Bestellung für ein Einsatzgut ausgelöst werden soll. Durch sie können Produktions- und Beschaffungsaktivitäten ohne Mitwirkung der Instanz abgestimmt werden. Eine solche Lagerhaltungspolitik ist z.B. die (s,S)-Politik. Sie weist einen Mitarbeiter im Lager an, bei Erreichen oder Unterschreiten eines vorgegebenen Meldebestands s eine Bestellung in Höhe der Differenz zwischen einem vorgegebenen Richtbestand S und dem aktuellen Lagerbestand auszulösen (vgl. Abbildung 4.10). Nicht anwendbar sind Lagerhaltungsmodelle bei starken Schwankungen des Bedarfs oder der Lieferzeiten.

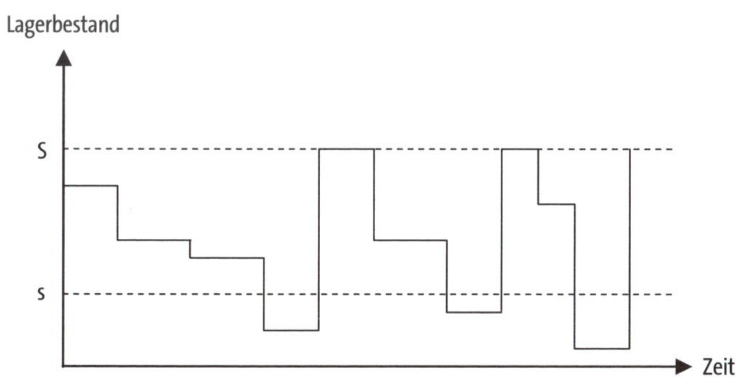

Abb 4.10

(s,S)-Politik als Beispiel für ein Programm

(3) Koordination durch Pläne

Pläne

Bei weniger stabilen Bedingungen eignen sich Pläne für die Vorauskoordination der Aktivitäten verschiedener Organisationseinheiten. Pläne sind periodisch bestimmte Vorgaben, die durch eine Begrenzung des Handlungsspielraums der Mitarbeiter die Aktivitäten in die gewünschte

Richtung lenken. Sie werden periodisch nach einem festgelegten Verfahren in einem institutionalisierten Planungsprozess (→ Abschnitt 3.1, S. 73 ff.) festgelegt. Die Wirkungen von Plänen auf die Koordination von Aktivitäten verschiedener Organisationseinheiten ergeben sich mittelbar durch die Abstimmung der Pläne im Rahmen des Planungsprozesses. Damit der Planungsprozess diese Wirkungen entfaltet, werden die *Planungsaktivitäten durch Programme koordiniert*, d.h. durch Anweisungen, wie ein Mitarbeiter mit Planungsaufgaben in bestimmten Situationen vorzugehen hat. Gegenstand der Pläne können Ziele, Handlungen oder Ressourcen sein. Nach diesen Planungsobjekten können drei *Varianten der Koordination durch Pläne* unterschieden werden, die Koordination durch Maßnahmenpläne, die Koordination durch Ziele und die Koordination durch Budgets (vgl. FRIEDL (2013), S. 26 ff.).

4.2.2.2 Hierarchiefreie Koordination

Bei der hierarchiefreien Koordination stimmen die betroffenen Organisationseinheiten ihre Aktivitäten ohne Mitwirkung einer übergeordneten Instanz selbst ab. Nach den Trägern der Abstimmung werden die Koordination durch Selbstabstimmung oder die Koordination durch Gruppenabstimmung unterschieden.

(1) Koordination durch Selbstabstimmung

direkte Interaktion

Die Koordination durch Selbstabstimmung vollzieht sich durch die direkte Interaktion zwischen den Mitarbeitern der betroffenen Organisationseinheiten. Es werden keine Regelungen für die Abstimmung getroffen. Die Abstimmung bleibt den betroffenen Mitarbeitern selbst überlassen (vgl. LAUX/LIERMANN (2003), S. 98 f.).

Arbeitsgruppen

Den strukturellen Rahmen für die Koordination durch Selbstabstimmung bilden Arbeitsgruppen. In Arbeitsgruppen arbeiten mehrere Personen über einen längeren Zeitraum kontinuierlich an routinemäßigen, bereichsbezogenen Daueraufgaben. Arbeitsgruppen verfügen über Befugnisse, sich selbst zu leiten und zu kontrollieren (vgl. KRÜGER (1993a), S. 54).

Info

Ein Beispiel für Arbeitsgruppen sind *Qualitätszirkel-Gruppen*. Sie setzen sich aus Mitarbeitern der Ausführungsebene zusammen, um auf freiwilliger Basis in einer Serie regelmäßig durchgeführter moderierter Gesprächsrunden Lösungen für Probleme bzw. Schwachstellen im eigenen Arbeitsbereich zu erarbeiten, diese anschließend zu präsentieren, umzusetzen und zu kontrollieren (vgl. DOMSCH (1985), S. 428).

Ein anderes Beispiel sind die selbststeuernden oder *teilautonomen Arbeitsgruppen*. Der Grundgedanke dieses Konzeptes besteht darin, einer Arbeitsgruppe eine komplexe Aufgabe einschließlich der Verantwortung für die zielgerechte Erledigung zu übertragen. Alle Entscheidungen, wie z. B. die Arbeitsverteilung innerhalb der Gruppe, werden von der Arbeitsgruppe selbst getroffen. Ebenso korrigiert die Arbeitsgruppe das Arbeitsergebnis selbst (vgl. STEINMANN/SCHREYÖGG/KOCH (2013), S. 525 f.).

(2) Koordination durch Gruppenabstimmung
Für die Koordination durch Gruppenabstimmung werden Koordinationsorgane eingerichtet. Das sind Gruppen aus Personen verschiedener Organisationseinheiten mit der Aufgabe, die Aktivitäten der Organisationseinheiten abzustimmen. Sie bearbeiten die Koordinationsprobleme gemeinsam, treffen die Entscheidungen als Gruppenentscheidungen, die für alle beteiligten Organisationseinheiten verbindlich sind (vgl. LAUX/LIERMANN (2003), S. 99).

Koordinationsorgan

Ein Koordinationsorgan für die Koordination durch Gruppenabstimmung ist der *Ausschuss*. Er zeichnet sich dadurch aus, dass mehrere Personen aus sachlich unterschiedlichen Bereichen und u. U. auch verschiedenen Hierarchieebenen an bereichsübergreifenden Aufgaben oder Sonderaufgaben zusammenarbeiten. Die Zusammenarbeit ist nicht kontinuierlich, sondern konzentriert sich auf Besprechungen, Konferenzen oder Meetings, die bei Bedarf einberufen werden. Ausschüsse können auf Dauer angelegt oder zeitlich befristet sein. Zeitlich befristete Ausschüsse werden vielfach auch als *Kommissionen* bezeichnet (vgl. MAG (1992), Sp. 252 ff.). Bei hierarchieübergreifender Zusammensetzung des Ausschusses ist die Koordination durch Gruppenabstimmung als hierarchischer Koordinationsmechanismus einzuordnen.

Leitungssystem | 4.2.3

Durch die Regelung zum Leitungssystem wird die hierarchische Ordnung zwischen den Organisationseinheiten festgelegt. Da die Leitungsbeziehungen im Organigramm als vertikale Linien dargestellt werden, wird auch vom Liniensystem gesprochen. Die Regelungen betreffen die folgenden *Merkmale einer Organisationsstruktur* (vgl. KRÜGER (2005), S. 158 f.): die Struktur der Leitungsbefugnisse, die Leitungstiefe und die Leitungsspanne.

Struktur der Leitungsbefugnisse | 4.2.3.1

Die Struktur der Leitungsbefugnisse beschreibt die Art der *Unterstellung von Organisationseinheiten unter die Instanzen*. Nach diesem Merkmal des Leitungssystems werden das Einlinien- und das Mehrliniensystem als *idealty-*

pische Grundformen unterschieden. In der Unternehmungspraxis existiert eine Vielzahl alternativer Strukturen der Leitungsbefugnisse, die sich als Mischformen zwischen dem Ein- und dem Mehrliniensystem einordnen lassen.

(1) Einliniensystem

Mit dem Einliniensystem wird der Zweck einer klaren Zuordnung von Verantwortung und einer reibungslosen Koordination verfolgt (vgl. KIESER/WALGENBACH (2010), S. 130). Diese Struktur der Leitungsbefugnisse folgt dem von HENRI FAYOL 1919 formulierten Prinzip der Einheit der Auftragserteilung. Es fordert, dass jeder Stelle nur eine Instanz übergeordnet sein soll. Jede Stelle kann danach nur von einer übergeordneten Stelle Weisungen erhalten.

Prinzip der Einheit der Auftragserteilung

Vorteile dieser Struktur der Leitungsbefugnisse sind die klaren und eindeutigen Regelungen zu den Unterstellungsverhältnissen, Kompetenzen und Verantwortlichkeiten sowie die Einfachheit und Klarheit der Leitungsstruktur. *Nachteilig* ist, dass bei allen abteilungsinternen und -übergreifenden Abstimmungsproblemen der Dienstweg eingehalten werden muss. Alle abstimmungsbedürftigen Probleme zwischen Organisationseinheiten müssen bis zum nächsten gemeinsamen Vorgesetzten hinauf gemeldet werden. Nach Lösung des Abstimmungsproblems wird die Anweisung wieder über alle Instanzen an die zu koordinierenden Stellen geleitet (vgl. Abbildung 4.11). Die Einhaltung des Dienstweges ist die Voraussetzung dafür, dass die Instanzen auf dem Dienstweg die Verantwortung für die ihnen nachgeordneten Stellen tragen können. Sie führt zu einer starken Beanspruchung der Instanzen und verlangsamt die Reaktion der Unternehmung auf veränderte Umweltbedingungen.

Einhaltung des Dienstweges

Abb 4.11

Informationsfluss im Einliniensystem

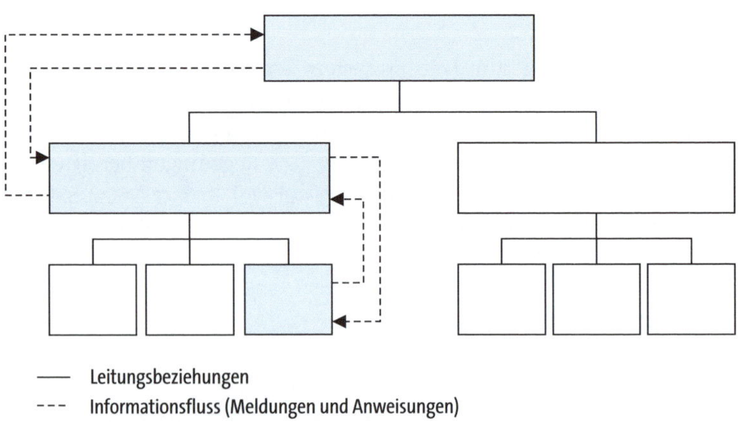

Um diese Nachteile zu vermeiden, ist in einzelnen, genau zu spezifizierenden Fällen die *direkte Abstimmung* zwischen Stellen verschiedener Abteilungen mit anschließender Unterrichtung der jeweils direkt übergeordneten Instanzen zulässig. Diese Direktabstimmung, die als Fayolsche Brücke bezeichnet wird, sollte in einem Einliniensystem die Ausnahme bilden (vgl. Abbildung 4.12).

Fayolsche Brücke

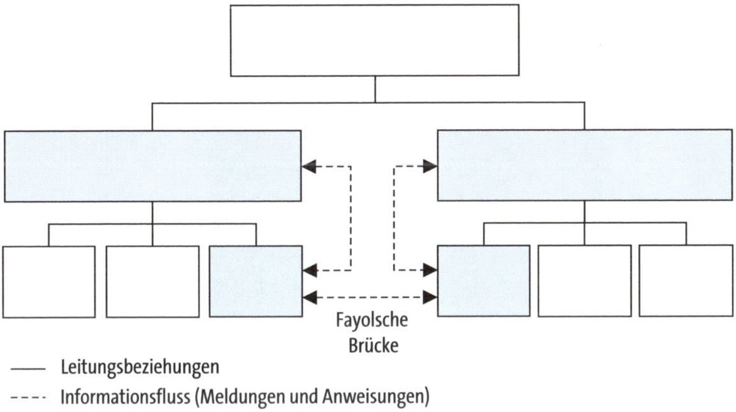

Abb 4.12

Fayolsche Brücke

(2) Mehrliniensystem

Beim Mehrliniensystem wird die Leitungsaufgabe für eine Organisationseinheit aufgegliedert und auf mehrere Instanzen verteilt. Eine Organisationseinheit ist damit mehreren Instanzen unterstellt und erhält von mehreren Instanzen Anordnungen. Diese Struktur der Leitungsbefugnisse soll durch Spezialisierung qualifizierte Entscheidungen und Anordnungen der Vorgesetzten bewirken und die Anforderungen an die Qualifikation der Inhaber von Instanzen senken.

Spezialisierung

Info

Das Mehrliniensystem geht auf das *Funktionsmeistersystem* von FREDERICK W. TAYLOR (1919) zurück. Es sieht vor, die Gesamtfunktion des Werksmeisters auf vier Ausführungsmeister (Vorrichtungsmeister, Geschwindigkeitsmeister, Prüfmeister, Instandhaltungsmeister) und vier Meister des Arbeitsbüros (Arbeitsverteiler, Unterweisungsbeamter, Zeitbeamter, Aufsichtsbeamter) zu verteilen. Die Konsequenz dieser Spezialisierung von Leitungsaufgaben ist, dass jede Stelle in der Fertigung von acht Vorgesetzten Anordnungen erhält.

Prinzip des kürzesten Weisungsweges

Beim Mehrliniensystem wird das Prinzip der Einheit der Auftragserteilung zugunsten des Prinzips des kürzesten Weisungsweges aufgeben. Abstimmungsprobleme zwischen Stellen verschiedener Abteilungen werden nicht mehr auf dem Dienstweg bis zum gemeinsamen Vorgesetzten gereicht, sondern direkt von dem direkten Vorgesetzten bearbeitet, der die Kompetenzen für die Bearbeitung des Koordinationsproblems besitzt (vgl. Abbildung 4.13). Durch den *kurzen Dienstweg* kann schneller auf veränderte Bedingungen reagiert werden.

Abb 4.13

Mehrliniensystem

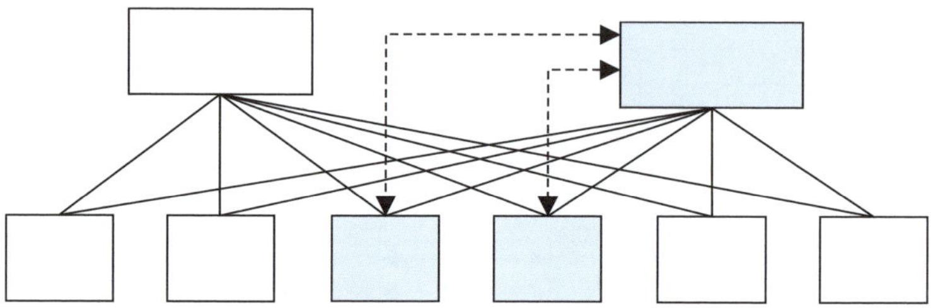

Nachteile des Mehrliniensystems

Nachteile des Mehrliniensystems sind Probleme bei der Abgrenzung von Zuständigkeiten sowie bei der Zuordnung der Verantwortung. *Unklare Zuständigkeiten* können Kompetenzstreitigkeiten zwischen Instanzen auslösen. Bei unzureichenden Arbeitsergebnissen lässt sich nicht immer eindeutig klären, in welchem Kompetenzbereich die Ursachen liegen und welche Instanz für eine Abweichung verantwortlich ist (vgl. KIESER/WALGENBACH (2010), S. 131 ff.).

(3) Mischformen

Es haben sich mehrere Mischformen herausgebildet, um die Vorteile der klaren Zuordnung von Verantwortung und einer reibungslosen Koordination des Einliniensystems mit den Vorteilen der Spezialisierung der Leitungsaufgaben der Instanzen im Mehrliniensystem zu verbinden. Mischformen sind u. a.:

- die Trennung disziplinarischer und fachlicher Leitungsbefugnisse und
- das Stab-Linien-System.

Trennung der Leitungsbefugnisse

Bei der Trennung der Leitungsbefugnisse wird jeder Mitarbeiter nur einer Instanz disziplinarisch unterstellt. Damit hat für einen Mitarbeiter immer nur eine Instanz die *disziplinarischen Leitungsbefugnisse*. Die disziplinarischen Leitungsbefugnisse beziehen sich u. a. auf die Kontrolle, die Leistungsbeurteilung, die Beförderung und die Entlassung der unterstellten Mitarbeiter. Diese Instanz hat auch fachliche Leitungsbefugnisse gegenüber den ihr untergeordneten Stellen und sie trägt die Gesamtverantwortung. Aus den Leitungsbefugnissen dieser Instanz werden jedoch bestimmte Fragen, die z.B. ein besonderes Fachwissen erfordern, zumindest teilweise herausgenommen. Für diese Fragen kommt es zur fachlichen Unterstellung unter Stellen mit *fachlich begrenzten Leitungsbefugnissen* und nur fachlicher Verantwortung. Es sind vor allem die Dienstleistungsstellen, die über solche fachlich begrenzten Leitungsbefugnisse verfügen. In Organigrammen werden diese fachlich begrenzten Leitungsbefugnisse durch gestrichelte Linien kenntlich gemacht. Bei der Trennung disziplinarischer und fachlicher Leitungsbefugnisse wird deshalb auch vom Dotted-line-System gesprochen (vgl. HORVÁTH (2011), S. 752). Abbildung 4.14 zeigt ein Beispiel für diese Mischform (vgl. KIESER/WALGENBACH (2010), S. 134).

Abb 4.14

Trennung disziplinarischer und fachlicher Leitungsbefugnisse

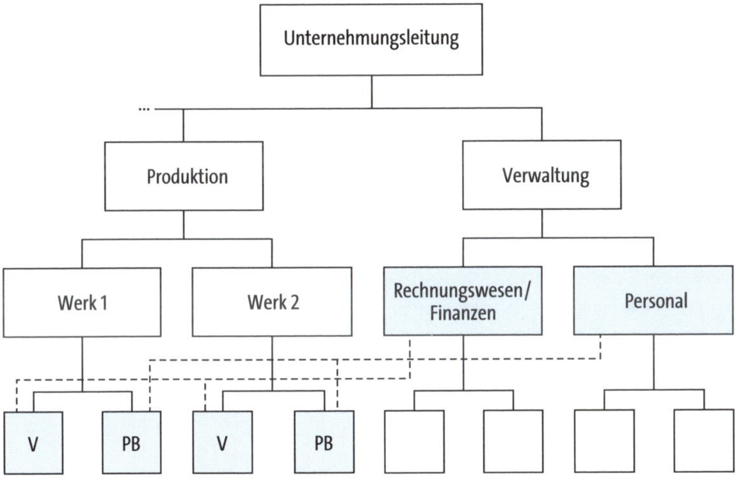

Stab-Linien-System

Das Stab-Linien-System baut auf dem Einliniensystem auf. Um die Instanzen zu entlasten oder die Qualität der Entscheidungen und Anordnungen zu erhöhen, werden beim Stab-Linien-System den Instanzen Stabsstellen zugeordnet. Bei umfangreichen oder komplexen Unterstützungsaufgaben kann an die Stelle einer Stabsstelle auch eine Stabsabteilung treten. Stäbe können auf mehreren Hierarchieebenen eingesetzt werden. In Organigrammen werden Stäbe als Kreise und Instanzen als Rechtecke kenntlich gemacht (vgl. Abbildung 4.15).

Abb 4.15

Stab-Linien-System

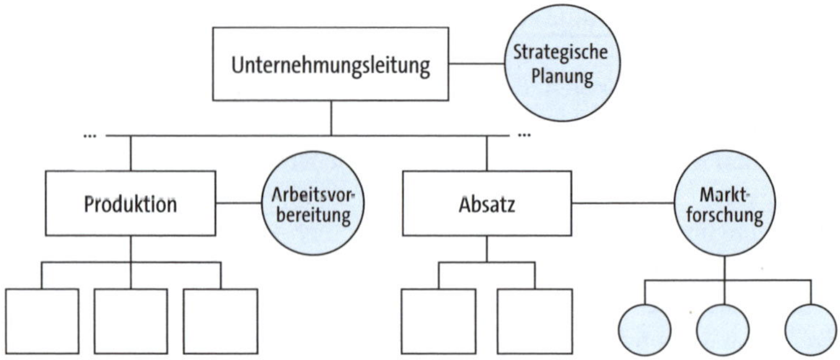

4.2.3.2 Leitungstiefe und Leitungsspanne

Leitungstiefe

Mit der Leitungstiefe wird die Zahl der Hierarchieebenen in der Organisationsstruktur beschrieben. In Einliniensystemen bestimmt die Leitungstiefe die Länge des Dienstweges. Die Leitungstiefe hat damit Einfluss auf die Geschwindigkeit, mit der eine Unternehmung auf veränderte Umweltbedingungen reagieren kann.

Leitungsspanne

Die Leitungstiefe wird von der Leitungsspanne bestimmt, d.h. der Anzahl der einer Instanz direkt unterstellten Stellen. Je größer die Leitungsspanne ist, desto weniger Leitungsebenen müssen gebildet werden, d.h. desto *flacher* ist die Hierarchie. Bei einer geringen Leistungsspanne und einer entsprechend höheren Zahl von Hierarchieebenen wird von einer *steilen Hierarchie* gesprochen. Die Bestimmung der Leitungsspanne und damit der Leitungstiefe sollte an der jeweiligen Situation ausgerichtet werden, die u.a. durch folgende Faktoren beschrieben werden kann (vgl. SCHIERENBECK/WÖHLE (2012), S. 143): Art der Aufgabe, Struktur der Leitungsbefugnisse, Art der Koordinationsmechanismen, Leistungsfähigkeit und Leistungsbereitschaft der Beteiligten.

Info

Leitungstiefe und Leitungsspanne

In einer Unternehmung mit 256 Ausführungsstellen sollen alle Instanzen identische Leitungsspannen haben. Beträgt diese 2, werden 8 *Leitungsebenen* benötigt. Bei einer Leitungsspanne von 4 sind 4 *Leitungsebenen* erforderlich. Die Hierarchie ist damit flacher als im ersten Fall (vgl. Abbildung 4.16).

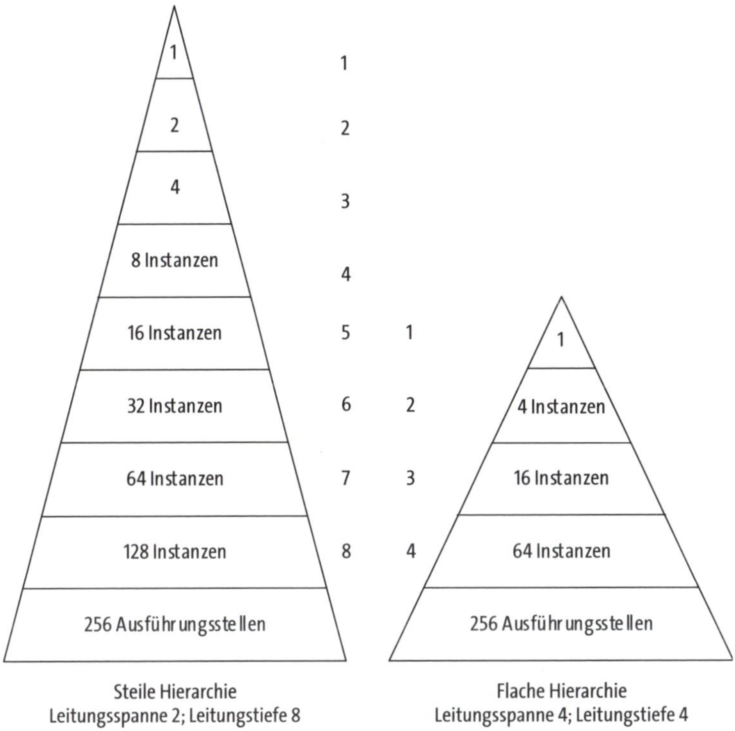

Abb 4.16

Beispiel zur Leitungsspanne

Zusammenfassung

Mit der Spezialisierung, der Koordination und dem Leitungssystem wurden in diesem Kapitel drei der fünf *Merkmale zur Beschreibung einer Organisationsstruktur* betrachtet.

Durch die Spezialisierung werden Stellen gebildet, denen Aufgaben unterschiedlicher Art zugeordnet sind. Nach den zugeordneten Aufgaben und Kompetenzen werden verschiedene Arten von Stellen unterschieden: Ausführungsstellen, Instanzen, Stabsstellen und Dienstleistungsstellen. Die Stellen können zu *Abteilungen* zusammengefasst werden. Dadurch entsteht eine *Hierarchie*. Die Stellen aufeinander folgender Ebenen dieser Hierarchie sind über Leitungsbeziehungen verbunden.

Für die *Koordination* der Aktivitäten in einer Unternehmung bietet sich eine Vielzahl von Mechanismen an, die unterschiedliche

Anforderungen an die Organisationsstruktur stellen. Erörtert wurden die Koordination durch persönliche Weisungen, die Koordination durch Programme, die Koordination durch Pläne, die eine Hierarchie voraussetzen, sowie die Koordination durch Selbstabstimmung in Arbeitsgruppen sowie die Koordination durch Gruppenabstimmung für die Ausschüsse oder Gremien geschaffen werden.

Das *Leitungssystem* regelt die hierarchische Ordnung zwischen den Organisationseinheiten. Geprägt wird es neben der Leitungstiefe und der Leitungsspanne vor allem durch die Struktur der Leitungsbefugnisse. Idealtypische Grundformen sind das Einlinien- und das Mehrliniensystem. Zu den Mischformen zählen das Dotted-line-System und das Stab-Linien-System.

Fragen

1. Erläutern Sie die Verrichtungs- und die Objektspezialisierung an einem Beispiel.
2. Erläutern Sie die Nachteile der Spezialisierung.
3. Was fordert das Grundprinzip der Stellenbildung?
4. Welche Aufgaben zählen zu den Leitungsaufgaben?
5. Erläutern Sie das Prinzip der Einheit der Auftragserteilung.
6. Welchem Zweck dient die Fayolsche Brücke?
7. Welche Nachteile hat das Mehrliniensystem?

4.2.4 | Literatur

Bea/Göbel (2010); Kieser/Walgenbach (2010)

4.3 | Organisatorische Strukturmodelle

4.3.1 | Überblick über die Strukturmodelle

organisatorisches Strukturmodell

Die in der Unternehmungspraxis beobachtbaren Organisationsstrukturen lassen sich auf wenige organisatorische Strukturmodelle zurückführen. Ein organisatorisches Strukturmodell beschreibt mit zwei Merkmalen eine Organisationsstruktur, und zwar mit der Art der Spezialisierung und der Struktur der Leitungsbeziehungen. Organisatorische Strukturmodelle sind für die Primär- und die Sekundärorganisation entwickelt worden.

Definition

Die *Primärorganisation* der Unternehmung ist die Gesamtheit der Regelungen zu den dauerhaften Organisationseinheiten und den zwischen ihnen bestehenden Leitungsbeziehungen. Sie ist auf die Anforderungen der Routineaufgaben der Unternehmung ausgerichtet.

Primärorganisation

Die organisatorischen Strukturmodelle der Primärorganisation bilden die hierarchische Grundstruktur auf den oberen Hierarchieebenen der Unternehmung ab (vgl. SCHULTE-ZURHAUSEN (2014), S. 263). Beschreiben lassen sie sich anhand der Art der Spezialisierung auf der zweiten Hierarchieebene und der Struktur der Leitungsbefugnisse. Zu diesen Modellen zählen

organisatorische Strukturmodelle der Primärorganisation

- die funktionale Organisation,
- die divisionale Organisation und
- die Matrixorganisation.

Abbildung 4.17 gibt einen Überblick über die Merkmale dieser Strukturmodelle.

Merkmale / Modelle	Art der Spezialisierung	Struktur der Leitungsbefugnisse
Funktionale Organisation	Eindimensionale Organisationsstruktur mit Verrichtungsspezialisierung	Einliniensystem
Divisionale Organisation	Eindimensionale Organisationsstruktur mit Objektspezialisierung	Einliniensystem
Matrixorganisation	Zweidimensionale Organisationsstruktur mit Verrichtungs- und Objektspezialisierung	Mehrliniensystem

Abb 4.17

Organisatorische Strukturmodelle der Primärorganisation

Die funktionale und die divisionale Organisation sind Einliniensysteme. Diese haben den Nachteil, dass bei der Koordination der Aktivitäten verschiedener Organisationseinheiten der Dienstweg eingehalten werden muss. *Koordinationsprobleme*, die nicht über Programme oder Pläne, sondern nur über persönliche Weisungen gelöst werden können, beanspruchen deshalb Instanzen erheblich und verlangsamen die Reaktion auf veränderte Anforderungen. Sie können die Aufgabenerfüllung behindern oder verzögern und verursachen einen hohen Koordinationsaufwand

Einliniensysteme

oder Störungen im Betriebsablauf. Verursacht werden solche Koordinationsprobleme durch

- Sonderaufgaben und
- Querschnittsaufgaben.

Sonderaufgaben

Zur ersten Gruppe zählen Aufgaben, die einmalig oder selten in der gleichen Weise bearbeitet werden, an deren Ausführung mehrere Organisationseinheiten beteiligt sind und andere Anforderungen an die Koordination stellen als die Routineaufgaben. Beispiele für Sonderaufgaben sind Vorhaben wie z.B. die Einführung eines neuen IT-Systems, der Bau eines neuen Werkes, die Änderung der Rechtsform oder die Umstellung der Produktion auf ein neues Produkt.

Querschnittsaufgaben

Auch an der Bearbeitung von Querschnittsaufgaben sind mehrere Organisationseinheiten beteiligt. Es handelt sich bei den Querschnittsaufgaben um Daueraufgaben, deren zeitlicher Anfall, Umfang und inhaltliche Ausgestaltung nicht vorhersehbar sind. Sie eignen sich deshalb nicht zur Koordination durch Programme oder Pläne. Beispiele für Querschnittsaufgaben sind Kundenaufträge, die aufgrund des Umfangs, der Zusammensetzung oder der gesetzten Termine nicht aus dem geplanten Produktionsprogramm bedient werden können und speziell gefertigt werden müssen. Ein anderes Beispiel für Querschnittsaufgaben sind Aufträge von einem Schlüsselkunden mit spezieller Betreuung.

Sekundärorganisation

Haben die Sonder- oder Querschnittsaufgaben einen gewissen Umfang, wird die Primärorganisation zur Entlastung der betroffenen Instanzen und zur Erhöhung der Anpassungsfähigkeit an geänderte Anforderungen um eine Sekundärorganisation erweitert.

Definition

Die Regelungen der *Sekundärorganisation* betreffen Organisationseinheiten mit der Aufgabe der Koordination der Ausführung von Sonder- und Querschnittsaufgaben parallel zu den Routineaufgaben sowie der Leitungsbeziehungen zwischen diesen Organisationseinheiten und denen der Primärorganisation.

organisatorische Strukturmodelle der Sekundärorganisation

Eine Sekundärorganisation wird z.B. für das Projektmanagement, das Kundenmanagement, das Produktmanagement, das Prozessmanagement und das Management strategischer Geschäftsfelder geschaffen. Gebildet werden können die organisatorischen Strukturmodelle der Sekundärorganisation nach den folgenden Prinzipien (vgl. Schulte-Zurhausen (2014), S. 308):

- dem Arbeitsgruppenprinzip,
- dem Stabsprinzip,
- dem Matrixprinzip und
- dem Ausgliederungsprinzip.

Diese Prinzipien werden in Abschnitt 4.3.3 am Beispiel der Sekundärkoordination für Sonderaufgaben in der Form von Projekten erläutert.

Strukturmodelle der Primärorganisation | 4.3.2

Funktionale Organisation | 4.3.2.1

Definition

Die *funktionale Organisation* ist eine eindimensionale verrichtungsorientierte Einlinienorganisation. Ihre konstitutiven Merkmale sind:

- **die Verrichtungsspezialisierung auf der zweiten Hierarchieebene und**
- **das Einliniensystem.**

Hierarchieebene

Auf der zweiten Hierarchieebene werden gleichartige Verrichtungen zusammengefasst und Organisationseinheiten zugeteilt, die als *Funktionsbereiche* bezeichnet werden. In *Industrieunternehmungen* entstehen auf diese Weise auf der zweiten Hierarchieebene die Funktionsbereiche »Forschung und Entwicklung«, »Beschaffung«, »Produktion«, »Absatz« und »Verwaltung«. Die nachfolgenden Hierarchieebenen können in einer funktionalen Organisation wieder nach Verrichtungen, aber auch nach anderen Aufgabenmerkmalen gegliedert werden (vgl. Abbildung 4.18). So kann die Beschaffung nach Verrichtungen in »Einkauf« und »Lagerhaltung«, die Produktion nach Produkten und der Absatz nach Märkten in »Absatz Inland« und »Absatz Ausland« gegliedert werden (vgl. KIESER/WALGENBACH (2010), S. 89).

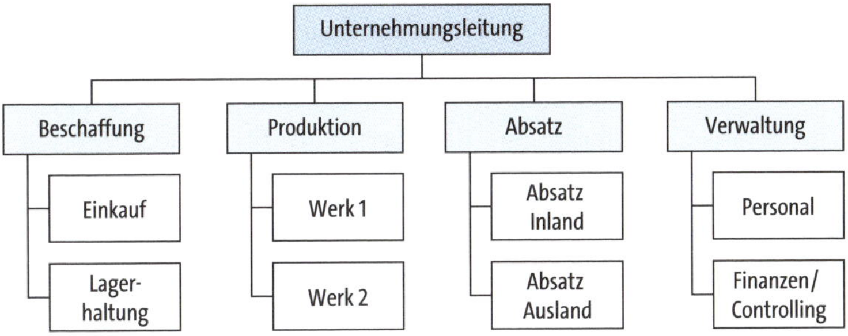

Abb 4.18

Funktionale Organisation

Die Funktionsbereiche orientieren sich in der Regel am Unternehmungsprozess. Die Funktionsbereiche sind damit generell über Lieferverflechtungen verbunden, so dass zwischen den Aufgaben der verschiedenen Funktionsbereiche enge *Sachinterdependenzen* (Prozessverbund) (→ QR-Glossar) bestehen. Die funktionsbereichsübergreifende Koordination verlangt deshalb nach detaillierten Vorgaben der Unternehmungsleitung, woraus sich eine Tendenz zur Entscheidungszentralisation ergibt.

Tendenz zur Entscheidungszentralisation

effiziente Ressourcennutzung

Der Vorteil der funktionalen Organisation ist die effiziente Ressourcennutzung. Die Spezialisierung der Organisationseinheiten auf die Verrichtungen ermöglicht die Realisierung sowohl von Economies of Scale als auch von Economies of Scope. Dieser Stärke stehen zahlreiche Schwächen gegenüber. Zu diesen zählen (vgl. Braun/Beckert (1992), Sp. 648 f.):

(1) Hoher Koordinationsaufwand

horizontale Koordination

Der Prozessverbund zwischen den Funktionsbereichen verursacht einen erheblichen Bedarf an horizontaler Koordination (→ QR-Glossar), der mit der *Produktvielfalt* ansteigt. Da das Einliniensystem den Einsatz der hierarchischen Koordinationsmechanismen verlangt, nehmen die Anforderungen an den Funktionsbereichsleiter mit der Produktvielfalt zu. Im Extremfall kann es zu einer Überlastung der Funktionsbereichsleiter kommen, so dass der gestiegene Koordinationsaufwand den Spezialisierungsvorteil überkompensiert.

vertikale Koordination

Überdies wird das Koordinationsproblem dadurch erschwert, dass die Funktionsbereichsleiter nur für einen Ausschnitt des Unternehmungsprozesses und die Erreichung der entsprechenden Bereichsziele verantwortlich sind. Die begrenzte Ergebnisverantwortung und die mangelnde Gesamtsicht auf die Leistungen der Unternehmung, die mit fehlendem Verständnis für andere Funktionsbereiche verbunden ist, sind für *Ressortegoismen* verantwortlich. Die Funktionsbereichsleiter neigen dazu, die mit ihren Funktionsbereichen verbundenen Ziele zu verfolgen. Konflikte zwischen den Bereichs- und Unternehmungszielen begründen die Notwendigkeit an vertikaler Koordination (→ QR-Glossar).

(2) Unzureichende Markt- und Kundenorientierung

In einer funktionalen Organisation hat nur der Absatzleiter unmittelbaren Kontakt zu den Kunden und den Wettbewerbern. Alle anderen Funktionsbereichsleitern fehlt das Verständnis für die Kundenbedürfnisse und die Anforderungen des Marktes. Die Funktionsbereichsleiter überblicken nur einen Ausschnitt aus dem Unternehmungsprozess. Ihnen fehlt die Gesamtsicht auf die Leistungen der Unternehmung. Sie orientieren sich an ihren Bereichszielen, die entweder nur Kosten oder nur Erlöse zum Inhalt haben. Nur die Unternehmungsleitung trägt unternehmerische Verantwortung. Der Kreis der Mitarbeiter, die relevante Veränderungen der Unternehmungsumwelt erkennen und vor allem auch bewerten können, ist begrenzt. Die Sensitivität gegenüber Anpassungserfordernissen ist eher geringer. Sensitivität

Durch den engen Prozessverbund zwischen den Funktionsbereichen kann kein Funktionsbereich Maßnahmen zur Anpassung an sich verändernde Anforderungen der Kunden und Marktbedingungen ergreifen, ohne dass die anderen Funktionsbereiche davon betroffen sind. Die notwendigen Abstimmungsprozesse und ein möglicherweise langer Dienstweg verzögern die Anpassung zusätzlich. Es ist deshalb von einer geringen Anpassungsfähigkeit auszugehen. Anpassungsfähigkeit

(3) Fehlende Mitarbeiterorientierung

Durch die Konzentration auf einen Ausschnitt des Unternehmungsprozesses werden die Mitarbeiter zu Funktionsspezialisten ausgebildet. Aufgrund dieses Spezialistentums und der ausgeprägten Entscheidungszentralisation fehlen den Funktionsbereichsleitern die Möglichkeit und der Anreiz zum selbstständigen unternehmerischen Denken und Handeln. Funktionsbereichsleiter können sich damit nicht für eine Position in der Unternehmungsleitung *qualifizieren*. Spitzenpositionen müssen oft von außen besetzt werden. Dieses Nachfolgedilemma der funktionalen Organisation birgt Risiken für die kontinuierliche Entwicklung der Gesamtunternehmung (vgl. BRAUN/BECKERT (1992), Sp. 644 f.). Nachfolgedilemma

Die Aufgaben in den Funktionsbereichen genügen nicht den Anforderungen, die an eine mitarbeiterorientierte Organisationsstruktur gestellt werden (vgl. Abbildung 4.4). Da sich die Funktionsbereiche nur auf einen Ausschnitt des Unternehmungsprozesses beziehen, fehlt den Aufgaben die *Ganzheitlichkeit*. Durch die Tendenz zur Entscheidungszentralisation mangelt es den Funktionsbereichen auch an *Autonomie*. Der Beitrag eines Funktionsbereichs zum Unternehmungserfolg kann aufgrund der starken Sachinterdependenzen nicht abgegrenzt werden. Zudem fehlt der direkte Kunden- und Marktkontakt, so dass eine *Rückmeldung* von Ergebnissen der Leistungen in den Funktionsbereichen nur sehr begrenzt möglich ist. Es kann deshalb nicht davon ausgegangen werden, dass sich die funktionale Organisation fördernd auf die Motivation der Funktionsbereichsleiter auswirkt. Motivation

(5) Fehlende Flexibilität fehlende Flexibilität

Mit zunehmender Vielfalt der Produkte und Märkte steigt der Koordinationsaufwand an. Der Erweiterung des Leistungsprogramms sind deshalb enge Grenzen gesetzt. Zudem erschwert der enge Prozessverbund zwischen den Funktionsbereichen die störungsfreie Anpassung der Organisationsstruktur an ein verändertes Sachziel. Die Möglichkeiten der Erweiterung des Leistungsprogramms und der Erschließung neuer Märkte ist damit beschränkt. Der funktionalen Organisation fehlt es an Flexibilität.

Da mit zunehmender Produktvielfalt die Nachteile der funktionalen Organisation ihren Spezialisierungsvorteil überwiegen, eignet sie sich nur für *Einproduktunternehmungen* und Unternehmungen mit einem relativ *homogenen Produktionsprogramm*. Da die funktionale Organisation aufgrund der fehlenden Marktorientierung und Flexibilität nicht geeignet ist, einen kurz- oder mittelfristigen Wandel der Marktbedingungen zu bewältigen, sollte sie nur dann zur Anwendung gelangen, wenn die Unternehmung in einer *relativ stabilen Umwelt* agiert.

Anwendung

4.3.2.2 Divisionale Organisation

Definition

Die *divisionale Organisation* ist eine eindimensionale objektorientierte Einlinienorganisation. Ihre konstitutiven Merkmale sind

- **die Objektspezialisierung auf der zweiten Hierarchieebene und**
- **das Einliniensystem.**

Hierarchieebene

Bei diesem Organisationsmodell werden auf der zweiten Hierarchieebene verschiedenartige Verrichtungen zusammengefasst, die jeweils für die Bearbeitung eines Objektes notwendig sind. Diese Verrichtungsbündel werden Organisationseinheiten zugeordnet, die als *Divisionen*, *Sparten* oder *Geschäftsbereiche* bezeichnet werden. *Objekte* können Produkte, Produktgruppen, Kunden, Kundengruppen oder Regionen sein. Auf den nachfolgenden Hierarchieebenen kann nach Verrichtungen oder wieder nach Objekten gegliedert werden (vgl. Abbildung 4.19).

Abb 4.19

Divisionale Organisation

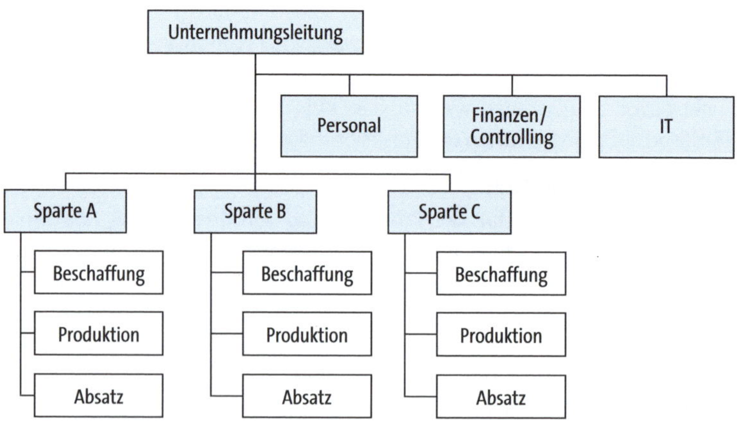

Zentralbereiche

Neben den Sparten werden in einer divisionalen Organisation vielfach auch Zentralbereiche gebildet. Innerhalb einer divisionalen Organisation sind Zentralbereich auf die Verrichtung spezialisierte Organisationseinheiten mit ausschließlich fachlichen Weisungsbefugnissen, die direkt unterhalb der Unternehmungsleitung angesiedelt sind. *Gründe für die Einrichtung* von Zentralbereichen sind:

- die Realisierung von Economies of Scale und Scope
  Zentralbereiche erbringen gleichartige Dienste für mehrere Sparten (z. B. Forschung und Entwicklung, IT, Personalwesen).
- die Wahrnehmung allgemeiner Unternehmungsaufgaben
  Aufgaben, die nicht in den Sparten anfallen, sondern nur aus der Sicht der Gesamtunternehmung erbracht werden müssen, werden zu spezialisierten Zentralbereichen zusammengefasst (z. B. Öffentlichkeitsarbeit, Steuern).
- die geschäftsübergreifende Steuerung
  Um sicherzustellen, dass die Sparten im Interesse der Gesamtunternehmung handeln, werden Zentralbereiche mit Koordinations- und Kontrollaufgaben gegenüber den Sparten gebildet (z. B. Strategische Planung, Organisation, Finanzen).

Durch die Spezialisierung auf das Objekt sind die Sparten allenfalls über unbedeutende *Lieferverflechtungen* (Prozessverbund) (→ QR-Glossar) verbunden. Zwischen Sparten kann durch die gemeinsame Nutzung knapper Ressourcen ein *Ressourcenverbund* (→ QR-Glossar) oder durch die gemeinsame, nicht konkurrierende Nutzung von Märkten oder Ressourcen ein *Zielverbund* (→ QR-Glossar) bestehen. Es sind deshalb nur einzelne Verrichtungen, die zwischen den Sparten koordiniert werden müssen. Die Koordination der Verrichtungen zwischen den Sparten verlangt deshalb weit weniger detaillierte Vorgaben als es bei der funktionalen Organisation der Fall ist. Bei der divisionalen Organisation besteht deshalb die Tendenz zur Entscheidungsdezentralisation.

Tendenz zur Entscheidungsdezentralisation

Profit Center

Die Sparten werden gewöhnlich als Profit Center ausgestaltet. Ein Profit Center ist eine Sparte mit weitgehender Autonomie und Erfolgsverantwortung (→ Abschnitt 1.3.2, S. 32). Sie können gewissermaßen wie eine Unternehmung in der Unternehmung geführt werden. Die Erfolgsverantwortung können Spartenleiter aber nur übernehmen, wenn sie die umfassende Zuständigkeit für die Leistungserstellung und -verwertung besitzen. Für die organisatorische Erfolgszuweisung bedeutet das, dass der Sparte zumindest die Produktions- und die Absatzfunktion und die zugehörigen Leitungsaufgaben zugeordnet sein müssen.

Stärken und Schwächen

Im *Vergleich zur funktionalen Organisation* weist die divisionale Organisation die folgenden Stärken und Schwächen auf (vgl. Schewe (2004), Sp. 1339 f.):

(1) Geringerer Koordinationsaufwand

horizontale Koordination

Der Bedarf an horizontaler Koordination (→ QR-Glossar) ist geringer als bei der funktionalen Organisation. Das führt zu einer deutlichen Entlastung der Unternehmungsleitung, die sich damit stärker auf strategische Fragestellungen konzentrieren kann.

vertikale Koordination

Bei divisionaler Organisation können Ressortegoismen in dem Sinne auftreten, dass durch die Verfolgung der eigenen Bereichsziele Verbundvorteile ungenutzt bleiben oder Sparten als ganz normale Marktteilnehmer gegeneinander konkurrieren. Auch bei der divisionalen Organisation gibt es somit einen Bedarf an vertikaler Koordination.

(2) Stärkere Marktorientierung

Sensitivität

Eine entscheidende Stärke der divisionalen Organisation ist die im Vergleich zur funktionalen Organisation ausgeprägte Marktorientierung. Sie entsteht zum einen durch den unmittelbaren Marktkontakt aller Sparten. Zudem konzentriert sich jede Sparte auf ihr eigenes Leistungsprogramm und ihre relevanten Märkte. Durch die Marktnähe können Verhaltensänderungen bei den Kunden und Wettbewerbern schneller erkannt und fachkundig bewertet werden. Das spricht für eine hohe Sensitivität gegenüber Anpassungserfordernissen.

Anpassungsfähigkeit

Zwischen den Sparten bestehen allenfalls unbedeutende Sachinterdependenzen. Anpassungsmaßnahmen können deshalb *unabhängig von anderen Sparten* und damit relativ zügig geplant und umgesetzt werden. Die divisionale Organisation ist damit auch hinsichtlich der Anpassungsfähigkeit positiv zu bewerten.

(3) Stärkere Mitarbeiterorientierung

Motivation und Qualifikation

Einer Sparte sind alle Verrichtungen zugeordnet, die zur Erfüllung einer Marktaufgabe ausgeführt werden müssen, und nicht nur ein Ausschnitt aus dem Unternehmungsprozess. Die weitgehende Autonomie der Sparten in Verbindung mit der Verselbstständigung zu Profit Centern ermöglicht die verursachungsgerechte Zurechnung spartenbezogener Erfolge und die Zuweisung von Erfolgsverantwortung zu den Spartenleitern. Die *Ganzheitlichkeit* der Aufgabe, die *Autonomie* und das *Feedback* über die Zurechnung des Spartenerfolges wirken auf die Mitarbeiter motivierend. Diese Merkmale verlangen von den Spartenleitern unternehmerisches Denken und Handeln. In den Sparten können sich Mitarbeiter deshalb für eine Tätigkeit in der Unternehmungsleitung qualifizieren. Die divisionale Organisation unterstützt damit die Förderung von Motivation und Qualifikation der Mitarbeiter.

(4) Höhere Flexibilität

An die Erweiterung des Leistungsprogramms oder die Erschließung neuer Märkte kann die Organisationsstruktur bei divisionaler Organisation durch die Errichtung neuer Sparten ohne Störungen in den anderen Sparten angepasst werden.

Errichtung neuer Sparten

(5) Geringere Effizienz der Ressourcennutzung

geringere Effizienz der Ressourcennutzung

Durch die Objektspezialisierung werden alle Verrichtungen in einer Sparte zusammengefasst, die an einem Objekt vollzogen werden. Es kann deshalb Verrichtungen geben, die in mehreren Sparten durchgeführt werden. Das verlangt den Aufbau paralleler Verrichtungsstrukturen. Mögliche Spezialisierungsvorteile werden nicht genutzt. Dieses Argument verliert jedoch mit der Größe der Sparte und der Heterogenität des Leistungsprogramms der Unternehmung an Bedeutung. Unter diesen Bedingungen können innerhalb der Sparten Economies of Scale realisiert werden. Da durch die Unterschiede in den Leistungsprogrammen der Sparten die Möglichkeiten der gemeinsamen Nutzung von Ressourcen begrenzt sind, entgehen allenfalls unbedeutende Economies of Scope.

Voraussetzung für den erfolgreichen Einsatz der divisionalen Organisation ist die *Teilbarkeit der Marktaufgabe* der Unternehmung in homogene und im Hinblick auf die Ressourcennutzung und den Beschaffungs- und Absatzmarkt weitgehend unabhängige Bereiche. Nur unter diesen Bedingungen können Aufgaben so gebündelt werden, dass eine getrennte Leitung möglich wird und die Erfolge leistungsgerecht zugerechnet werden können. Der Einsatzbereich der divisionalen Organisation erstreckt sich damit auf Unternehmungen mit einem heterogenen Leistungsprogramm. Zudem sollten die Unternehmungen eine *gewisse Größe* haben. Je kleiner die Unternehmung ist, desto eher werden die Stärken dieser Organisationsform von den Effizienzverlusten durch parallele Verwertungsstrukturen überkompensiert.

Einsatzbereich der divisionalen Organisation

Matrixorganisation

4.3.2.3

Mit der *funktionalen Organisation* können einerseits Economies of Scale und Economies of Scope realisiert werden; der Prozessverbund zwischen den Funktionsbereichen verursacht andererseits einen hohen Kostenaufwand. Erfolgreich kann dieses Organisationsmodell deshalb nur in Einproduktunternehmungen oder Unternehmungen mit einem homogenen Leistungsprogramm eingesetzt werden. Die *divisionale Organisation* reduziert den Koordinationsaufwand, behindert jedoch Economies of Scale und Economies of Scope. Es sind also die Unternehmungen mit einem sehr heterogenen Leistungsprogramm, für die sich eine divisionale Organisation anbietet. Die *Effizienz der Ressourcennutzung und die Koordina-*

konfliktäre Anforderungen an die Organisationsstruktur

tion sind damit zwei partiell konfliktäre Anforderungen an die Organisationsstruktur. Die funktionale und die divisionale Organisation eignen sich nur für Situationen, in denen jeweils eine dieser Anforderungen von untergeordneter Bedeutung ist.

beide Anforderungen sind erfolgskritisch

Bei einer *dynamischen Umwelt*, einem *breiten Leistungsprogramm* und Ressourcen, die aufgrund *fehlender Teilbarkeit* gemeinsam genutzt werden sollten, sind die Anwendungsvoraussetzungen beider Organisationsmodelle nicht mehr gegeben (vgl. SCHREYÖGG (2008), S. 157 ff.). Für Situationen, in denen beide Anforderungen erfolgskritisch und deshalb gleichermaßen zu erfüllen sind, ist die Matrix- oder Tensororganisation vorgeschlagen worden.

Definition

Die *Matrixorganisation* ist eine zweidimensionale Mehrlinienorganisation. Bei einer dreidimensionalen Mehrlinienorganisation wird von einer *Tensororganisation* gesprochen. Die konstitutiven Merkmale sind

- **die Mehrdimensionalität und**
- **das Mehrliniensystem.**

zweidimensionale Organisationsstrukturen

Zweidimensionale Organisationsstrukturen entstehen durch die gleichrangige Anwendung von zwei Aufgabenmerkmalen zur Spezialisierung auf der zweiten Hierarchieebene. Typischerweise wird die klassische Verrichtungsorganisation um eine objektorientierte Dimension erweitert. Abbildung 4.20 zeigt die Struktur einer nach Produkten und Funktionen aufgebauten Matrixstruktur. Bei der Matrixorganisation werden auf der zweiten Hierarchieebene einerseits gleichartige Verrichtungen zusammengefasst. Andererseits werden verschiedenartige Verrichtungen gebündelt, die für die Bearbeitung jeweils eines Produktes erforderlich sind. Es sind auch andere Objekte als Gliederungskriterien denkbar.

Abb 4.20

Matrixorganisation

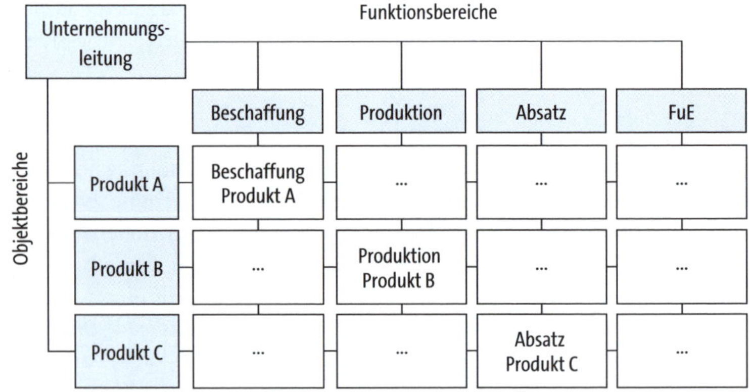

Matrixstellen

Die Organisationseinheiten auf der zweiten Hierarchieebene einer Matrixorganisation sind die Matrixstellen. Die verrichtungsorientiert gebildeten

Matrixstellen werden auch als *Linieninstanzen* und die objektorientiert gebildeten als *Matrixinstanzen* bezeichnet. Die Linieninstanzen sind für die effiziente Abwicklung der Aufgaben ihrer Spezialbereiche zuständig. Die Matrixinstanzen tragen die Verantwortung für die Koordination der Leistungserstellung über alle Funktionsbereiche hinweg und für die Abstimmung mit den externen Kunden.

Mehrliniensystem

Das Leitungssystem der Matrixorganisation ist ein Mehrliniensystem, da die Organisationseinheiten auf der dritten Hierarchieebene sowohl einer Linieninstanz als auch einer Matrixinstanz unterstellt sind. Die Organisationseinheiten auf der dritten Hierarchieebene werden als *Matrixzellen* oder *Schnittstellen* bezeichnet. Sie erhalten gleichberechtigte Weisungen von der Linien- und der Matrixinstanz. Die *disziplinarische Leitungsbefugnis* sollte von beiden Matrixstellen nur gemeinsam wahrgenommen werden, d.h. die Leistung der Mitarbeiter nachfolgender Hierarchieebenen sollten von der Linien- und der Matrixinstanz gemeinsam beurteilt und Entscheidungen über Beförderungen oder Leistungszulagen gemeinsam getroffen werden. Für die Aufgabenerfüllung müssen folglich beide Matrixstellen gemeinsam *verantwortlich* sein. Das Prinzip der Einheit der Auftragserteilung und das Prinzip der Alleinverantwortung werden bei der Matrixorganisation aufgegeben.

Kompetenzkonflikte und Abstimmungsprobleme

Für die durch die Mehrfachunterstellung verursachten Kompetenzkonflikte und Abstimmungsprobleme gibt es durch die gleichberechtigten Leitungsbefugnisse der Linien- und der Matrixinstanz keine organisatorische Dominanzlösung zugunsten der einen oder der anderen Instanz. Die Matrixstellen müssen sich verständigen. Die Kompetenzkonflikte zwischen den Matrixstellen werden bei der Matrixorganisation bewusst in Kauf genommen. Konflikte und das Austragen von Konflikten werden nicht als Störungen verstanden. Problemorientierte Auseinandersetzungen sollen ein *argumentatives Ringen um Lösungen* für ein Koordinationsproblem unter *Einbeziehung mehrerer Perspektiven* mit sich bringen (vgl. SCHREYÖGG (2008), S. 153).

Stärken

Die Matrixorganisation ist entstanden, um die Stärken der funktionalen und der divisionalen Organisation zu kombinieren und die jeweiligen Schwächen zu vermeiden. Durch die gleichberechtigte Berücksichtigung der Verrichtungs- und Objektstruktur ist die *effiziente Ressourcennutzung* durch die Linieninstanz und die *Marktorientierung* durch die Matrixinstanz gewährleistet. Die Sicherung einer effizienten Ressourcennutzung obliegt der Linieninstanz und erfordert nicht wie bei der divisionalen Organisation die Einbeziehung der Unternehmungsleitung. Durch die problemorientierte Auseinandersetzung zwischen den Matrixstellen wächst das Verständnis der Linieninstanzen für die jeweils anderen Funktionsbereiche, die Bedürfnisse der Kunden, die Anforderungen des

Wettbewerbers und die Gesamtsicht auf die Leistungen der Unternehmung (vgl. THOMMEN/RICHTER (2004), Sp. 833). Relevante Veränderungen der Marktbedingungen können aus mehreren Perspektiven identifiziert und fachkundig bewertet werden. Langwierige Abstimmungsprozesse und der Zwang zum Konsens zwischen den Matrixstellen verzögern Entscheidungen und verhindern ein schnelles Reagieren auf veränderte Anforderungen. Der Sensitivität für Anpassungserfordernisse steht damit eine geringe Anpassungsfähigkeit gegenüber. Die Unternehmungsleitung ist bei der Matrixorganisation nicht wie bei der funktionalen Organisation für die Abstimmung zwischen den Funktionsbereichen zuständig. Hierfür sind die Matrixinstanzen verantwortlich. Für die Lösung der Koordinationsprobleme sieht die Matrixorganisation hierarchiefreie Koordinationsmechanismen vor. Für die Unternehmungsleitung ist der *Koordinationsaufwand* gering (vgl. THOMMEN/RICHTER (2004), Sp. 832).

Schwächen

Die Matrixorganisation hat jedoch auch eine Reihe von Schwächen (vgl. SCHOLZ (1992), Sp. 1307 ff.; SCHREYÖGG (2008), S. 157):

- Belastung der Mitarbeiter durch hohe Konfliktdichte
- Intransparenz
  Durch die Vielzahl der an den Abstimmungsprozessen Beteiligten lassen sich Erfolge und Misserfolge nicht mehr zuordnen. Das führt zum Verlust des Verantwortungsgefühls.
- Anstieg der administrativen Kosten
  Durch die Erweiterung der zweiten Hierarchieebene um eine objektorientierte Dimension steigt die Zahl der Führungskräfte. Die Kommunikations- und Abstimmungsprozesse nehmen viel Zeit in Anspruch, die nicht für operative Arbeit eingesetzt werden kann.

Die Matrixorganisation stellt zudem hohe Anforderungen an die Kooperationsbereitschaft der Führungskräfte. Linien- und Matrixinstanzen stehen sich in der Matrixorganisation gleichberechtigt mit der Maßgabe gegenüber, Abstimmungsprobleme offen anzusprechen, zielgerichtet zu diskutieren und argumentativ in einer akzeptablen Zeitspanne zu lösen. Unzureichende Kooperationsbereitschaft kann zu Unstimmigkeiten führen, die durch die Unternehmungsleitung beizulegen sind. Treten Machtkämpfe auf, kann es schnell zu einer Überlastung der Unternehmungsleitung kommen. Sind die personellen Voraussetzungen nicht erfüllt, wird die Entscheidungsfindung noch zusätzlich verzögert. Es kommt zu unbefriedigenden Kompromisslösungen und sachliche Probleme werden zu persönlichen Konflikten, die möglicherweise an die nachfolgende Hierarchieebene weitergereicht werden und die Loyalität von Fachspezialisten gefährden.

unzureichende Kooperationsbereitschaft

Bedeutung der Matrixorganisation

Aufgrund dieser Probleme hat die Bedeutung der Matrixorganisation als Primärorganisation abgenommen. In Teilbereichen der Unternehmung (z. B. Marketing, Forschung und Entwicklung) und als *Sekundärorganisation* ist sie dagegen anzutreffen (vgl. SCHREYÖGG (2008), S. 151; THOMMEN/RICHTER (2004), Sp. 828).

Projektorientierte Sekundärorganisation | 4.3.3

Projekte und Projektmanagement | 4.3.3.1

Projekte

Von den routinemäßigen Daueraufgaben unterscheiden sich Projekte durch folgende *Merkmale* (vgl. z. B. KRÜGER (1993b), Sp. 3559 f.):

- die zeitliche Befristung,
- die relative Neuartigkeit,
- die Komplexität und
- die Interdisziplinarität.

Zeitlich befristete Vorhaben zeichnen sich durch einen vorgegebenen Termin aus, zu dem sie abgeschlossen sein müssen, wobei dieser Termin von Beginn an bekannt ist. Mit dem Begriffsmerkmal der *relativen Neuartigkeit* wird zum Ausdruck gebracht, dass sich die Vorhaben nicht oder zumindest nicht unter identischen Bedingungen wiederholen. *Komplexität* liegt vor, wenn zur Realisation des Vorhabens viele verschiedene Verrichtungen auszuführen sind, die ebenso schwer vorhersagbar sind wie die zwischen ihnen bestehenden Sachinterdependenzen (→ QR-Glossar). Mit dem Merkmal der *Interdisziplinarität* soll deutlich gemacht werden, dass die verschiedenen Verrichtungen zur Durchführung eines Projektes Bereichsgrenzen überschreiten und bei ihrer Durchführung Mitarbeiter verschiedener Bereiche zusammenarbeiten.

Definition

Ein *Projekt* ist ein zeitlich befristetes, relativ neuartiges und komplexes Vorhaben, bei dessen Bewältigung Mitarbeiter verschiedener Bereiche zusammenarbeiten.

Projektarten

Nach dem *Projektinhalt* werden folgende Projektarten unterschieden (vgl. FRESE/GRAUMANN/THEUVSEN (2012), S. 491 f.):

- sachzielorientierte und
- prozessorientierte Projekte.

Sachzielorientierte Projekte sind auf die Veränderung des Leistungsprogramms der Unternehmung gerichtet. Ein Beispiel für diese Art von Projekten ist die Entwicklung eines neuen Produktes. Zu den sachzielorientierten Projekten zählen auch die Aufträge externer Auftraggeber, die im Rahmen von Projekten realisiert werden, wie das im Anlagen- und Schiffsbau der Fall ist. Die *prozessorientierten Projekte* werden von unternehmungsinternen Auftraggebern ausgelöst und betreffen den Unternehmungsprozess. Beispiele für prozessorientierte Projekte sind Bauvorhaben, Rationalisierungsvorhaben, die Einführung eines neuen IT-Systems und die Reorganisation der Unternehmung. Diese Projekte haben Auswirkungen auf die Unternehmungsstruktur, die Aufgabenstruktur oder die Arbeitssituation der Mitarbeiter. Für diese Projekte ist deshalb bei den Betroffenen um Akzeptanz zu werben (vgl. KRÜGER (1993b), Sp. 3562).

Projektmanagement

Durch ihre Komplexität und den bereichsübergreifenden Charakter können Projekten nur arbeitsteilig ausgeführt werden und erfordern ein Projektmanagement. Die Aufgaben des Projektmanagements beziehen sich nicht auf die Bearbeitung des Projektauftrages, sondern auf den Ablauf des Bearbeitungsprozesses. Abbildung 4.21 zeigt einen Überblick über die Aufgaben des Projektmanagements (vgl. z.B. KRÜGER (1993b), Sp. 3561 f.).

Abb 4.21

Aufgaben des Projektmanagements

Sachbezogene Aufgaben des Projektmanagements	
Projekt-definition	Festlegung des Endtermins, der zur Verfügung stehenden finanziellen Mittel und der inhaltlichen und qualitativen Anforderungen an das Projektergebnis (Kosten-, Zeit- und Qualitätsziele); Gestaltung der Projektorganisation sowie Bestimmung des Projektleiters und der Projektmitarbeiter
Projekt-planung	*Aufgabenplanung* ► *Projektstrukturplanung:* Zerlegung des Vorhabens in Arbeitspakete[1] und Analyse der zwischen den Arbeitspaketen bestehenden Reihenfolgebeziehungen ► *Projektablaufplanung:* Planung der Bearbeitungsreihenfolge der Arbeitspakete unter Berücksichtigung der festgestellten Reihenfolgebeziehungen, des Endtermins und der verfügbaren Ressourcen *Zeitplanung:* Terminierung der Arbeitspakete *Ressourcenplanung:* Schätzung des Bedarfs an Ressourcen und Verteilung der verfügbaren Ressourcen auf die Arbeitspakete *Kostenplanung:* Ermittlung der Kosten jedes Arbeitspaketes auf der Grundlage der zugewiesenen Ressourcen *Qualitätsplanung:* Planung von Maßnahmen zur Sicherung der Qualitätsziele
Projekt-steuerung	*Projektdurchsetzung:* Informieren der Projektmitarbeiter über die Projektpläne und Stärkung der Motivation der Beteiligten zur Erreichung der Projektziele *Projektkontrolle:* Ermittlung und Analyse realisierter oder erwarteter Abweichungen von den Projektzielen *Projektsicherung:* Erarbeitung und Durchsetzung von Maßnahmen, um identifizierte Abweichungen zu verhindern, zu mindern oder zu beseitigen
Projektdoku-mentation	Evaluation des Projektes und Sicherung der Erkenntnisse für nachfolgende Projekte
Personenbezogene Aufgaben des Projektmanagements	
Personal-einsatz	Zuordnung der Projektbeteiligten zu den Aufgaben in quantitativer, qualitativer, zeitlicher und örtlicher Hinsicht
Motivieren	Schaffen von Akzeptanz bei den Beteiligten für das Projekt

1) Ein Arbeitspaket ist ein Bündel von Aktivitäten, das von einer Organisationseinheit bearbeitet werden kann.

Projektbeteiligte

Die Projektbeteiligten sind (vgl. SCHULTE-ZURHAUSEN (2014), S. 447)

- der Projektauftraggeber,
- die Projektleitung sowie
- die Projektbearbeiter.

Der *Projektauftraggeber* kann ein externe Kunde, eine interne Instanz oder ein internes Gremium sein. Er löst das Projekt durch einen Projektauftrag aus, formuliert Zeit-, Kosten- und Qualitätsziele, gibt Ressourcen für die Projektdurchführung frei und fällt Zwischen- und Abschlussentscheidungen. Zu den Aufgaben der *Projektleitung* zählen vor allem die Projektplanung und -steuerung sowie der Personaleinsatz. Die Leistungen, die für die Erfüllung des Projektauftrags erforderlich sind, werden von den *Projektbearbeitern* erbracht. Sie führen das Projekt durch, indem sie z.B. Analysen durchführen, Entwürfe erstellen oder Konstruktionszeichnungen anfertigen.

Benutzer oder Betroffene

Neben die Projektbeteiligten tritt die Gruppe der Benutzer oder Betroffenen (vgl. KRÜGER (1993b), Sp. 3564 f.). Die *Benutzer* sind diejenigen Personen, die nach Projektabschluss mit dem Projektergebnis arbeiten. Es kann sich hierbei um externe Kunden, aber auch um Unternehmungsbereiche handeln, wie z.B. die Produktion und der Vertrieb bei Produktentwicklungsprojekten. Bei prozessorientierten Projekten (z.B. Reorganisation, Standortverlegung) wird nicht mit dem Projektergebnis gearbeitet, sondern es wird unter den durch das Projektergebnis veränderten Bedingungen gearbeitet. In diesem Fall kann von den *Betroffenen* des Projektes gesprochen werden.

Anforderungen an eine Projektorganisation

4.3.3.2

Bei der Bearbeitung eines Projektauftrags werden von mehreren Bereichen in der Unternehmung Leistungen erbracht. Zwischen den Verrichtungen in den verschiedenen Bereichen, bestehen Sachinterdependenzen (→ QR-Glossar), wie sie auch durch den *Prozessverbund* (→ QR-Glossar) zwischen den Funktionsbereichen bei der funktionalen Organisation entstehen. Kein Bereich ist in der Lage, das gesamte Projekt zu überblicken. Jeder Bereich ist von dem eigenen Beitrag zum Projekt in Anspruch genommen und bezieht die Anforderungen der anderen Bereiche nicht in das Denken und Handeln ein. Die Ressourcen in den Organisationseinheiten der Primärorganisation werden von Projekt- und Daueraufgaben gemeinsam genutzt. Zwischen den Aktivitäten im Projekt und in den Organisationseinheiten der Primärorganisation kann damit ein *Restriktionen-* oder ein *Zielverbund* (→ QR-Glossar) auftreten.

Koordinationsprobleme

Für die vielfältigen Koordinationsprobleme (→ QR-Glossar) wird eine Projektorganisation geschaffen (vgl. Krüger (2005), S. 222).

Die Anforderungen an die Organisationsstruktur (vgl. Abbildung 4.2) gelten auch für die Projektorganisation. Einige Anforderungen müssen jedoch an die spezielle Situation in Projekten angepasst werden (vgl. Beck (1996), S. 189 ff.). Das gilt insbesondere für

Anforderungen an die Organisationsstruktur

- die Mitarbeiterorientierung und
- die Kundenorientierung.

Nach dem Projektabschluss wird die Projektorganisation aufgelöst. Unsicherheit der Mitarbeiter über ihren *Einsatz nach dem Projektabschluss* hat Einfluss auf ihre Motivation (vgl. Frese/Graumann/Theuvsen (2012), S. 511). Es besteht zudem die Gefahr, dass Projektmitarbeiter den Anschluss an die fachspezifische Entwicklung verpassen und die *Wiedereingliederung* in die Primärorganisation Probleme bereitet. Unter der Mitarbeiterorientierung der Projektorganisation wird deshalb die Forderung verstanden, dass die Projektmitarbeiter während der Projektlaufzeit ihre Zugehörigkeit zu den Organisationseinheiten der Primärorganisation zumindest teilweise behalten.

Mitarbeiterorientierung

Bei Projekten gibt es zwei Arten von Kunden, den Auftraggeber und die Benutzer oder Betroffenen. Die Projektorganisation soll zum einen die Erreichung der zeitlichen, kostenmäßigen und qualitativen Projektziele unterstützen. Zum anderen soll sie die Einbeziehung der Bedürfnisse und Anforderungen der Benutzer oder Betroffenen fördern, um die Durchsetzung und Umsetzung der Projektergebnisse zu erleichtern (vgl. Frese/Graumann/Theuvsen (2012), S. 492). Die Markt- und Kundenorientierung wird deshalb um die Forderung erweitert, dass die Projektorganisation die Ausrichtung des Projektergebnisses an den Bedürfnissen und Anforderungen der Benutzer oder Betroffenen unterstützt.

Markt- und Kundenorientierung

4.3.3.3 | Strukturmodelle der Projektorganisation

Wird auf die Einrichtung projektbezogener Organisationseinheiten verzichtet, fallen die Projektleitung und -bearbeitung in den Aufgabenbereich mehrerer Instanzen und Ausführungsstellen der Primärorganisation. Alle Projektbeteiligten verbleiben auf ihren Stellen der Primärorganisation. Es wird deshalb von der dualen oder linienintegrierten Projektorganisation gesprochen. Koordiniert werden die Projektaktivitäten durch die institutionalisierte Selbstabstimmung in einem *Projektausschuss.* Dieser ist mit Vertretern aller an dem Projekt beteiligten Abteilungen besetzt. Die Ausschussmitglieder widmen sich einem Projekt häufig nur neben ihren eigentlichen Aufgaben. Dieses Modell der Projektorganisation, das auf dem *Arbeitsgruppenprinzip* beruht, eignet sich nur für unbe-

linienintegrierte Projektorganisation

deutende Projekte mit einem geringen Komplexitätsgrad (vgl. FRESE/GRAUMANN/THEUVSEN (2012), S. 495).

Bei umfangreichen oder komplexen Projekten bietet es sich an, für die Projektleitung projektspezifische Organisationseinheiten zu schaffen. In der Unternehmungspraxis haben sich verschiedene Formen der Organisation mit struktureller Projektausrichtung herausgebildet, die sich vor allem durch den Grad an Autonomie und Autarkie unterscheiden. Mit dem Grad an *Autonomie* wird die Ausstattung des Projektes mit Entscheidungs- und Weisungsbefugnissen beschrieben. Der Umfang, in dem das Projekt mit eigenen Ressourcen ausgestattet ist, d.h. mit Ressourcen, für welche die Projektleitung die alleinige Verfügungsgewalt hat, wird durch den Grad der *Autarkie* beschrieben (vgl. GRÜN (1992), Sp. 2107). Formen der Organisation mit struktureller Projektausrichtung sind die Stabs-Projektorganisation, die reine Projektorganisation und die Matrix-Projektorganisation (vgl. FRESE/GRAUMANN/THEUVSEN (2012), S. 495 ff.).

Organisation mit struktureller Projektausrichtung

(1) Stabs-Projektorganisation

Bei der Stabs-Projektorganisation wird die Projektleitung von Stabsstellen wahrgenommen (vgl. Abbildung 4.22). Die Stabsstelle hat weder *Entscheidungs-* und *Verfügungskompetenzen* noch *Weisungskompetenzen* gegenüber den am Projekt beteiligten Stellen der Primärorganisation. Die Projektleitung kann deshalb ihre Aufgaben-, Zeit-, Ressourcen- und Einsatzpläne gegenüber den Instanzen und Ausführungsstellen nicht über Weisungen durchsetzen. Sie muss die beteiligten Stellen vielmehr durch ihre Informationen, ihre Fachkenntnisse und ihren Überblick über das Gesamtprojekt von diesen Plänen überzeugen. Das Projekt ist weder autark noch autonom gegenüber der Primärorganisation. Bei dieser Organisationsform wird deshalb auch vom *Einfluss-Projektmanagement* gesprochen.

Projektleitung

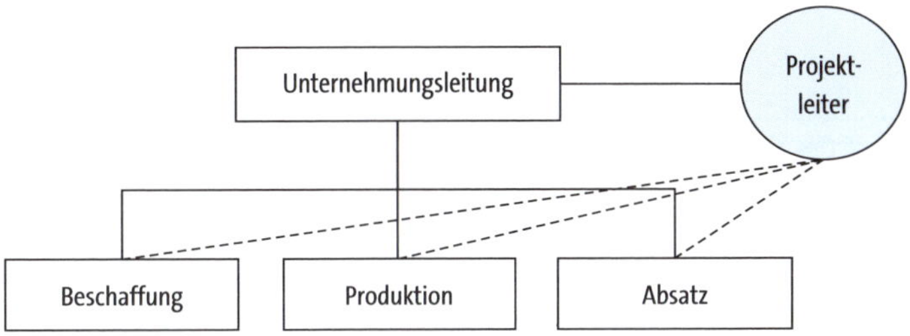

Abb 4.22

Stabs-Projekt-organisation

Die Stabsstelle ist mit der Informationsbereitstellung, der Vorbereitung von Entscheidungen, der Terminüberwachung, der Kostenkontrolle und der sonstigen Projektverfolgung betraut und hat die Instanz über zu erwartende oder bereits aufgetretene Abweichungen zu informieren. Zur Erfüllung dieser Aufgaben ist die Stabsstelle mit umfassenden Informations- und Beratungsrechten ausgestattet.

Informations- und Beratungsrechte

Der Vorteil dieser Organisationsform ist, dass sie bis auf die Einrichtung von Projektstabstellen *keine organisatorischen Umstellungen* erfordert. Die Projektleitung kann sich jedoch mit ihren Plänen zum Projektablauf und Ressourceneinsatz bei den beteiligten Instanzen und Ausführungsstellen der Primärorganisation, die mehr an der Erfüllung ihrer ständigen Aufgaben interessiert sind, nicht durchsetzen. Durchgesetzt werden können diese Pläne nur über die Instanz, der die Stabsstelle zugeordnet ist. Das kann *Verzögerungen im Projektablauf* auslösen und die *Instanz überlasten*. Diese Nachteile begrenzen den Einsatzbereich der Stabs-Projektorganisation auf kleine und wenig komplexe Projekte.

Einsatzbereich

(2) Reine Projektorganisation

Bei diesem Modell der Projektorganisation, dem das *Ausgliederungsprinzip* zugrunde liegt, erhält die Projektleitung die alleinige Verfügungsgewalt über die für die Erfüllung des Projektauftrags notwendigen Ressourcen. Die Projektmitarbeiter werden aus der Primärorganisation ausgegliedert und für die Dauer des Projekts der Projektleitung unterstellt. Die Projektleitung wird mit allen *Entscheidungs-, Weisungs- und Verfügungskompetenzen* ausgestattet und trägt die Verantwortung für die Erfüllung des Projektauftrags und die Erreichung der Projektziele (vgl. Abbildung 4.23). Das Projekt ist damit autonom und weitgehend autark gegenüber der Primärorganisation.

Projektleitung

Abb 4.23

Reine Projektorganisation

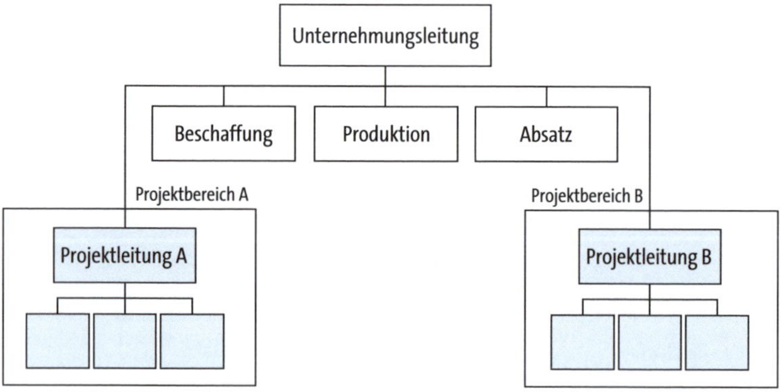

Die Projekte sind von den Organisationseinheiten der Primärorganisation klar getrennt. Konflikte mit den Stellen der Primärorganisation, wie z.B. um knappe Ressourcen, werden vermieden. Die Erfüllung des Projektauftrags kann ungehindert von anderen Aufgaben in der Unternehmung verfolgt werden. Diesem *Vorteil* steht die *Gefahr einer nicht effizienten Ressourcennutzung* gegenüber. Sie entsteht, wenn sich die Zuordnung der Ressourcen am Spitzenbedarf orientiert und die Ressourcen damit während der Projektlaufzeit nur teilweise ausgelastet sind. Die *Mitarbeiterorientierung* kann durch den Einsatz der 4:1-Regelung erreicht werden, nach der an vier zusammenhängenden Tagen der Woche für das Projekt gearbeitet wird und der 5. Tag der Stelle in der Primärorganisation gewidmet wird (vgl. BÜHNER (2004), S. 229). Die reine Projektorganisation ist für Großprojekte mit einem hohen Komplexitäts- und Innovationsgrad vorgeschlagen worden.

Großprojekte mit einem hohen Komplexitäts- und Innovationsgrad

(3) Matrix-Projektorganisation

Verbleiben die Ressourcen und die Projektmitarbeiter in der Primärorganisation, wird die Projektleitung jedoch mit den für die Erfüllung des Projektauftrags erforderlichen *Entscheidungs-, Weisungs- und Verfügungskompetenzen* ausgestattet, liegt eine Matrix-Projektorganisation vor. Es entsteht ein *Mehrliniensystem*, bei dem die Projektmitarbeiter Anweisungen sowohl von der Projektleitung als auch von der Instanz der Primärorganisation erhalten (vgl. Abbildung 4.24). Bei einer Matrixorganisation weisen Projekte einen mittleren Grad an Autarkie und Autonomie auf.

Projektleitung

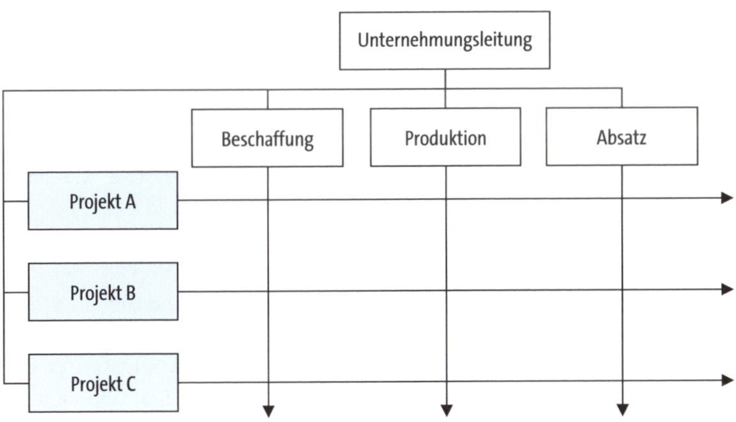

Abb 4.24

Matrix-Projektorganisation

Der Projektleitung werden bei diesem Strukturmodell keine Ressourcen fest zugeteilt. Sie verfügt jedoch über die Kompetenzen, um die Erfüllung des Projektauftrags und die Erreichung der Projektziele mit Nachdruck zu verfolgen. Sie kann den Organisationseinheiten der Primärorganisation Anordnungen erteilen, Leistungen für das Projekt zu erbringen. Die

Linieninstanzen behalten die Verfügungskompetenzen über die Ressourcen und können einen effizienten Ressourceneinsatz sichern. Damit verbunden ist eine Tendenz zu Konflikten um die Zuteilung der Ressourcen zu Projekt- und Daueraufgaben.

Tendenz zu Konflikten

4.3.3.4 Projektbezogene Organisationseinheiten

Bei der linienintegrierten Projektorganisation wird nur ein Projektausschuss gebildet. Bei den Modellen mit struktureller Projektausrichtung ist die Einrichtung einer Organisationseinheit für die Projektleitung charakteristisch. In Abhängigkeit von dem Projektinhalt und der Projektkomplexität und -größe werden weitere projektbezogene Organisationseinheiten geschaffen (vgl. SCHULTE-ZURHAUSEN (2014), S. 447 ff.): der Lenkungsausschuss, die Programmleitung, die Projektleitung, das Projektteam, der Beratungsausschuss und der Projektservice.

(1) Lenkungsausschuss

interner Auftraggeber

Bei sehr großen oder für die Unternehmung bedeutenden Projekten wird die Rolle des internen Auftraggebers von einem Lenkungsausschuss wahrgenommen. Dem Lenkungsausschuss sind alle anderen Organisationseinheiten der Projektorganisation untergeordnet. Er konstituiert sich mit der Formulierung des Projektauftrags und ist mit den Entscheidungs- und Verantwortungsträgern für das Projekt aus der Primärorganisation besetzt. Er tritt in zeitlich festgelegter Folge oder auf Wunsch der Projektleitung zusammen. Nach Abschluss des Projektes wird der Lenkungsausschuss aufgelöst. Er hat die Realisierbarkeit des Projektes und die Akzeptanz der Projektergebnisse bei den Benutzern oder Betroffenen zu sichern. Zudem hat er den Projektverlauf und die Projektergebnisse gegenüber externen Auftraggebern oder der Unternehmungsleitung zu vertreten.

Aufgabe des Lenkungsausschusses

Aufgabe des Lenkungsausschusses ist es, den Projektauftrag zu formulieren. Der Lenkungsausschuss legt die Projektorganisation fest, gibt die Ressourcen frei und trifft alle Entscheidungen über Projekt(teil)ergebnisse und die Projektfortführung. Vom Lenkungsausschuss werden der Projektleiter ernannt, der Beratungsausschuss eingesetzt und die Mitglieder des Projektteams formal bestellt. Während der Projektdauer unterstützt der Lenkungsausschuss die Projektleitung gegenüber den Instanzen der Primärorganisation, überwacht den gesamten Projektablauf und setzt die übergeordneten Unternehmungsinteressen gegenüber der Projektleitung und den Instanzen der Primärorganisation durch.

(2) Programmleitung

Wird ein komplexer Projektauftrag in mehrere Teilprojekte zerlegt, kann als weitere Organisationseinheit eine Programmleitung eingesetzt werden. Hierarchisch ist sie zwischen dem Lenkungsausschuss und den Projektleitern eingeordnet. Ihre Aufgabe besteht in der vertikalen und horizontalen Koordination der Teilprojekte. Zu den Aufgaben der Programmleitung zählen die Herleitung der Projektteilaufträge und ihrer Ziele aus dem Projektauftrag. In Abstimmung mit dem Lenkungsausschuss wählt sie die Projektleiter aus.

Koordination der Teilprojekte

(3) Projektleitung

Die Projektleitung ist dem Lenkungsausschuss unterstellt. Gibt es eine Programmleitung, so ist die Projektleitung dieser unterstellt. Die Projektleitung trägt die Ergebnisverantwortung für die Erfüllung des Projektauftrags und die Erreichung der vorgegebenen Projektziele unter den gegebenen Rahmenbedingungen. Für die Arbeit in den Projektteams präzisiert die Projektleitung den Projektauftrag und die Projektziele. Die Mitglieder des Projektteams werden von der Projektleitung vorgeschlagen und vom Lenkungsausschuss bestellt. Die Projektleitung ist für die Auftraggeber, die Benutzer und Betroffenen der Ansprechpartner für alle inhaltlichen Fragen zum Projekt. Darüber hinaus obliegt der Projektleitung das gesamte Projektmanagement.

Ergebnisverantwortung für die Erfüllung des Projektauftrags

(4) Projektteam

Das Projektteam konzipiert die Handlungen zur Erfüllung des Projektauftrags und setzt diese auch um. Zweck der Einrichtung des Projektteams ist es, das für die Bearbeitung des Projektauftrags erforderliche Spezialwissen zeitlich befristet zusammenzuführen. In einem Projektteam sollten alle Methoden- und Fachkenntnisse vertreten sein, die zur Lösung des im Projektauftrag beschriebenen Problems erforderlich sind. Die Teammitglieder können voll- oder teilzeitlich für das Projekt abgestellt werden. Die Zusammensetzung des Projektteams kann während der Projektdauer an die Aufgabenschwerpunkte angepasst werden. Das Projektteam tritt nur zu Projektsitzungen zusammen. Ansonsten bearbeiten die einzelnen Teammitglieder ihre Projektteilaufgaben (vgl. SCHULTE-ZURHAUSEN (2014), S. 453). Nach Projektabschluss wird das Projektteam aufgelöst.

Projektteam

(5) Beratungsausschuss

Bei prozessorientierten Projekten mit weitreichenden Auswirkungen auf die Abteilungen der Primärorganisation kann es zweckmäßig sein, dem Projektteam einen Beratungsausschuss an die Seite zu stellen. Dieser ist Mittler zwischen dem Projektteam und den Organisationseinheiten der Primärorganisation. Besetzt werden sollte der Beratungsausschuss mit den Inhabern der Instanzen, der von dem Projekt betroffenen Organisationseinheiten der Primärorganisation. Der Beratungsausschuss soll das Projektteam mit projektrelevantem Fachwissen unterstützen, die erarbeiteten Lösungen auf Realisierbarkeit überprüfen und hinsichtlich

Mittler

ihrer Auswirkungen, Risiken und Begleiterscheinungen beurteilen. Dem Beratungsausschuss werden keine Entscheidungs- und Weisungsbefugnisse übertragen, aber ein Vetorecht gegenüber den Projektergebnissen. Ein Veto muss der Beratungsausschuss gegenüber dem Lenkungsausschuss vertreten. Der Beratungsausschuss tritt bei Bedarf zusammen (vgl. Schulte-Zurhausen (2014), S. 451).

(6) Projektservice

Die Projektorganisation kann bei entsprechender Projektgröße um einen Projektservice für die Dokumentation, die Administration, das Controlling, die Kommunikation und die Methodenberatung erweitert werden. Dieser erbringt spezielle Dienstleistungen für den Lenkungsausschuss, die Projektleiter, die Projektteams und den Beratungsausschuss. Abbildung 4.25 zeigt ein Beispiel für die Organisationsstruktur eines komplexen Projektes.

Abb 4.25

Organisationsstruktur eines Projektes

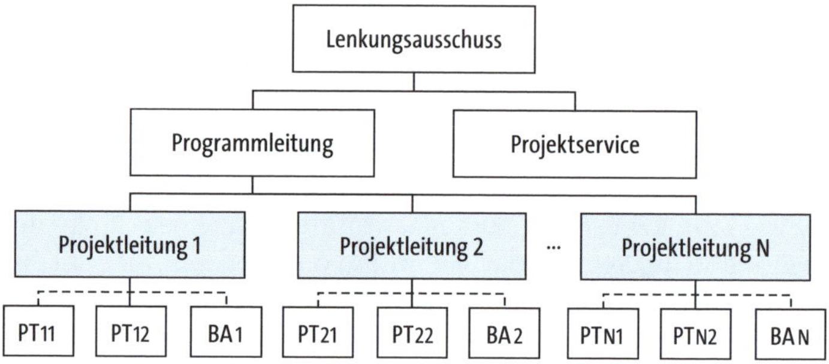

PT = Projektteam; BA = Beratungsausschuss

Zusammenfassung

Organisatorische Strukturmodelle sind einfache Gestaltungsalternativen für die Primär- und die Sekundärorganisation der Unternehmung. Die *Primärorganisation* zielt auf die Routineaufgaben und ist die organisatorische Grundstruktur der Unternehmung. Die Strukturmodelle der Primärorganisation sind die funktionale und die divisionale Organisation sowie die Matrixorganisation.

Für Aufgaben, die andere Anforderungen an die Koordination der Aktivitäten stellen als die Routineaufgaben, wird die Primär- um eine *Sekundärorganisation* erweitert. Solche Aufgaben sind z. B. Pro-

jekte. Die Prinzipien, nach denen eine Sekundärorganisation gebildet werden kann, führen zu folgenden Strukturmodellen für die Projektorganisation: die linienintegrierte Projektorganisation (Arbeitsgruppenprinzip), die Stabs-Projektorganisation (Stabsprinzip), die reine Projektorganisation (Ausgliederungsprinzip) und die Matrix-Projektorganisation (Matrixprinzip).

Für alle Strukturmodelle sind die Art der Spezialisierung sowie die Struktur der Leitungsbefugnisse erläutert worden. Es wurde weiterhin überprüft, inwieweit sie die Anforderungen an eine Organisationsstruktur erfüllen (vgl. Abbildung 4.2).

Fragen

1. Erläutern Sie Beispiele für Querschnittsaufgaben.
2. Was ist der zentrale Vorteil der funktionalen Organisation?
3. Was wird unter einem Zentralbereich verstanden? Warum werden sie eingerichtet?
4. Erläutern Sie den zentralen Nachteil der divisionalen Organisation?
5. Wie unterscheiden sich ein- und mehrdimensionale Organisationsstrukturen?
6. Beschreiben Sie den Anwendungsbereich der funktionalen und der divisionalen Organisation sowie der Matrixorganisation.
7. Mit welchen Merkmalen lässt sich ein Projekt beschreiben?
8. Welche Aufgaben haben der Lenkungsausschuss, die Programmleitung, die Projektleitung und das Projektteam in einer Projektorganisation?

Literatur | 4.3.4

BEA/GÖBEL (2010); BEA/SCHEURER/HESSELMANN (2011); FRESE/GRAUMANN/THEUVSEN (2012); SCHREYÖGG (2008)

5 | Personenbezogene Aufgaben des General Managements

Inhalt

Übersicht

Durch die Planung wird die Gesamtaufgabe der Unternehmung festgelegt und durch die Organisation ihre Ausführung in einem arbeitsteiligen Unternehmungsprozess. In Abschnitt 5.1 wird begründet, warum die sach- und strukturbezogenen Aufgaben des General Managements um *personenbezogene Aufgaben* ergänzt werden müssen. Personenbezogene Aufgaben sind der Personaleinsatz und die Führung. Führung ist die Beeinflussung der Mitarbeiter, um ihr Arbeitsverhalten an den Unternehmungszielen auszurichten. Um Ansatzpunkte für diese Einflussnahme herleiten zu können, wird ein Überblick über grundlegende motivationstheoretische Ansätze gegeben.

Zweck des *Personaleinsatzes* ist die anforderungsgerechte Besetzung der durch die Organisation geschaffenen Organisationseinheiten. Aufgaben des Managements beim Personaleinsatz sind die Personalauswahl, der Einsatz der Mitarbeiter in den Unternehmungsprozess und die Personalentwicklung. Diese Aufgaben werden in Abschnitt 5.2 erläutert.

Führung vollzieht sich durch die Verhaltenslenkung, die Verhaltensbeurteilung und die Verhaltensabgeltung. Das in der Unternehmungspraxis beobachtbare Vorgehen von Führungskräften bei der Ausführung dieser Aufgaben lässt sich auf einige Führungsstile zurückführen. Sie beschreiben vereinfacht und abstrahierend die Verhaltensweise einer Führungskraft bei der Beeinflussung von Mitarbeitern anhand weniger Merkmale. In Abschnitt 5.3 werden Typologien von Führungsstilen vorgestellt. Durch die Darstellung von Führungsinstrumenten, die bei der Verhaltenslenkung, der Verhaltensbeurteilung und der Verhaltensabgeltung zur Anwendung gelangen, und die Beschreibung von Führungsmodellen werden die verschiedenen Führungsstile inhaltlich präzisiert.

Mitarbeiter im Unternehmungsprozess | 5.1

Abgrenzung der personenbezogenen Aufgaben | 5.1.1

Bei der Planung legt das General Management für eine angenommene Unternehmungs- und Umweltsituation die Gesamtaufgabe der Unternehmung fest. Wie sie in einem arbeitsteiligen Unternehmungsprozess ausgeführt wird, regelt das General Management durch die Organisation. Mit den Stellen werden bei der Organisation Aufgabenbündel abgegrenzt, die durch die Aktivitäten der Mitarbeiter ausgeführt werden. In beiden Phasen des Managementprozesses steht die Gesamtaufgabe im Vordergrund. Die Mitarbeiter der Unternehmung werden zwar auch in die Überlegungen einbezogen. Sie werden jedoch abstrahierend von der konkreten Person als Ressource mit geforderten Eigenschaften und einem angenommenen oder erwarteten Verhalten betrachtet. Die Mitarbeiter der Unternehmung haben jedoch ihre persönlichen Fachkenntnisse und ihre individuellen Ziele (z.B. Entwicklungs-, Bildungs-, Einkommens-, Aufstiegs-, Karriereziele, Selbstverwirklichung), die sie auch bei der Arbeit in der Unternehmung zu erfüllen suchen (→ vgl. Abschnitt 1.1.3, S. 17). Erst bei den personenbezogenen Aufgaben richtet sich das Management an die konkrete Personen und ihr tatsächliches Verhalten. Abbildung 5.1 zeigt die Perspektiven, aus denen die Mitarbeiter bei den sach-, struktur- und personenbezogenen Managementaufgaben betrachtet werden.

Abb 5.1

Mitarbeiter im Managementprozess

Aufgaben des Managements		Betrachtungs-perspektive
Sach-bezogene Aufgaben	*Personalplanung und -kontrolle:* Planen und Kontrollieren des quantitativen und qualitativen Personalbedarfs sowie der Rahmenbedingungen für die Gewinnung, den Einsatz, die Vergütung und Entwicklung von Mitarbeitern	Anforderungen an Mitarbeiter
Struktur-bezogene Aufgaben	*Abgrenzung der Organisationseinheiten:* Festlegen von Aufgabenbündeln, die von einer oder mehreren gedachten Personen mit einer bestimmten Ausbildung bei Normalleistung innerhalb der regelmäßigen Arbeitszeit erledigt werden können.	Erwartungen an Fachkenntnisse und Leistungsverhalten
Personen-bezogene Aufgaben	*Personaleinsatz:* Dauerhaftes Sicherstellen der anforderungsgerechten Besetzung der Stellen *Führung:* Durchsetzen der Erwartungen an das Arbeitsverhalten der Mitarbeiter durch Aktivierung ihrer Potentiale	Individuelle Fachkenntnisse und persönliche Ziele der Mitarbeiter

(1) Sachbezogene Aufgaben

Die Mitarbeiter tragen wie auch die Finanzen, die Betriebsmittel sowie die Betriebs- und Werkstoffe zur Leistungserstellung und -verwertung bei. Um die Erreichung der Unternehmungsziele zu gewährleisten, müssen auch die Bereitstellung und die Nutzung der menschlichen Arbeitskraft im Unternehmungsprozess zielorientiert gestaltet werden. Die Mitarbeiter sind ebenso ein Objekt der Unternehmungsplanung und -kontrolle wie auch die anderen Produktionsfaktoren.

Objekt der Unternehmungsplanung und -kontrolle

Personalplanung

Aufgabe der Personalplanung ist es, den aktuellen Personalbestand (Ist-Personalbestand) und seine Entwicklung (Wird-Personalbestand) zu ermitteln sowie den zukünftigen Personalbedarf (Soll-Personalbestand) zu prognostizieren. Ist-, Wird- und Soll-Personalbestand sind nicht nur quantitativ (Anzahl der notwendigen Mitarbeiter) zu spezifizieren, sondern auch qualitativ (Art der benötigten Qualifikation), zeitlich (Zeitpunkt, zu dem die Mitarbeiter verfügbar sind oder sein sollen) und räumlich (Ort, an dem Mitarbeiter verfügbar sind oder sein sollen). Der Wird- und der Soll-Personalbestand sind gegenüberzustellen und Maßnahmen zur Erreichung des Soll-Personalbestandes festzulegen. Diese *Maßnahmen* betreffen die Personalbeschaffung oder -freisetzung und die Personalentwicklung (vgl. OECHSLER/PAUL (2015), S. 177).

(2) Strukturbezogene Aufgabe

Die bei der Planung festgelegte Gesamtaufgabe der Unternehmung (Sachziel) kann nur arbeitsteilig bewältigt werden. Zur Koordination der Aktivitäten der Mitarbeiter werden vom General Management generelle Regelungen gestaltet und vorgegeben, die das Arbeitsverhalten der Mitarbeiter im Unternehmungsprozess in die gewünschten Bahnen lenken sollen (→ Abschnitt 4.1.1, S. 144).

Arbeitsverhalten

Definition

Das *Arbeitsverhalten* der Mitarbeiter hat zwei Dimensionen: das Leistungsverhalten und die Orientierung an allgemein akzeptierten Verhaltensregeln.

Das *Leistungsverhalten* ist das Verhalten eines Mitarbeiters, das zur Leistung führt, d. h. zu einem Beitrag zur Erreichung der Unternehmungsziele. Beschrieben werden kann es durch die Richtung, die Intensität und die Ausdauer der Anstrengungen des Mitarbeiters im Unternehmungsprozess sowie seiner Vorgehensweise bei der Leistungserbringung. Für die Intensität ist die bei der Verfolgung des Ziels eingesetzte Energie maßgebend. Die Hartnäckigkeit, mit der ein Ziel trotz Hindernissen und konkurrierender Handlungen verfolgt wird, kennzeichnet die Ausdauer (vgl. NERDINGER (2014a), S. 420). Zu den *allgemein akzeptierten Verhaltensregeln* zählen u. a. die Unterstützung von Kollegen bei arbeitsbezogenen Problemen, die Gewissenhaftigkeit bei der Erfüllung der Aufgaben, die Sorgfalt im Umgang mit dem Eigentum der Unternehmung, die Einbringung und Umsetzung von Verbesserungsvorschlägen, die Bereitschaft auch nicht ideale Bedingungen zu tolerieren (vgl. NERDINGER (2014a), S. 442).

Organisatorische Regelungen sind das Ergebnis eines bewussten Gestaltungsprozesses und meist schriftlich fixiert. Sie werden unter der Annahme einer bestimmten Ausbildung und Leistung der Mitarbeiter formuliert und sind deshalb an Stellen und nicht an einzelne Personen gebunden, d. h., sie gelten unabhängig von einem bestimmten Mitarbeiter. Die Beeinflussung des Arbeitsverhaltens der Mitarbeiter durch die Organisation lässt sich durch die Merkmale in Abbildung 5.2 beschreiben (vgl. WEIBLER (2012), S. 94).

Abb 5.2

Beeinflussung des Arbeitsverhaltens durch die Organisation

Merkmale	Organisation
Situationsbezug der Einflussnahme	Präsituative Einflussnahme auf das Arbeitsverhalten von Mitarbeitern, d. h. Einflussnahme über den Einzelfall hinaus für eine Vielzahl *erfahrungsgemäß eintretender oder zukünftig möglicher Bedingungen*
Mittel der Einflussnahme	*Abstrakt und unpersönlich* formulierte Regelungen, die zumeist an eine Vielzahl nicht genau bekannter Mitarbeiter adressiert sind, mit möglichst lang andauernder Gültigkeit
Objekt der Einflussnahme	Stellen (Spezialisierung, Kompetenzen, Unterstellung) und ein *angenommenes oder erwartetes Arbeitsverhalten* von Mitarbeitern

Die Organisation allein ist u. a. aus folgenden Gründen nicht in der Lage, einen *reibungslosen Ablauf des Unternehmungsprozesses* zu gewährleisten (vgl. WEIBLER (2012), S. 94 f.):

- Der Einfluss der Unternehmungsumwelt und damit die Situationen, die eintreten werden, sind zum Zeitpunkt der Gestaltung der Organisation nicht vollständig bekannt. Es ist auch nicht möglich, Vorkehrungen für alle Situationen zu treffen, die nach den bisherigen Erfahrungen eintreten könnten.
- Die individuellen Ziele der Mitarbeiter können zumindest teilweise im Konflikt zu den Unternehmungszielen stehen und ihre Fachkenntnisse können von den geforderten abweichen. Das Arbeitsverhalten des Mitarbeiters kann sich damit von dem bei der Gestaltung der Organisation angenommenen deutlich unterscheiden.

(3) Personenbezogene Aufgaben

Um den Unternehmungsprozess in Gang zu setzen und einen reibungslosen Ablauf sicherzustellen, müssen die *Stellen* zunächst anforderungsgerecht besetzt werden und die Mitarbeiter anschließend zur Ausrichtung ihres Arbeitsverhaltens an den Unternehmungszielen situations- und personenbezogen beeinflusst werden. Zu den sach- und strukturbezogenen Aufgaben des Managements treten deshalb

- der Personaleinsatz und
- die Führung.

Personaleinsatz

Zweck des Personaleinsatzes ist es, die anforderungsgerechte Besetzung der Stellen auf Dauer sicherzustellen. Der Personaleinsatz als Managementfunktion umfasst die Gesamtheit der Aufgaben, um einen qualifizierten und engagierten Personalbestand zur anforderungsgerechten Besetzung der Stellen zu schaffen, zu erhalten und so einzusetzen, dass die Unternehmungsziele erreicht werden.

Führung

Führung ist die Beeinflussung des Arbeitsverhaltens der Mitarbeiter, um es in die Richtung festgelegter Ziele zu lenken. Anders als die Organisation richtet sich die Führung an konkrete Mitarbeiter und soll flexibel auf unterschiedliche Situationen reagieren, um ein erwünschtes Arbeitsverhalten der Mitarbeiter zu erreichen bzw. ein unerwünschtes Arbeitsverhalten zu verhindern. Führung ist persönlich. Sie ist situationsspezifisch, d. h., sie bezieht sich nur auf den jeweiligen Einzelfall. In Abgrenzung zur Organisation lässt sich die Beeinflussung des Arbeitsverhaltens der Mitarbeiter durch die Führung über die in Abbildung 5.3 genannten Merkmale beschreiben.

Abb 5.3

Beeinflussung des Arbeitsverhaltens durch Führung

Merkmale	Führung
Situationsbezug der Einflussnahme	Situative Einflussnahme auf das Arbeitsverhalten von Mitarbeitern, d. h. zeitnahe und auf die jeweils konkreten Bedingungen bezogene Einflussnahme für den jeweiligen Einzelfall
Mittel der Einflussnahme	Persönlich und konkret ausgestaltetes Verhalten des Vorgesetzten, das an einen genau bestimmten Mitarbeiter gerichtet ist
Objekt der Einflussnahme	Konkrete Mitarbeiter und ihr tatsächliches Arbeitsverhalten

Der Personaleinsatz und die Führung sind Phasen im Managementprozess, die der Planung und Organisation folgen. Abbildung 5.4 zeigt die personenbezogenen Aufgaben sowie die Zuordnung zu den beiden Phasen im Managementprozess (vgl. OECHSLER (2004), Sp. 1123 ff.). Bei der Wahrnehmung dieser Aufgaben wird das Management von einer Fachabteilung unterstützt, die den Charakter einer Stabs- oder Serviceabteilung hat und vor allem Verwaltungs- und Beratungsaufgaben wahrnimmt. Zu den Aufgaben dieser Personalabteilung zählen die Personalbeschaffung, die Einstellung, die Entgeltabrechnung und die Personalverwaltung.

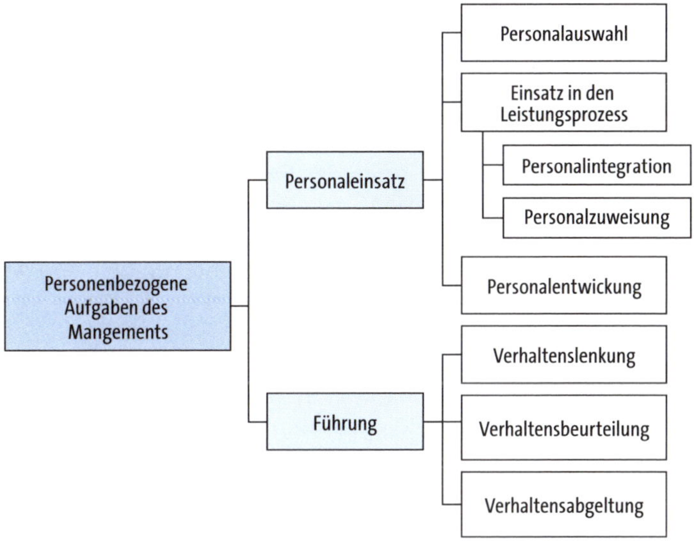

Abb 5.4

Personenbezogene Aufgaben des Managements

5.1.2 Theorien zur Erklärung des Leistungsverhaltens

5.1.2.1 Determinanten des Leistungsverhaltens

Die *Leistung* ist das zielentsprechende Ergebnis der Aktivitäten des Mitarbeiters, d.h. der Beitrag des Mitarbeiters zur Erreichung der Ziele der Unternehmung. Der Umfang der Leistung eines Mitarbeiters hängt von seinem Leistungsverhalten ab. Bestimmt wird das Leistungsverhalten eines Mitarbeiters von den in Abbildung 5.5 genannten Einflussgrößen (vgl. COMELLI/VON ROSENSTIEL/NERDINGER (2014), S. 3).

Leistungsverhalten

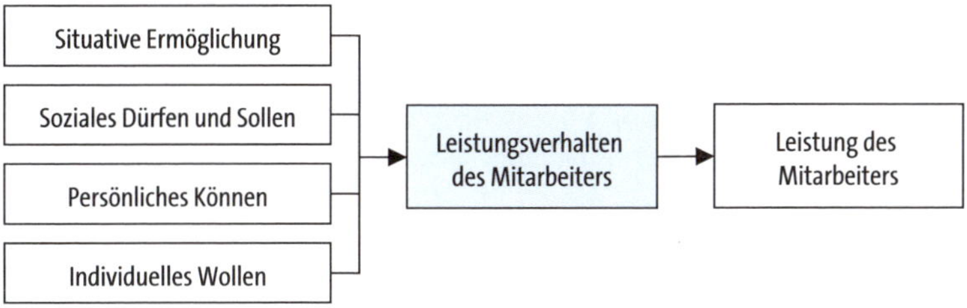

Abb 5.5

Einflussgrößen auf das Leistungsverhalten

Die situative Ermöglichung und das soziale Dürfen und Sollen sind situationsbezogene Einflussgrößen Die *situative Ermöglichung* wird durch die hemmenden oder begünstigenden äußeren Umstände bestimmt. Zu diesen zählen u.a. die Verfügbarkeit des benötigten Materials und die

situationsbezogene Einflussgrößen

Einsatzbereitschaft der Geräte und Maschinen. Die Regeln und Normen zum Leistungsverhalten, die u.a. durch die Organisation der Unternehmung und die Unternehmungskultur (→ QR-Glossar) festgeschrieben sind, definieren das *soziale Dürfen und Sollen*. Diesen situationsbezogenen Einflussgrößen stehen die personenbezogenen Einflussgrößen gegenüber, zu denen das persönliche Können und das individuelle Wollen zählen.

persönliches Können

Das persönliche Können wird von den *Fachkenntnissen* des Mitarbeiters bestimmt. Sie entstehen aus der Verbindung seines Fachwissens, seiner Fähigkeiten und Begabungen. Die erlernten Fakten und Daten machen das *Fachwissen* aus. Erst durch die Kombination mit Anwendungserfahrungen entstehen *Fähigkeiten*. *Begabungen* sind stabile, die Person kennzeichnenden geistigen, motorischen und anderen Fähigkeiten.

individuelles Wollen

Das individuelle Wollen ist der Entschluss des Mitarbeiters, das ihm zur Verfügung stehende Potential zu aktivieren, um den Erwartungen an sein Leistungsverhalten zu genügen. Bestimmt wird es von

- der Motivation und
- der Volition des Mitarbeiters.

Definition

Motivation

Die *Motivation* ist die momentane Ausrichtung auf ein Handlungsziel (vgl. Heckhausen (2003), S. 3). Sie bezeichnet die Bereitschaft des Mitarbeiters, Handlungen zur Erreichung der Handlungsziele auszuführen. Die aktuell vorhandene Motivation eines Menschen entsteht durch

- **ein Bedürfnis oder**
- **ein Motiv,**

das durch einen Anreiz aktiviert wird.

Bedürfnisse

Bedürfnisse stehen für physiologisch oder psychologisch bedingte Mangelempfindungen, wie z.B. Hunger, Durst, Verlangen nach Schlaf, Wärme und Sicherheit (z.B. Schutz vor Gefahr, Unrecht, Schmerz). Sie sind allen Menschen gemeinsam und wirken als personenbedingter Reiz, der Mitarbeiter in eine *allgemeine Handlungsbereitschaft* versetzt (vgl. Heckhausen/Heckhausen (2010), S. 3).

Menschen verfolgen über die Deckung der Bedürfnisse hinaus die unterschiedlichsten Ziele. Diese werden thematisch in mehrere Klassen gegliedert und mit allgemeinen Begriffen beschrieben, wie z.B. Leistung, Macht oder sozialer Anschluss. Die so gebildeten Klassen von Zielen werden als Motive bezeichnet und bilden inhaltlich zusammenhängende *Beweggründe des Verhaltens* (vgl. Nerdinger (2014a), S. 420).

Motive

Definition

Ein *Motiv* ist eine Klasse individueller Ziele, die einen zeitlich stabil positiv bewerteten Zustand beschreiben, für dessen Erreichen die Person bereit ist, bestimmte Handlungen vorzunehmen (vgl. HECKHAUSEN (2003), S. 9). Beispiele für Motive sind das Anschlussmotiv (z. B. Kontakt, Geselligkeit), das Bindungsmotiv (z. B. Zugehörigkeit, Akzeptanz, Zuneigung, Freundschaft), das Macht- und das Leistungsmotiv.

Nicht alle Motive bewirken Handlungsbereitschaft, da ein Ziel bereits erreicht sein kann oder gegenwärtig nicht verfolgt wird. Motivation löst ein Motiv erst dann aus, wenn der Mitarbeiter in einer Situation Umstände wahrnimmt, die das Erreichen eines Zieles ermöglichen oder gefährden. Die Gelegenheiten und Gefahren einer Situation, die ein Motiv aktivieren, werden als Anreize bezeichnet (vgl. HECKHAUSEN (2003), S. 2). Nach dem Ursprung des Anreizes werden die intrinsische und die extrinsische Motivation unterschieden. *Intrinsische Motivation* resultiert aus der positiven Reaktion des Mitarbeiters auf die Beschaffenheit der Aufgabe selbst. Diese Reaktion kann als Interesse, Aufforderung, Neugierde, Erfüllung oder positive Herausforderung empfunden werden. Bei der *extrinsischen Motivation* hat der Anreiz seinen Ursprung außerhalb der Aufgabe. Er resultiert aus den Folgen der Handlung, z.B. aus einer erwarteten Beurteilung oder einer vertragsmäßigen Belohnung (vgl. KÜNZLI (2013), S. 148 f.). Durch das Schaffen personenbezogener Anreize kann das Management Einfluss auf die Motivation der Mitarbeiter nehmen. Anreize

Motivation ist jedoch nur die Handlungsbereitschaft. Eine Handlung tatsächlich auszulösen und bei Handlungsunterbrechungen oder beim Auftreten von Handlungshindernissen (z.B. Termindruck, begrenzte Ressourcen, Widerstand Dritter) bis zum erfolgreichen Abschluss fortzuführen, setzt Volition voraus. Volition

Definition

Unter *Volition* wird die mentale Fähigkeit des Mitarbeiters verstanden, Handlungen auszulösen und auch beim Auftreten von Hindernissen bis zum erfolgreichen Abschluss aufrechtzuerhalten. Die Volition zeichnet sich u. a. durch Willensstärke, die Fähigkeit zur Konzentration auf das Wesentliche, Durchsetzungsstärke sowie die Befähigung zur vorausschauenden Planung und kreativen Problemlösung aus.

Handlungsphasenmodell

Damit aus der Handlungsbereitschaft (Motivation) ein Handlungsergebnis entsteht, müssen nach dem Handlungsphasenmodell die folgenden Phasen des in Abbildung 5.6 dargestellten Prozesses bewältigt werden (vgl. Achtziger/Gollwitzer (2010), S. 312 f.):

- Bilden der Handlungsintention,
- Initiierung der Handlung,
- Realisation der Handlung und
- Deaktivierung der Handlungsintention.

Es können meist nicht alle Ziele aus der Klasse des aktivierten Motivs realisiert werden. Nach der Aktivierung des Motivs ist deshalb zunächst festzulegen, welche Ziele verfolgt werden sollen. Bei der Aktivierung des Leistungsmotivs kann ein Mitarbeiter z. B. ein Mengen-, ein Qualitäts- oder ein Terminziel wählen (vgl. Kleinbeck (2010), S. 288). Zur Auswahl des anzustrebenden Ziels werden die Realisierbarkeit und der Wert aller Ziele aus der Klasse des aktivierten Motivs bewertet. Unter der *Realisierbarkeit* wird die Erwartung verstanden, dass das Ziel durch das eigene Handeln erreicht werden kann. Der Wert ist die Vorteilhaftigkeit der Ergebnisse der Handlungen zur Zielerreichung im Vergleich zu alternativen Zielen.

Handlungsintention

Durch die Auswahl eines Ziels entsteht eine Handlungsintention. Das ausgewählte Ziel wird zum *Handlungsziel* und hat Verbindlichkeitscharakter, d. h., der Mitarbeiter fühlt sich verpflichtet, die Handlungen zur Zielerreichung vorzunehmen (vgl. Nerdinger (1995), S. 78). Die Stärke dieser Verpflichtung wird von der Realisierbarkeit und dem Wert des Handlungsziels bestimmt und als Volitionsstärke bezeichnet.

Sofern sich für die Realisation bereits eingeübte Routinehandlungen nicht eignen, ist eine *neue Handlung zu planen*. Es ist festzulegen, wann, wo und auf welche Art und Weise die Handlung durchgeführt werden soll (vgl. Achtziger/Gollwitzer (2010), S. 312). Die geplante Handlung wird nicht unverzüglich in konkretes Handeln umgesetzt, wenn noch andere Handlungen eingeschoben oder abgeschlossen werden müssen oder eine geeignete Gelegenheit zum Handeln abgewartet werden muss. Initiiert wird eine Handlung erst durch die Entscheidung, das Handlungsziel zum jeweiligen Zeitpunkt zu realisieren. Voraussetzung für das Initiieren einer Handlung ist das Eintreten einer Situation, die bei der gegebenen Volitionsstärke für die Realisation des Handlungsziels günstig ist. Das Arbeitsverhalten der Mitarbeiter lässt sich damit auch über die Gestaltung der Bedingungen beeinflussen, unter denen sie ihre Aufgaben ausführen.

Initiieren einer Handlung

Erstreckt sich die Handlung über einen längeren Zeitraum oder treten während der Handlungsrealisation Handlungshindernisse auf, besteht die Gefahr, dass auf ein neu ausgewähltes oder ein alternatives Handlungsziel übergegangen wird. Von der Volitionsstärke hängt es ab, ob unterbro-

Handlungsrealisation

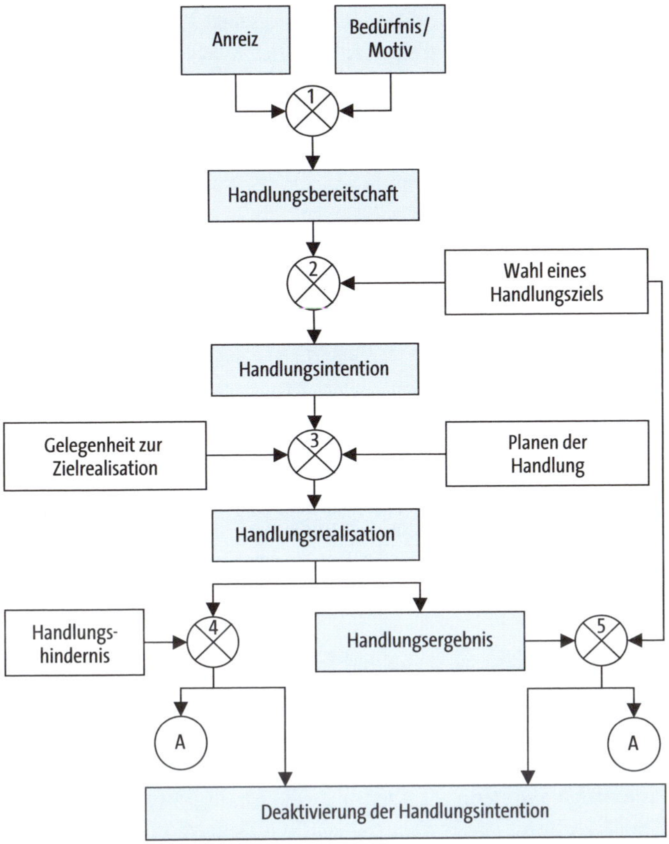

Abb 5.6

Handlungsphasen-modell

1 Entstehen von Handlungsbereitschaft; 2 Intentionsbildung; 3 Handlungsinitiierung; 4 Entscheidung über die Fortführung der Handlung; 5 Ergebniskontrolle; A Fortführung der Handlungsrealisation

chene Handlungen wieder aufgenommen werden und Handlungshindernissen mit einer Steigerung der Intensität der Anstrengung begegnet und die Handlung erfolgreich abgeschlossen wird.

Handlungsintention deaktiviert

Nach Abschluss der Handlungsrealisation werden Ergebniskontrollen durchgeführt, d.h., das Handlungsziel wird mit dem erreichten Handlungsergebnis verglichen. Ist das Handlungsziel erreicht worden, wird die Handlungsintention deaktiviert. Abweichungen zwischen dem Handlungsziel und den Handlungsergebnissen werden hinsichtlich ihrer Ursachen analysiert. Anschließend wird entschieden, ob das Handlungsziel weiterverfolgt oder die Handlungsintention deaktiviert und ein anderes Ziel angestrebt wird.

5.1.2.2 Erwartungs-Valenz-Theorien

Wahl der Handlungsziele

Für die Erklärung der Wahl der Handlungsziele zur Bildung der Handlungsintention nach der Aktivierung eines Motivs kommt den Erwartungs-Valenz-Theorien besondere Bedeutung zu. Zu den Erwartungs-Valenz-Theorien zählt u.a. die VIE-Theorie von Vroom. Eine Erweiterung der VIE-Theorie ist die Erwartungs-Wert-Theorie von Porter und Lawler.

Definition

Die *zentrale Aussage* der Erwartungs-Valenz-Theorien lautet wie folgt: Steht eine Person vor der Wahl zwischen Handlungen mit mehreren unsicheren Konsequenzen hinsichtlich der verschiedenen Ziele aus der Klasse des aktivierten Motivs, dann wird sie die Handlung mit dem maximalen subjektiv erwarten Wert wählen (vgl. Nerdinger (1995), S. 87).

(1) VIE-Theorie

subjektiv erwarteter Nutzen

Die VIE-Theorie geht davon aus, dass der subjektiv erwartete Nutzen einer Handlung durch die folgenden Größen determiniert wird:

- die Erwartung eines Handlungsergebnisses als Wirkung der Handlung und
- die Instrumentalität der Handlungsergebnisse für eine bestimmte Ergebnisfolge und
- die Valenz der Ergebnisfolgen.

Erwartung

Das *Handlungsergebnis* ist die unmittelbare Folge einer Handlung. Beispiele sind die Aufgabenerfüllung, aber auch die Erschöpfung des Mitarbeiters nach der Handlung. Die Erwartung ist die subjektive Wahrscheinlichkeit dafür, dass einer bestimmten Handlung ein bestimmtes Handlungsergebnis folgt (vgl. Vroom (1982), S. 17 f.).

Instrumentalität

Folgen der Handlungsergebnisse, wie z.B. Leistungsprämien, die Anerkennung durch den Vorgesetzten, Beförderungen oder Gefahrenzulagen, werden als *Ergebnisfolgen* bezeichnet. Die Instrumentalität ist die Einschätzung des Mitarbeiters zur Eignung eines Handlungsergebnisses, eine Ergebnisfolge hervorzubringen (vgl. Vroom (1982), S. 16 f.). Abbildung 5.7 verdeutlicht die Zusammenhänge zwischen den Größen der VIE-Theorie.

Valenz

Mit der Valenz wird der subjektive Wert (Nutzen) bezeichnet, den die *Ergebnisfolge* (z.B. Belohnung) für den Mitarbeiter hat. Sie bringt die Vorziehenswürdigkeit gegenüber anderen möglichen Ergebnisfolgen zum Ausdruck (vgl. Vroom (1982), S. 15). Die *Handlungsergebnisse* (z.B. Aufgabenerfüllung) haben für den Mitarbeiter keinen unmittelbaren Wert, sondern nur eine abgeleitete Valenz, die sich aus den Valenzen der Ergebnisfolgen

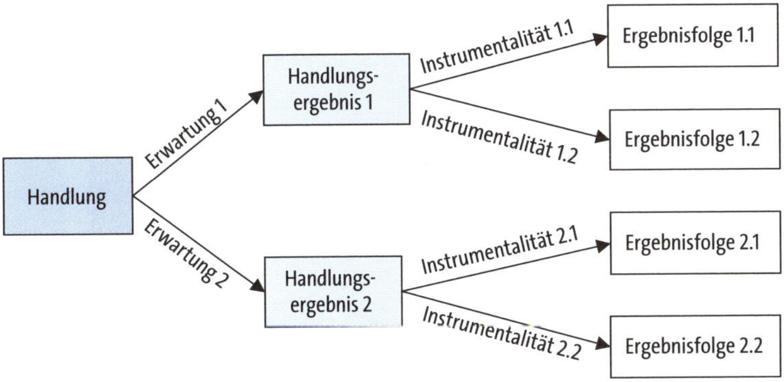

Abb 5.7

Größen der VIE-Theorie

und den zugehörigen Instrumentalitäten ergibt. Ermittelt wird die (abgeleitete) Valenz eines Handlungsergebnisses mit Hilfe einer streng monoton steigenden Funktion, welche die Valenz des Handlungsergebnisses in Abhängigkeit der mit den Instrumentalitäten gewichteten Valenzen ihrer Ergebnisfolgen angibt.

$$V_{Ej} = g_j\left(\sum_{n=1}^{N} V_{Fn} \cdot I_{jn}\right) \text{ für } j = 1, \ldots, J; g_j' > 0$$

mit V_{Ej} = Valenz des Handlungsergebnisses j,
V_{Fn} = Valenz der Ergebnisfolge n,
I_{jn} = Instrumentalität des Handlungsergebnisses j für die Ergebnisfolge n,
g_j = streng monoton steigende Funktion für die Valenz des Handlungsergebnisses j.

subjektiv erwarteter Nutzen

Der subjektiv erwartete Nutzen einer Handlung wird mit einer streng monoton steigenden Nutzenfunktion ermittelt, die den Nutzen einer Handlung in Abhängigkeit vom Erwartungswert (→ QR-Glossar) der Valenz seiner Handlungsergebnisse angibt (vgl. VROOM (1982), S. 18):

$$F_i = f_i\left(\sum_{j=1}^{J} E_{ij} \cdot V_{Ej}\right), \text{ für } i = 1, \ldots, I; f_j' > 0$$

mit F_i = subjektiv erwarteter Nutzen eine Handlung i,
E_{ij} = Erwartung, mit der Handlung i das Handlungsergebnis j (j = 1, …, J) zu erreichen.

Abbildung 5.8 gibt einen Überblick über die Aussagen der VIE-Theorie.

Abb 5.8 | *VIE-Theorie*

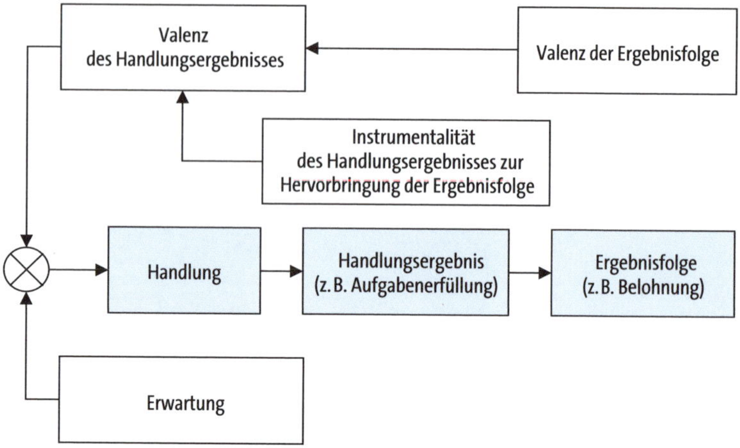

(2) Erwartungs-Wert-Theorie

In der Erwartungs-Wert-Theorie werden die

- Instrumentalität durch eine Erwartung ersetzt und als
- Ergebnisfolgen nur Belohnungen berücksichtigt.

Bestimmungsgrößen des subjektiv erwarteten Nutzens

Die Bestimmungsgrößen des subjektiv erwarteten Nutzens sind

- die Anstrengungserwartung,
- die Konsequenzerwartung und
- der Wert der Belohnung.

Die *Anstrengungserwartung* eines Mitarbeiters drückt die subjektive Wahrscheinlichkeit aus, dass die Handlung zu einem bestimmten Handlungsergebnis führt. Die subjektive Wahrscheinlichkeit dafür, dass ein erzieltes Handlungsergebnis zur angestrebten Belohnung führt, ist die *Konsequenzerwartung* (vgl. LAWLER (1977), S. 76). Der *Wert einer Belohnung* kennzeichnet die subjektive Vorziehenswürdigkeit gegenüber den anderen möglichen Belohnungen (vgl. PORTER/LAWLER (1968), S. 16). Abhängig ist er von der *Zufriedenheit* des Mitarbeiters. Sie nimmt mit der Übereinstimmung der erhaltenen und der als gerecht empfundenen Belohnungen zu (vgl. PORTER/LAWLER (1968), S. 39 f.).

subjektiv erwarteter Nutzen

Zur Ermittlung des subjektiv erwarteten Nutzens einer Handlung wird zunächst für jedes mögliche Handlungsergebnis mit den Konsequenzerwartungen der Erwartungswert des Wertes der Belohnungen ermittelt. Durch die Gewichtung dieser Erwartungswerte mit den Anstrengungserwartungen ergibt sich der subjektiv erwartete Nutzen der Handlung (vgl. LAWLER (1977), S. 79):

$$F_i = \sum_{j=1}^{J} E_{ij}^{A} \cdot \left(\sum_{m=1}^{M} E_{jm}^{K} \cdot V_m \right), \text{für } i = 1, \ldots, I$$

mit E_{ij}^{A} = Anstrengungserwartung des Handlungsergebnisses j bei Handlung i,

E_{jm}^{K} = Konsequenzerwartung der Belohnung m bei Handlungsergebnis j,

V_m = Wert der Belohnung m.

Die Erwartungs-Wert-Theorie enthält weiterhin Aussagen zum Einfluss

- der Fähigkeiten und
- der Rollenwahrnehmung des Mitarbeiters

auf die Beziehung zwischen Handlung und Handlungsergebnis. Die *Fähigkeit* beschreibt die Leistung, die ein Mitarbeiter erbringen kann. Sie determiniert das maximal erreichbare Handlungsergebnis. Die *Rollenwahrnehmung* ist die Art und Weise, wie der Mitarbeiter seine Aufgabe definiert. Sie bestimmt, worauf sich der Mitarbeiter bei der Aufgabenerfüllung konzentriert (vgl. PORTER/LAWLER (1968), S. 24 f.). Abbildung 5.9 zeigt die berücksichtigten Einflussgrößen und die zwischen ihnen bestehenden Beziehungen (in Anlehnung an PORTER/LAWLER (1968), S. 17; LAWLER (1971), S. 108).

Beziehung zwischen Handlung und Handlungsergebnis

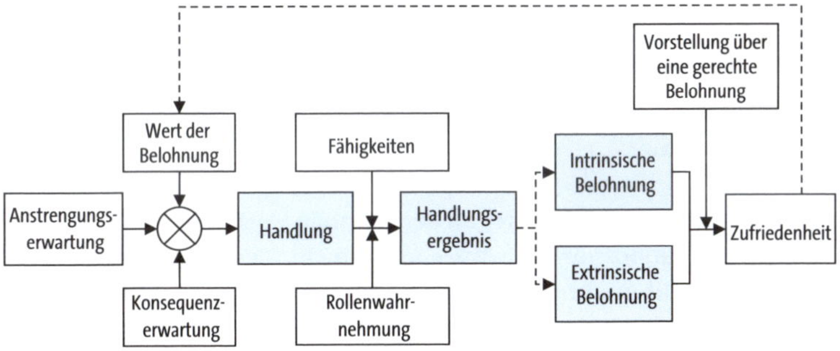

Abb 5.9

Erwartungs-Wert-Theorie

Nach den Erwartungs-Valenz-Theorien kann das Arbeitsverhalten eines Mitarbeiters an den Unternehmungszielen ausgerichtet werden, indem seine Erwartung beeinflusst wird, dass er durch das erwünschte Arbeitsverhalten bei der Ausführung der übertragenen Aufgaben seine individuellen Ziele erreichen kann.

Arbeitsverhalten eines Mitarbeiters

Zielsetzungstheorie

5.1.2.3

Die Zielsetzungstheorie erklärt den Einfluss von Zielen, die von Vorgesetzten vorgegeben oder mit diesen vereinbart werden, auf das Leistungsver-

Leistungsverhalten der Mitarbeiter bei der Handlungsrealisation

halten der Mitarbeiter bei der *Handlungsrealisation*. Die zentralen Aussagen der Zielsetzungstheorie sind (vgl. LOCKE u.a. (1981), S. 125):

- Herausfordernde Ziele führen zu besseren Handlungsergebnissen als mittelschwer oder einfach zu erreichende Ziele.
- Spezifische Ziele führen zu besseren Handlungsergebnissen als allgemeine, vage Ziele, wie z.B. Verbesserung der Ergebnisse des Vorjahres.

Als *herausfordernd* gelten Ziele, wenn sie in einem realisierbaren Ausmaß über den bei vergleichbaren Aufgaben bislang erbrachten Handlungsergebnissen liegen. Vage formulierte Ziele werden aus der Sicht der Mitarbeiter durch eine Vielzahl von Handlungsergebnissen erfüllt, auch solchen, die unter ihren Möglichkeiten liegen. *Spezifische Ziele* machen dagegen eindeutig klar, welches Ergebnis zu erbringen ist (vgl. NERDINGER (2014a), S. 433f.). Spezifisch formuliert sind Ziele, wenn alle Zielmerkmale (→ Abschnitt 2.1.2.1, S. 39) festliegen.

Die Wirkung herausfordernder und spezifischer Ziele auf das Leistungsverhalten der Mitarbeiter bei der Handlungsrealisation hängt nach der Zielsetzungstheorie von einer Reihe von Bedingungen ab. Einige dieser Bedingungen sind (vgl. LOCKE u.a. (1981), S. 133ff., LOCKE/LATHAM/EREZ (1988), S. 27ff.):

Bedingungen

- die Zielakzeptanz,
- die Zielbildung,
- die Selbstwirksamkeit und
- die Versorgung mit Rückkopplungsinformationen.

Die *Zielakzeptanz* kann als Zustimmung der Mitarbeiter zu den vom Vorgesetzten vorgegebenen Zielen verstanden werden. Sie kann unter bestimmten Bedingungen durch Partizipation geschaffen werden, d.h. die Beteiligung der Mitarbeiter an der Zielbildung. Die *Zielbindung* ist Ausdruck der Volitionsstärke. Sie ist entscheidend für die Fortführung der Handlungsrealisation beim Auftreten von Handlungshindernissen und neuen Handlungszielen (vgl. LOCKE/LATHAM/EREZ (1988), S. 23f.). Die Zielbindung fördert vor allem die Ausdauer der Mitarbeiter bei ihren Anstrengungen. *Selbstwirksamkeit* ist das aufgabenbezogene Selbstvertrauen und beschreibt die Überzeugung des Mitarbeiters, ein Ziel unter den gegebenen Bedingungen erreichen zu können (vgl. LUTHANS (2005), S. 293). *Rückkopplungsinformationen* ermöglichen es dem Mitarbeiter sein Handeln zu korrigieren. Sie verstärken die Wirkung herausfordernder Ziele auf die Handlungsergebnisse (vgl. LUTHANS (2005), S. 496ff.). Abbildung 5.10 gibt einen zusammenfassenden Überblick über die Wirkungsbeziehungen der Zielsetzungstheorie.

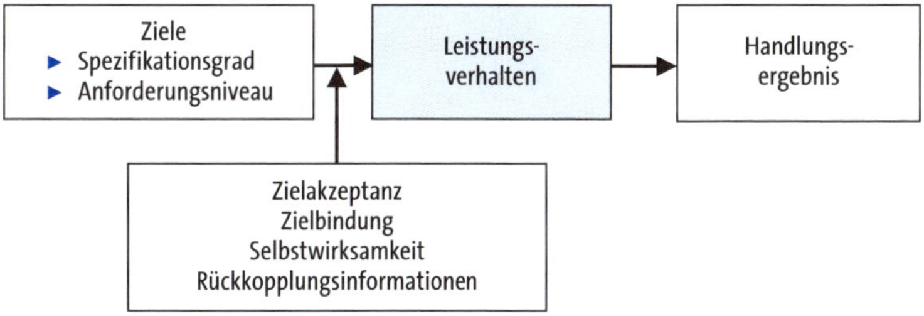

Abb 5.10
Zielsetzungstheorie

Aus den Aussagen der Zielsetzungstheorie lassen sich Anforderungen herleiten, denen fallweise Regelungen genügen müssen, um eine Ausrichtung des Arbeitsverhaltens der Mitarbeiter an den Zielen der Unternehmung zu bewirken.

Zusammenfassung

Der Planung der Gesamtaufgabe der Unternehmung liegen Annahmen über die Unternehmungs- und Umweltentwicklung zugrunde. Bei der Organisation wird von einem erwarteten Arbeitsverhalten der Mitarbeiter ausgegangen. Bei Abweichungen von diesen Annahmen muss durch die Anordnung fallweiser Regelungen Einfluss auf das Arbeitsverhalten der Mitarbeiter genommen werden. Diese personen- und situationsspezifische Beeinflussung des Arbeitsverhaltens der Mitarbeiter ist der *Zweck der personenbezogenen Aufgaben* des Managements.

Auf das *Arbeitsverhalten* kann nur über seine Bestimmungsgrößen Einfluss genommen werden, zu denen die situative Ermöglichung sowie das soziale Dürfen und Sollen der Aufgabenerfüllung, das persönliche Können und das individuelle Wollen zählen. Das *individuelle Wollen* der Aufgabenerfüllung wird von den Erwartungen des Mitarbeiters bestimmt, mit dem erwünschten Arbeitsverhalten seine eigenen individuellen Ziele erreichen zu können.

Fragen

1 Welche Dimensionen hat das Arbeitsverhalten?
2 Wie kann das Leistungsverhalten beschrieben werden?
3 Aus welchen Gründen reichen die generellen Reglungen der Organisation nicht aus, einen reibungslosen Ablauf des Unternehmungsprozesses zu erreichen?

4 Wie unterscheiden sich die intrinsische und die extrinsische Motivation?
5 Welche Größen wirken nach den Erwartungs-Valenz-Theorien auf das Arbeitsverhalten?
6 Welche Größen wirken nach der Zielsetzungstheorie auf das Arbeitsverhalten?

5.1.3 | Literatur

ACHTZIGER/GOLLWITZER (2010); BERTHEL/BECKER (2013); VON ROSENSTIEL/NERDINGER (2011); WEIBLER (2012)

5.2 | Personaleinsatz als Aufgabe des General Managements

5.2.1 | Personalauswahl

Personalauswahl

Die Personalauswahl ist die Auslese unter den Bewerbern für eine zu besetzende Stelle. Sie ist eine Eignungsfeststellung durch Abgleich des Bewerberprofils mit dem Anforderungsprofil der zu besetzenden Stelle. *Ziel* ist es, aus dem Kreis der Bewerber die für die aktuellen und zukünftigen Anforderungen geeignetste Person zu finden. Die Personalauswahl hat weitreichende Konsequenzen für die Erreichung der Unternehmungsziele, die in Abhängigkeit von den Ergebnissen der Auswahlentscheidung (Abbildung 5.11) positiv oder negativ sein können (vgl. ROBBINS/COULTER/FISCHER (2014), S. 352).

Ergebnisse der Auswahlentscheidung

Abb 5.11 | *Ergebnisse einer Auswahlentscheidung*

Auswahlentscheidung / Arbeitsverhalten	Einstellung des Bewerbers	Ablehnung des Bewerbers
Erwartungen werden erfüllt	Erfolgreiche Einstellung (Richtige Entscheidung)	Falsche Ablehnung (Fehlentscheidung)
Erwartungen werden nicht erfüllt	Falsche Einstellung (Fehlentscheidung)	Erfolgreiche Ablehnung (Richtige Entscheidung)

Fehlentscheidungen

Fehlentscheidungen können schwerwiegende negative Folgen für die Erreichung der Unternehmungsziele nach sich ziehen. Falsche Einstellungen können aufgrund der nicht anforderungsgerechten Besetzung der Stelle eine geringere Produktivität, Erfolgseinbußen, Mehrkosten durch Störungen im Unternehmungsprozess, Beschädigungen oder sogar einen Verlust an Reputation der Unternehmung zur Folge haben. Erschwerend kommt hinzu, dass einmal eingestellte Mitarbeiter nur mit Schwierigkeiten entlassen werden können. Durch die Freisetzung eines Mitarbeiters entstehen weitere Kosten, u. a. die Kosten für die Einarbeitung oder Qualifizierung des Nachfolgers. Falsche Ablehnungen verursachen zusätzliche Kosten durch einen weiteren Beschaffungs- und Auswahlprozess. Weitere Kosten können durch Diskriminierungsvorwürfe der abgelehnten Bewerber entstehen.

Anforderungsprofil

Grundlage der Personalauswahl ist das Anforderungsprofil der zu besetzenden Stelle. Das ist eine schriftliche Formulierung der Mindestanforderungen an die Fachkenntnisse und Einstellungen, die eine Person zur Bewältigung der Aufgaben haben muss. Das Anforderungsprofil ist das Ergebnis einer Stellenanalyse, die im Rahmen der Personalplanung durchgeführt wird.

Beurteilung jedes Bewerbers

Liegt das Anforderungsprofil fest, vollzieht sich die Beurteilung jedes Bewerbers in den folgenden Schritten:

- Erstellung des Fähigkeitsprofils jedes Bewerbers,
- Ermittlung des Eignungsprofils sowie
- Zusammenfassung des Eignungsprofils zu einer Gesamtbewertung.

Für jeden Bewerber ist ein Fähigkeitsprofil zu erstellen, das der Struktur des Anforderungsprofils entspricht. Schwierigkeiten bereiten bei der Personalauswahl die unvollständigen und einseitigen Informationen über die Bewerber (vgl. DRUMM (2005), S. 359), die im Auswahlprozess ergänzt und überprüft werden müssen. Umfang und Tiefe des Auswahlprozesses nehmen in der Regel mit der geforderten Qualifikation und der Bedeutung der zu besetzenden Stelle zu.

Bewerbungsunterlagen

Auf der ersten Stufe des Auswahlprozesses werden lediglich die Bewerbungsunterlagen ausgewertet. Diese eignen sich nur zur Aussonderung der Bewerber, die den Mindestanforderungen nicht genügen.

Bewerbungsgespräch

Auf der zweiten Stufe führen Mitglieder der personalsuchenden Abteilung und der Personalabteilung mit einem oder mehreren Bewerbern Bewerbungsgespräche. In einem Bewerbungsgespräch sollen nicht nur Informationen über den Bewerber erfasst werden. Dem Bewerber soll auch ein realistisches Bild von der Aufgabe vermittelt werden. Eine zu positive Darstellung ist mit der Gefahr verbunden, dass nicht passende Mitarbeiter ihre Bewerbung nicht zurückziehen oder zu hohe Erwartungen geweckt werden, die bei den neuen Mitarbeitern schnell zur Unzufriedenheit führen. Es ist eine *realistische Arbeitsvorschau* (realistische Rekrutierung) anzustreben (vgl. KIESER (2009), S. 150 ff.).

Eignungs- und Leistungstests

Bei einem dreistufigen Auswahlprozess folgen der Analyse der Bewerbungsunterlagen und den Bewerbungsgesprächen Arbeitsproben, Eignungs- und Leistungstests oder Assessment Center. *Assessment Center* sind einem Workshop ähnliche Veranstaltungen zur Beurteilung von Bewerbern, die sich durch Methodenvielfalt, Mehrfachbeurteilung, Verhaltensorientierung und Anforderungsbezogenheit kennzeichnen lassen (vgl. BERTHEL/BECKER (2013), S. 294).

Aus der Gegenüberstellung des Anforderungs- und des Fähigkeitsprofils ergibt sich das Eignungsprofil, das darüber Auskunft gibt, inwieweit der Bewerber den Anforderungen der zu besetzenden Stelle genügt (vgl. SCHREYÖGG/KOCH (2015), S. 442 f.). Da stets eine Mehrzahl von Anforderungen existiert, ist in einem letzten Schritt das Eignungsprofil zu einer Gesamtbewertung zusammenzufassen und die Auswahlentscheidung zu treffen.

Auswahlentscheidung

5.2.2 | Einsatz in den Unternehmungsprozess

5.2.2.1 | Personalintegration

Die Wahrscheinlichkeit einer tatsächlichen oder inneren Kündigung eines Mitarbeiters ist während des ersten Jahres der Betriebszugehörigkeit höher als danach. Gründe für eine frühe Kündigung können zu hohe Erwartungen beim Mitarbeiter oder Vorgesetzten sein, Unklarheiten bei neuen Mitarbeitern über die Erwartungen an das Arbeitsverhalten, Unter- oder Überforderung des Mitarbeiters sowie Feedback- und Führungsdefizite des Vorgesetzten. Ziel der Personalintegration ist es, die Zeit bis zur vollen Entfaltung des Motivations- und Leistungspotentials des Mitarbeiters zu verkürzen und die Gefahr einer vorzeitigen Beendigung des Arbeitsverhältnisses oder der inneren Kündigung vorzubeugen. Um dieses Ziel zu erreichen, muss der Mitarbeiter mit seiner Aufgabe und der Unternehmungskultur (→ QR-Glossar) vertraut gemacht und Wissens- und Fähigkeitsdefizite müssen ausgeglichen werden (vgl. KIESER (2009), S. 148 ff.).

Ziel

Die Integration des neuen Mitarbeiters beginnt im Zeitpunkt der Arbeitsaufnahme und umfasst die unternehmungsbezogene, die fachliche und die soziale Eingliederung. Der neue Mitarbeiter soll mit der Unternehmung und seinem Arbeitsbereich vertraut gemacht werden, die Verrichtungen zur Aufgabenerfüllung erlenen und ein Gefühl der Zugehörigkeit entwickeln. Weiterhin sollen die wechselseitigen Erwartungen geklärt und abgestimmt werden (vgl. KOSSBIEL (2006), S. 553). Für diese Aufgaben steht eine Vielzahl möglicher Maßnahmen zur Verfügung. Für die *unternehmungsbezogene Integration* eignen sich Einführungsschriften und Orientierungsveranstaltungen, die über die Unternehmung informieren. Einarbeitungsprogramme, die der Vorgesetzte mit dem Mitarbeiter erarbeitet, regelmäßiges Feedback durch den Vorgesetzten und Einführungsseminare zielen auf die *fachliche Integration*. Zur fachlichen und *sozialen Integration* werden Paten- und Mentorenkonzepte vorgeschlagen. Paten-

Maßnahmen

konzepte sehen die Betreuung der neuen Mitarbeiter durch gleichgestellte Kollegen vor, bei Mentorenkonzepten übernimmt ein höher gestellter Mitarbeiter die Betreuungsaufgabe (vgl. Kieser (2009), S. 150 ff.).

Personalzuweisung
5.2.2.2

Die Personalzuweisung ist nicht nur nach der Einstellung neuer Mitarbeiter zu klären, sondern auch bei Beförderungen, Abgängen unterschiedlicher Art, der Einsetzung von Projektteams, Betriebserweiterungen oder Veränderungen der Organisationsstruktur. Darüber hinaus ist die Personalzuordnung eine laufende Aufgabe, da bei Abwesenheit von Mitarbeitern, veränderten terminlichen quantitativen oder qualitativen Anforderungen der Kunden die anwesenden Mitarbeiter den anfallenden Aufgaben täglich neu zugeordnet werden müssen. Beispiele sind die tägliche Neuverteilung von Bauarbeitern auf Baustellen, Servicepersonal auf Abfertigungsschalter in Flughäfen und Pflegekräften auf Stationen in Kliniken (vgl. Drumm (2005), S. 371).

laufende Aufgabe

Ziel der Personalzuweisung ist es zum einen, die verfügbaren, in der Regel unterschiedlich geeigneten Mitarbeiter den Stellen derart zuzuweisen, dass die Unternehmungs- und Mitarbeiterziele bestmöglich erfüllt werden. Zum anderen ist die mit Blick auf die Kunden erforderliche Leistungsbereitschaft sicherzustellen.

Ziel der Personalzuweisung

Um die Leistungsbereitschaft auch bei kurzfristig geänderten terminlichen, quantitativen oder qualitativen Anforderungen zu gewährleisten, müssen die Mitarbeiter flexibel eingesetzt werden können. Ein flexibler Personaleinsatz setzt die Bereitschaft, die Fähigkeit und die Möglichkeit zur Anpassung an die veränderten Anforderungen voraus (vgl. Klimecki/Gmür (2005), S. 176 ff.). Der *Bereitschaft* der Mitarbeiter zur Anpassung können Willensbarrieren entgegenstehen, die in ungünstigen Arbeitsbedingungen oder dem sozialen Umfeld der Aufgabe begründet sein können. Aufgabe der Personalzuweisung ist es, die Willensbarrieren aufzudecken und abzubauen. Die *Fähigkeit* der Mitarbeiter zur Anpassung an veränderte Anforderungen verlangt ein breites Qualifikationsprofil (Multiqualifikationen) oder Metaqualifikationen. Metaqualifikationen sind Fachwissen und Erfahrungen, die für unterschiedliche Aufgaben benötigt werden, wie z. B. Problemlösungsfähigkeiten und individuelle Sozialkompetenzen, zu denen u. a. die Konfliktlösungs- und Moderationsfähigkeit zählen (vgl. Klimecki/Gmür (2005), S. 181 f.). Die *Möglichkeit* zur Anpassung an veränderte Anforderungen können durch flexible Arbeitszeitmodelle (z. B. gleitende Arbeitszeit, kapazitätsorientierte Arbeitszeit- und Zeit-Wert-Konten), eine flexible Gestaltung der Arbeitsorganisation oder kurzfristige Kapazitätsanpassungen durch Werkverträge, befristete Verträge oder Zeitarbeit geschaffen werden (vgl. z. B. Oechsler/Paul (2015), S. 253 ff.).

flexibler Personaleinsatz

5.2.3 Personalentwicklung

5.2.3.1 Maßnahmen der Personalentwicklung

Aufgrund des technischen Fortschritts, veränderter Wettbewerbsbedingungen, unternehmungsinterner Umstrukturierungen sowie von Strategieänderungen müssen Mitarbeiter zur Erhaltung, Entfaltung und Anpassung ihres Leistungsvermögens auch während der Betriebszugehörigkeit qualifiziert werden. Die Personalentwicklung richtet sich an die Mitarbeiter in der Unternehmung, die bereits einen Beruf erlernt haben oder ausüben. Nicht zur Personalentwicklung zählt die Berufsausbildung, die sich an Berufsanfänger richtet.

Personalentwicklung

Definition

***Personalentwicklung* ist die Erhaltung, Verbesserung und Erweiterung all derjenigen Kenntnisse und Fähigkeiten der Mitarbeiter, die zur Verfolgung der Unternehmungsziele gegenwärtig oder zukünftig benötigt werden (vgl. DRUMM (2005), S. 400).**

Leistungs- und Wettbewerbsfähigkeit

Zur Erreichung der Unternehmungsziele trägt die Personalentwicklung mittelbar über eine Verbesserung der Leistungs- und Wettbewerbsfähigkeit der Unternehmung bei. Geschaffen wird diese durch

- die Vermeidung von Störungen im Unternehmungsprozess durch den Abbau von Qualifikationsdefiziten,
- die Erhöhung der Flexibilität der Mitarbeiter,
- die Integration der Mitarbeiter und
- die Anpassung der Qualifikation der Mitarbeiter an veränderte Arbeitsanforderungen.

individuelle Ziele der Mitarbeite

Sofern die Personalentwicklung mit den individuellen Zielen der Mitarbeiter abgestimmt wird, trägt sie auch über die Steigerung der Mitarbeiterzufriedenheit und -loyalität zur Erreichung der Unternehmungsziele bei (vgl. BÜHNER (2005), S. 95).

Maßnahmenkategorien

Die vielfältigen Maßnahmen zur Personalentwicklung werden nach dem Zweck und der Nähe zum Arbeitsplatz in Maßnahmenkategorien gegliedert (vgl. SCHOLZ (2014), S. 579 ff.), die in Abbildung 5.12 erläutert werden (vgl. WUNDERER (2011), S. 360 ff.).

Abb 5.12

Maßnahmen der Personalentwicklung

Maßnahmenkategorien nach dem Zweck	*Into-the-job-Maßnahmen* Mitarbeiter sollen auf die Ausübung ihrer Tätigkeit vorbereitet werden (z. B. Unterweisung, Trainee-, Einführungs- und Patenprogramme).
	Along-to-the-job-Maßnahmen Die Maßnahmen zielen auf eine qualifizierte Beratung des Mitarbeiters bei der Erfüllung seiner Aufgaben. Mit diesen Maßnahmen wird auf die Übernahme qualitativ anspruchsvollerer Tätigkeiten oder Führungsaufgaben vorbereitet. Maßnahmen sind Coaching, Mentoring sowie der Einsatz als Assistent, Stellvertreter oder Nachfolger.
	Out-of-the-job-Maßnahmen Mitarbeiter sollen auf den Ruhestand oder nach einer Entlassung auf den Wiedereinstieg in einer anderen Unternehmung vorbereitet werden.
Maßnahmenkategorien nach der Nähe zum Arbeitsplatz	*On-the-job-Maßnahmen* Die Mitarbeiter werden direkt am Arbeitsplatz bei der Erfüllung der Arbeitsaufgabe qualifiziert (Lernen am Arbeitsplatz).
	Near-the-job-Maßnahmen Die Maßnahmen sehen eine vorübergehende Ausgliederung des Mitarbeiters aus dem Tagesgeschäft vor, finden aber in enger räumlicher und inhaltlicher Nähe zum Arbeitsplatz während oder im Anschluss an die Arbeitszeit statt. Beispiele sind die Lernstatt und die Projektarbeit.
	Off-the-job-Maßnahmen Zu dieser Kategorie zählen Bildungs- und Qualifizierungsmaßnahmen, die in räumlicher und inhaltlicher Distanz zur Arbeit stehen und außerhalb der Arbeitszeit durchgeführt werden. Es steht die Vermittlung von Fachwissen und Verhaltensschulungen im Vordergrund. Beispiele sind Fachseminare und Fachtagungen.

Aufgaben des Managements

5.2.3.2

Aufgaben des Managements bei der Personalentwicklung sind

- die Ermittlung des Personalentwicklungsbedarfs,
- die Auswahl der Kandidaten für die Personalentwicklung,
- die Umsetzung von On-the-job-Maßnahmen sowie
- die Kontrolle der Wirkung durchgeführter Personalentwicklungsmaßnahmen.

Personalentwicklungsbedarf

Damit die Personalentwicklung nicht nur auf einen fiktiven Bedarf zielt, sondern auch auf dem von den Mitarbeitern selbst empfundenen Qualifizierungsbedarf, sollten die betroffenen Mitarbeiter in die Ermittlung des Personalentwicklungsbedarfs einbezogen werden (vgl. DRUMM (2005), S. 425). Der Personalentwicklungsbedarf wird in drei Schritten ermittelt. In einem *ersten Schritt* werden die Anforderungen an die Qualifikation der Mitarbeiter hergeleitet. Die Grundlage hierzu bilden die qualitative Personalbedarfsplanung sowie Informationen über festgestellte Störungen im Unternehmungsprozess, die auf Qualifizierungsdefizite oder unzureichende Flexibilität der Mitarbeiter zurückzuführen sind. Der *zweite Schritt* hat eine Qualifikations- und Potentialanalyse zum Inhalt. Die *Qualifikationsanalyse* soll Aufschluss über die aktuellen Fachkenntnisse und Erfahrungen der Mitarbeiter geben. Instrumente sind die Mitarbeiterbeurteilung (→ Abschnitt 5.3.3.3, S. 238 ff.) und Mitarbeitergespräche (→ Abschnitt 5.3.3.5, S. 248 f.) im Sinne von Fördergesprächen. Durch eine *Potentialanalyse* sollen die Möglichkeiten der Mitarbeiter festgestellt werden, sich für zukünftig geänderte oder höherwertige Aufgaben zu qualifizieren. Von besonderer Bedeutung sind hierbei Persönlichkeitsmerkmale der Mitarbeiter, die sie in die Lage versetzen, ihre fachlichen, methodischen und sozialen Qualifikationen zu erweitern, wie z. B. Teamfähigkeit, Lernfähigkeit oder Lernwille. Im *dritten Schritt* werden die Anforderungen den ermittelten Kenntnissen und Erfahrungen der Mitarbeiter gegenübergestellt, um Qualifikationsdefizite und -reserven zu identifizieren. Anforderungen und Qualifikationen können einerseits durch Personalentwicklungsmaßnahmen und andererseits durch die Versetzung von Mitarbeitern auf besser geeignete Stellen in Übereinstimmung gebracht werden (vgl. BÜHNER (2005), S. 97 ff.).

Auswahlregel

Die Kandidaten für die Personalentwicklung werden aus dem Kreis der Mitarbeiter ausgewählt, die zu einer Personalentwicklungsmaßnahme bereit sind, über Entwicklungspotential verfügen und Entwicklungsbedarf haben. Als Auswahlregel werden vorgeschlagen (vgl. DRUMM (2005), S. 415):

- die Potentialregel und
- die Prioritätenregel.

Bei gleicher Bedeutung des Qualifizierungsbedarfs über alle Mitarbeiter kommt die *Potentialregel* zur Anwendung. Nach dieser werden die Entwicklungskandidaten in fallender Reihenfolge ihres Entwicklungspotentials ausgewählt. Unterscheidet sich der Entwicklungsbedarf der Mitarbeiter in der Dringlichkeit, so werden die Kandidaten in fallender Reihenfolge der Prioritäten ausgewählt, bis die vorgegebenen Mittel erschöpft sind (vgl. DRUMM (2005), S. 414 ff.).

arbeitsplatzbezogene Personalentwicklung

Bei der arbeitsplatzbezogenen Personalentwicklung kommt den Vorgesetzten besondere Verantwortung zu, da es seine Aufgabe ist, den Arbeitsort als Lernort zu gestalten und die Mitarbeiter durch Unterweisung und die Zuordnung von Aufgaben fachlich und persönlich zu fördern. Zu den On-the-job-Maßnahmen zählen

- die Arbeitsstrukturierung und
- das Training on the Job.

Abbildung 5.13 gibt einen Überblick über die Konzepte der *Arbeitsplatzstrukturierung* mit dem Ziel der Personalentwicklung (vgl. OECHSLER/PAUL (2015), S. 448 ff.). Maßnahmen des *Training on the Job* sind die planmäßige

Unterweisung und die Unterweisung am Arbeitsplatz, der Einsatz als Assistent, Nachfolger oder Stellvertreter sowie die Zuweisung von Projektarbeit und Sonderaufgaben (vgl. WUNDERER (2011), S. 360 ff.).

Job Enlargement	Die Aufgabenbereiche der Mitarbeiter werden durch das Hinzufügen qualitativ und strukturell gleichartiger oder ähnlicher Aufgabenelemente erweitert, die im Unternehmungsprozess vor- oder nachgelagert sind.
Job Rotation	Die Mitarbeiter wechseln systematisch die Arbeitsplätze, die sich in den zugeordneten Aufgaben und Kompetenzen sowie der damit verbundenen Verantwortung unterscheiden. Der Stellenwechsel kann auf der gleichen, aber auch zwischen Hierarchiestufen stattfinden.
Job Enrichment	Das Arbeitsfeld eines Mitarbeiters wird durch Planungs-, Entscheidungs- und Kontrolltätigkeiten erweitert, wodurch ein höheres Anforderungsniveau entsteht.

Abb 5.13

Konzepte der Arbeitsplatzstrukturierung

Zusammenfassung

Der Personaleinsatz umfasst die Gesamtheit der Aufgaben, um einen qualifizierten und engagierten Personalbestand zur anforderungsgerechten Besetzung der Stellen zu schaffen, zu erhalten und so einzusetzen, dass die Unternehmungsziele erreicht werden. Diese Aufgaben sind die Auswahl der für die zu besetzenden Stellen einzustellenden Mitarbeiter, der Einsatz der Mitarbeiter in den Leistungsprozess und die Anpassung der Qualifikation der Mitarbeiter an aktuelle oder zukünftige Anforderungen. Zum Einsatz in den Unternehmungsprozess zählen die Einführung und Eingliederung neuer Mitarbeiter sowie die laufende Zuordnung von Aufgaben zu Mitarbeitern, um die mit Blick auf die Kunden erforderliche Leistungsbereitschaft zu sichern.

Fragen

1 In welchen Phasen läuft die Personalauswahl ab?
2 In welchen Situationen muss eine Personalzuweisung vorgenommen werden?
3 Erläutern Sie die Maßnahmen der Personalentwicklung, die nach dem Zweck unterschieden werden.
4 Was wird unter einer On-the-job-Maßnahme der Personalentwicklung verstanden?
5 Welche Aufgaben hat das Management bei der Personalentwicklung zu erfüllen?

5.2.4 | Literatur

Berthel/Becker (2013); Drumm (2015); Oechsler/Paul (2015); Schreyögg/Koch (2015)

5.3 | Führung als Aufgabe des General Managements

5.3.1 | Abgrenzung der Führung

5.3.1.1 | Merkmale der Führung

Managementfunktionen

Unter *Führung* wird eine Beeinflussung anderer verstanden, um ihr Verhalten an einem Ziel auszurichten. Sie ist von der *Unternehmungsführung* abzugrenzen, die meist mit dem Management gleichgesetzt wird (vgl. z.B. Hungenberg/Wulf (2011)). Als eine der fünf Managementfunktionen handelt es sich bei der Führung um eine Beeinflussung von Mitarbeitern durch Führungskräfte innerhalb einer Unternehmungshierarchie. Unter den *Führungskräften* werden die Personen in einer Unternehmung verstanden, die das formale Recht besitzen, Mitarbeitern Weisungen zu erteilen, denen sie zu folgen verpflichtet sind (vgl. Hahn/Hungenberg (2001), S. 28). Die Führung vollzieht sich in einem Vorgesetzten-Untergebenen-Verhältnis und wird auch als *Mitarbeiter- oder Personalführung* bezeichnet.

Definition

***Führung* ist die akzeptierte Beeinflussung von Mitarbeitern, die eine Ausrichtung deren Arbeitsverhalten an den Unternehmungszielen bewirkt. Sie lässt sich durch folgende Merkmale kennzeichnen (vgl. Weibler (2012), S. 19 ff.):**

- **Personen- und situationsspezifische Einwirkung auf das Arbeitsverhalten,**
- **Akzeptanz der Beeinflussung sowie**
- **Zielausrichtung.**

Beeinflussung des Arbeitsverhaltens

Die Beeinflussung des Arbeitsverhaltens kann auf das Aktivieren oder Verhindern eines bestimmten Verhaltens zielen. Vollzogen wird sie u.a. über die Gestaltung der Einflussgrößen auf das Leistungsverhalten (→ Abschnitt 5.1.2; vgl. Oechsler/Paul (2015), S. 282):

- *Individuelles Wollen:* Stärkung von Motivation und Volition durch positives Verhalten, Anerkennung, Kritik, Belohnungen, Sanktionen
- *Persönliches Können:* Anleitung, Unterweisung, Vermittlung notwendiger Qualifikationen
- *Soziales Dürfen:* Erlaubnis, Verbot, Übertragung von Befugnissen
- *Situatives Ermöglichen:* Bereitstellung von Infrastruktur, Ressourcen

Akzeptanz der Beeinflussung

Mit der Akzeptanz der Beeinflussung wird die Bereitschaft der Mitarbeiter angesprochen, das Arbeitsverhalten an den Vorstellungen der Führungskraft auszurichten. Die Akzeptanz der Beeinflussung folgt aus der *Macht* der Führungskraft. Nach der Machtbasis werden die *Positionsmacht*, die aus der Position innerhalb der Unternehmungshierarchie folgt, und die *Personenmacht* unterschieden, die in Eigenschaften der Führungskraft oder Merkmalen der Vorgesetzten-Mitarbeiter-Beziehung begründet ist (vgl. Abbildung 5.14; vgl. YUKL (2013), S. 191 ff.; FALBE/YUKL (1991), S. 640 ff.).

Abb 5.14

Typen der Macht nach der Machtbasis

Positionsmacht	*Legitime Macht* basiert auf der Akzeptanz des Hierarchieprinzips, nach dem Vorgesetzte das Recht haben, Weisungen zu erteilen und Mitarbeiter die Pflicht haben, diese zu befolgen.
	Belohnungsmacht folgt aus der seiner Position zugewiesenen Befugnis des Vorgesetzten, Belohnungen zu gewähren (z. B. Beförderung, Zuweisung von Sonderaufgaben) oder Ressourcen zuzuweisen, die von den Mitarbeitern als erstrebenswert empfunden werden.
	Bestrafungsmacht folgt aus der seiner Position zugewiesenen Befugnis des Vorgesetzten, Bestrafungen auszusprechen (z. B. Zuweisung weniger attraktiver Arbeiten, Abmahnung, Kündigung).
	Informationsmacht ergibt sich aus dem seiner Position zugewiesenen Zugang des Vorgesetzten zu Informationen, die für die Mitarbeiter wichtig sind, und der Befugnis, diese zu nutzen und zu verteilen.
	Situationsgestaltungsmacht ist in der seiner Position zugewiesenen Befugnis des Vorgesetzten begründet, die Arbeitssituation der Mitarbeiter zu gestalten (Ausrichtung des Arbeitsplatzes, Einsatz von Technologien, Organisation).
Personenmacht	*Expertenmacht* beruht auf dem Vertrauen der Mitarbeiter in den Wissensvorsprung und die fachliche und sachliche Überlegenheit des Vorgesetzten.
	Überzeugungsmacht beruht auf der Fähigkeit des Vorgesetzten zur rationalen Argumentation.
	Identifikationsmacht resultiert aus dem Gefühl der Sympathie, des Respekts und der Loyalität der Mitarbeiter für den Vorgesetzten, das sich dieser in der Zusammenarbeit erworben hat und aus dem heraus der Mitarbeiter aus innerer Überzeugung mit dem Vorgesetzten übereinstimmt.
	Charismatische oder transformationale Macht setzt die Fähigkeit des Vorgesetzten voraus, bei den Mitarbeitern Begeisterung für die Ziele und Aufgaben zu erzeugen oder das Selbstvertrauen der Mitarbeiter zu stärken, die geforderte Leistung erbringen zu können.

Zielausrichtung

Mit der Zielausrichtung wird gefordert, dass die Beeinflussung der Mitarbeiter zur Erreichung bestimmter Ziele oder zur Erfüllung von Aufgaben beiträgt, die für die Gruppe, die Abteilung oder die Unternehmung wichtig sind. Es kann sich hierbei sowohl um Leistungsziele als auch um Mitarbeiterziele handeln (vgl. ULRICH/FLURI (1995), S. 163 f.). Die *Leistungsziele* ergeben sich aus den Sach- und Formalzielen der Unternehmung. Sie präzisieren die Aufgaben, die der Mitarbeiter im Unternehmungsprozess zu erbringen hat, sowie die Merkmale und Ergebnisse der Aufgabenerfüllung. Die *Mitarbeiterziele* sind die individuellen Ziele der Mitarbeiter.

Die Beeinflussung des Arbeitsverhaltens der Mitarbeiter findet nicht nur durch die direkte Interaktion zwischen Führungskraft und Mitarbeiter statt. Sie kann sich auch über die *Gestaltung von Strukturen* vollziehen, die dem Arbeitsverhalten der Mitarbeiter ohne direkte Interaktion die angestrebte Richtung geben. Nach diesem Merkmal werden abgegrenzt (vgl. WUNDERER (2011), S. 5ff.):

- die interaktive (direkte) und
- die strukturelle (indirekte) Führung.

interaktive Führung

Bei der interaktiven Führung wird durch die Kommunikation zwischen dem Vorgesetzten und dem Mitarbeiter auf das Arbeitsverhalten der Mitarbeiter Einfluss genommen. Die persönliche und situationsspezifische Kommunikation kann Anweisungen, Verhandlungen, Gespräche, Berichterstattung und Feedback, Anerkennung und Kritik zum Inhalt haben.

strukturelle Führung

Die strukturelle Führung sieht die Gestaltung von Rahmenbedingungen vor, die geeignet sind, dem Verhalten der Mitarbeiter auch ohne direkte Interaktion die angestrebte Richtung zu geben. Mit den Rahmenbedingungen werden die Handlungsspielräume der Mitarbeiter begrenzt und ihre Handlungen kanalisiert, fokussiert und koordiniert. *Ansatzpunkte der strukturellen Führung* sind die maschinelle Regelung von Arbeitsprozessen, die Strukturierung von Arbeitsabläufen durch generelle Regeln, Verfahren, Formulare usw. (Bürokratie), Karrierewege, die an ein bestimmtes Verhalten gebunden sind, die Unternehmungskultur (→ QR-Glossar) und die qualitative Personalstruktur, die durch die Personalauswahl, die Personalzuweisung und die Personalentwicklung gestaltet wird. Diese Rahmenbedingungen werden an eine Vielzahl nicht genau bekannter Mitarbeiter adressiert. Die Gestaltung dieser Rahmenbedingungen sind sach- und strukturbezogene Aufgaben des Managements. Neben dem Personaleinsatz zählt deshalb nur die interaktive Führung zu den personenbezogenen Aufgaben des General Managements.

5.3.1.2 | Aufgaben der Führung

Die Führung ergänzt die generellen Regelungen der Organisation um fallweise situations- und personenspezifische Regelungen zur Beeinflussung von Mitarbeitern, die eine Ausrichtung deren Arbeitsverhalten an den Unternehmungszielen bewirken soll. Diese Regelungen beschreiben das normativ erwartete Arbeitsverhalten eines bestimmten Mitarbeiters oder einer genau bezeichneten Gruppe von Mitarbeitern. Sie müssen formuliert und ihre Ausführung muss veranlasst und beurteilt werden. Die Ergebnisse der Beurteilung sollten zu Reaktionen gegenüber den Mitarbeitern führen. Als Aufgaben der Führung können damit abgegrenzt werden (vgl. Kossbiel (2006), S. 572 f.):

- die Verhaltenslenkung,
- die Verhaltensbeurteilung und
- die Verhaltensabgeltung.

Verhaltenslenkung

Die Verhaltenslenkung dient der Vorbereitung der Aufgabenerfüllung. Dazu vermittelt die Führungskraft den Mitarbeitern das normativ erwartete Arbeitsverhalten und stellt das persönliche Können, das soziale Dürfen und die situative Ermöglichung sicher. Um auf das individuelle Wollen Einfluss zu nehmen, können Kontrollen angekündigt oder Belohnungen/Sanktionen in Aussicht gestellt werden.

Verhaltensbeurteilung

Aufgabe der Verhaltensbeurteilung ist es festzustellen, ob die Verhaltenserwartungen eingetreten sind. Hierzu wird das tatsächliche Arbeitsverhalten dem normativ erwarteten Arbeitsverhalten gegenübergestellt. Werden Abweichungen festgestellt, so wird ihre Bedeutung beurteilt, ihre Ursachen analysiert und der für die Abweichungen Verantwortliche ermittelt.

Die Ergebnisse der Verhaltensbeurteilung werden mit dem Ziel der Verhaltenskorrektur an den Mitarbeiter rückgekoppelt. Auf der Grundlage der Ergebnisse der Verhaltensbeurteilung werden in der Phase der Verhaltensabgeltung Belohnungen gewährt oder Sanktionen verhängt.

Verhaltensabgeltung

5.3.2 Führungsverhalten und Führungsstil

5.3.2.1 Menschenbild als Determinante

Führungsverhalten

Alle Verhaltensweisen eines Vorgesetzten, die auf die akzeptierte Beeinflussung von Mitarbeitern zielen, um eine Ausrichtung deren Arbeitsverhalten an den Unternehmungszielen zu bewirken, bilden das Führungsverhalten (vgl. Wunderer (2011), S. 204). Es äußert sich z. B. in der Art der Anordnung der fallweisen Regelungen, den Freiräumen, die diese Regelungen den Mitarbeitern gewähren, der Form und den Inhalten der Kommunikation mit den Mitarbeitern, der Form und dem Umfang personenbezogener Kontrollen sowie der Art der Reaktionen auf die Ergebnisse der Verhaltensbeurteilung.

Menschenbild

Das Führungsverhalten wird in hohem Maß von den Urteilen geprägt, die der Vorgesetzte über die Fachkenntnisse, die Bedürfnisse, die Motive, die Motivation und Volition, die Eigenschaften, Erwartungen, Einstellung und Verhaltensweisen der Mitarbeiter hat (vgl. Sadler (1970), S. 5 f.). Dieses Menschenbild eines Vorgesetzten basiert auf Erfahrungen, allgemeinen

Definition

Die Gesamtheit der Annahmen eines Vorgesetzten über den Mitarbeiter wird als *Menschenbild* bezeichnet.

Einstellungen und einem groben Verständnis über die menschliche Natur (vgl. WEINERT (1995), Sp. 1496 ff.).

Typologien von Menschenbildern

Um die Vielfalt und die Verschiedenartigkeit von Erscheinungsformen, Wesensmerkmalen und Verhaltensweisen von Menschen zu ordnen, zu vereinfachen und dadurch überschaubar zu machen, sind Typologien von Menschenbildern entwickelt worden. Typologien von Menschenbildern, die *Führungskräfte von Menschen in der Arbeitswelt* haben können, sind die Extremtypen nach MCGREGOR und die Menschentypen nach SCHEIN.

(1) Extremtypen nach MCGREGOR

Theorie X

Die Extremtypen der Grundannahmen über den arbeitenden Menschen in der Unternehmung werden von McGregor als Theorie X und Theorie Y bezeichnet. Theorie X beschreibt eine im Wesentlichen *negative Sicht* auf den Menschen. Sie geht davon aus, dass der in Unternehmungen arbeitende Mensch arbeitsscheu ist, versucht Arbeit zu vermeiden und deshalb nur unter Kontrolle und Strafandrohung effektiv und effizient arbeitet. Er ist mit wenig Ehrgeiz ausgestattet und nicht bereit, Verantwortung zu übernehmen. Er strebt nach Sicherheit und möchte geführt werden (vgl. MCGREGOR (1986), S. 27 f.).

Theorie Y

Die Theorie Y spiegelt ein *positives Menschenbild* wider. Nach der Theorie Y strebt der in der Unternehmung arbeitende Mensch nach Anerkennung und Selbstverwirklichung, so dass die Arbeit eine wichtige Quelle der Zufriedenheit sein kann. Sofern sich die Mitarbeiter mit den Unternehmungszielen identifizieren, verfügen sie über das für die Aufgabenerfüllung notwendige Maß an Selbstkontrolle und Eigeninitiative, so dass auf Kontrollen und Sanktionen verzichtet werden kann. Unter bestimmten Bedingungen erlernen Mitarbeiter nicht nur Verantwortung zu übernehmen, sondern diese auch zu suchen. Zudem verfügen sie über Einfallsreichtum und Kreativität zur Lösung organisatorischer Probleme (vgl. MCGREGOR (1986), S. 36 f.).

(2) Menschentypen nach SCHEIN

Typologie nach SCHEIN

Die Typologie nach SCHEIN unterscheidet vier grundlegende Menschenbilder (vgl. SCHEIN (1980), S. 36 f.).

- Der *rational-ökonomische Mensch* wird vor allem durch monetäre Anreize motiviert und kalkuliert seine Anstrengungen gezielt. Er ist passiv, sein Handeln ist über Anreize und Kontrollen des Vorgesetzten an den Zielen der Unternehmung auszurichten.
- Der *soziale Mensch* wird vor allem durch soziale Anreize motiviert, d. h. die sozialen Beziehungen am Arbeitsplatz. Sein Verhalten wird stärker

durch die sozialen Normen seiner Arbeitsgruppe beeinflusst als durch Anreize und Kontrollen des Vorgesetzten.

- Der nach *Selbstverwirklichung strebende Mensch* zielt auf die Nutzung und Entwicklung der eigenen Möglichkeiten bei der Arbeit. Er verfolgt die Ziele der Unternehmung und verlangt nach Autonomie. Anreize und Kontrollen durch den Vorgesetzten benötigt er nicht.
- Der *komplexe Mensch* ist wandlungsfähig und auch die Dringlichkeit seiner Bedürfnisse unterliegt dem Wandel. Er ist lernfähig und passt seine Motive der jeweiligen Handlungssituation an.

Führungsstiltypologien

5.3.2.2

Beim Führungsstil handelt es sich um eine Grundausrichtung des Führungsverhaltens im Führungsprozess.

Führungsstil

Um die verschiedenen beobachtbaren Führungsstile voneinander abgrenzen und inhaltlich näher bestimmen zu können, sind verschiedene Führungsstiltypologien entwickelt worden. Es handelt sich dabei um die Unterscheidung vereinfacht und abstrahierend dargestellter Führungsstile anhand weniger Kriterien. Nach der Zahl der Kriterien werden eindimensionale und mehrdimensionale Führungsstiltypologien unterschieden.

Definition

Der *Führungsstil* ist ein dauerhaft gezeigtes und in Bezug auf die verschiedenen Führungssituationen konsistentes grundsätzliches Führungsverhalten (vgl. WUNDERER (2011), S. 204).

Führungsstiltypologien

(1) Führungsstile nach dem Gebrauch von Positionsmacht

Nach dem Umfang, in dem der Vorgesetzte in den Phasen des Führungsprozesses von seiner Positionsmacht Gebrauch macht, entsteht eine Führungsstiltypologie mit folgenden Extremtypen (vgl. ULRICH/FLURI (1995), S. 228 ff.):

Positionsmacht

- dem autoritären und
- dem demokratischen Führungsstil.

Bei einem *autoritären Führungsstil* stützt sich die Führungskraft ausschließlich auf ihre Positionsmacht. Sie trifft alle Entscheidungen selbst, setzt diese mit Anordnungen durch und kontrolliert deren Ausführung. Der *demokratische Führungsstil* zeichnet sich dadurch aus, dass der Vorgesetzte eine Gruppe nicht mit Positionsmacht, sondern nur mit seiner Personenmacht führt. Die Leistungsziele werden erst nach Diskussion in der Gruppe festgelegt. Die Abgrenzung von Teilaufgaben und ihre Zuordnung auf Mitarbeiter bleiben der Gruppe überlassen. Der Führende berät die Gruppenmitglieder und äußert Lob und Kritik (vgl. WEIBLER (2012), S. 346).

TANNENBAUM/SCHMIDT gliedern das in der Realität zu beobachtende Führungsverhalten nach der Anwendung von Positionsmacht durch den Vorgesetzten bei der Entscheidungsfindung und -durchsetzung. Der Führungsstil wird damit auf das *Entscheidungsverhalten des Vorgesetzten* reduziert. Das Kriterium, nach dem die Typen abgegrenzt werden, ist das Ausmaß der Entscheidungspartizipation. Darunter wird die Teilnahme oder Beteiligung von Mitarbeitern an den für sie relevanten Entscheidungen des Vorgesetzten verstanden (vgl. Brose/Corsten (1983), S. 26). Nach dem Partizipationsgrad werden sieben Führungsstile abgegrenzt: der autoritäre, der patriarchalische, der informierende, der beratende, der kooperative, der delegative und der teilautonome Führungsstil. Sie bilden das Führungsstilkontinuum, das in Abbildung 5.15 dargestellt ist (vgl. Tannenbaum/Schmidt (1958), S. 96 ff.). Nach Tannenbaum/Schmidt hängt es von Merkmalen des Vorgesetzten (z. B. Vertrauen in die Mitarbeiter), der Mitarbeiter (z. B. fachliche Kompetenz) und der Situation (z. B. Art der Problemstellung, Zeitdruck) ab, welcher Führungsstil geeignet und erwünscht ist.

Entscheidungspartizipation

Abb 5.15 | *Führungsstilkontinuum nach Tannenbaum/Schmidt*

Vorgesetztenzentrierter Führungsstil →
← **Mitarbeiterzentrierter Führungsstil**

Gebrauch von Positionsmacht durch den Vorgesetzten
Entscheidungsspielraum der Mitarbeiter

Der Vorgesetzte entscheidet und ordnet an	Der Vorgesetzte entscheidet; er ist aber bestrebt, die Mitarbeiter von seiner Entscheidung zu überzeugen, bevor er sie anordnet	Der Vorgesetzte entscheidet; er erläutert die Entscheidung und fordert die Mitarbeiter auf, Fragen zu stellen, um durch die Beantwortung die Auswirkungen der Entscheidung zu klären	Der Vorgesetzte informiert die Mitarbeiter über die beabsichtigte Entscheidung; sie haben die Möglichkeit, ihre Meinung zu äußern, bevor der Vorgesetzte endgültig entscheidet	Der Vorgesetzte erläutert das Problem; die Gruppe entwickelt Lösungsvorschläge; aus den gemeinsam gefundenen und akzeptierten Problemlösungen wählt der Vorgesetzte die aussichtsreichste aus	Die Gruppe entscheidet, nachdem der Vorgesetzte zuvor das Problem aufgezeigt und die Grenzen des Entscheidungsspielraums festgelegt hat	Die Gruppe stellt das Problem fest, erarbeitet Problemlösungen und entscheidet im Rahmen der vom Vorgesetzten vorgegebenen Grenzen

(2) Führungsstile nach der Orientierungsrichtung

Ziele

Nach den Zielen, an denen sich der Vorgesetzte orientiert, werden

- der mitarbeiter- und
- der leistungsorientierte Führungsstil

abgegrenzt, die als Extremtypen der Typologie zu verstehen sind. Beim *mitarbeiterorientierten Führungsstil* stehen die Mitarbeiterziele (→ QR-Glossar) im Vordergrund. Der Vorgesetzte pflegt die zwischenmenschlichen Beziehungen, die individuelle Entwicklung und das Weiterkommen der Mitarbeiter in der Unternehmung. Der *leistungsorientierte Führungsstil* ist durch eine starke Orientierung des Vorgesetzten an Leistungszielen (→ QR-Glossar) gekennzeichnet. Im Vordergrund stehen die geforderte Leistung und die zur Leistungserbringung auszuführenden Aufgaben. Die Mitarbeiter werden als Aufgabenträger und Produktionsfaktoren gesehen, deren Arbeitsverhalten an den Leistungszielen ausgerichtet werden soll (vgl. Staehle (1999), S. 344 f.).

Die Mitarbeiter- und Leistungsorientierung können nicht nur als Extremtypen eines Führungsstilkontinuums betrachtet werden, sondern auch als *zwei unabhängige Kriterien*, die das Führungsverhalten beschreiben. Mit den Kriterien

- Beziehungsorientierung und
- Aufgabenorientierung

werden vier Führungsstiltypen gebildet, die plakativ als bürokratisch, autoritär, beziehungsorientiert und kooperativ bezeichnet werden (vgl. Oechsler/Paul (2015), S. 296 f.; Abbildung 5.16). Verhaltensweisen des Vorgesetzten, die in unterschiedlichem Maß auf die Steigerung der Effizienz und Effektivität des Unternehmungsprozesses zielen, werden über die *Aufgabenorientierung* abgestuft. Diese Verhaltensweisen unterscheiden sich in der Klarheit der Zuordnung von Kompetenzen, der Genauigkeit der Planung des Aufgabenvollzugs, der Abschirmung von Störungen, dem Umfang von Vollzugs- und Ergebniskontrollen oder im Setzen von Leistungsanreizen. Mit der *Beziehungsorientierung* werden Verhaltensweisen des Vorgesetzten abgegrenzt, die sich im Ausmaß der menschlichen Wärme, dem Vertrauen, dem Respekt gegenüber den Mitarbeitern, der Zugänglichkeit für die Mitarbeiter sowie der Rücksichtnahme auf die persönlichen Sorgen der Mitarbeiter unterscheiden.

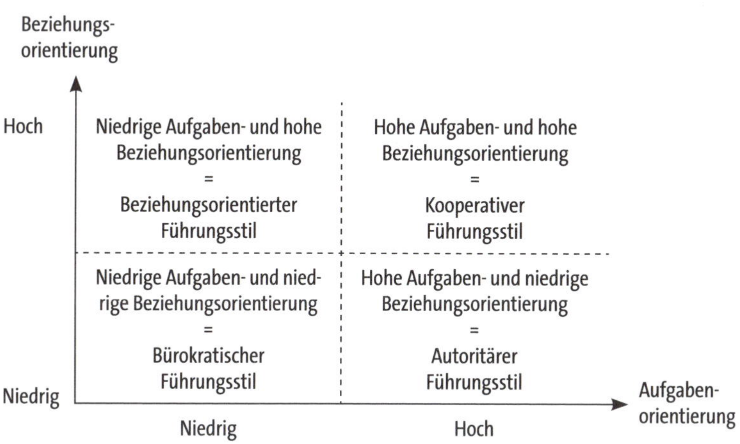

Abb 5.16

Zweidimensionale Führungsstiltypologie

Verhaltensgitter

Diese Abgrenzungskriterien liegen auch dem Verhaltensgitter (Managerial Grid) nach BLAKE/MOUTON ((1986), S. 25 ff.) zugrunde. Bezeichnet werden sie als

- Mitarbeiterorientierung (Betonung des Menschen) und
- Sachorientierung (Betonung der Produktion).

fünf Führungsstiltypen

Bei beiden Kriterien werden *neun Stufen* unterschieden, so dass sich *81 Führungsstile* ergeben. Nur die folgenden fünf Führungsstiltypen werden inhaltlich konkretisiert (vgl. Abbildung 5.17):

- 1,1: Impoverished Management (Überlebens-Management),
- 1,9: Country Club Management (Glacéhandschuh-Management),
- 9,1: Authority-Compliance (Befehl-Gehorsam-Management),
- 9,9: Team-Management,
- 5,5: Middle of the Road Management (Organisations-Management).

Abb 5.17

Führungsstile nach Blake/Mouton

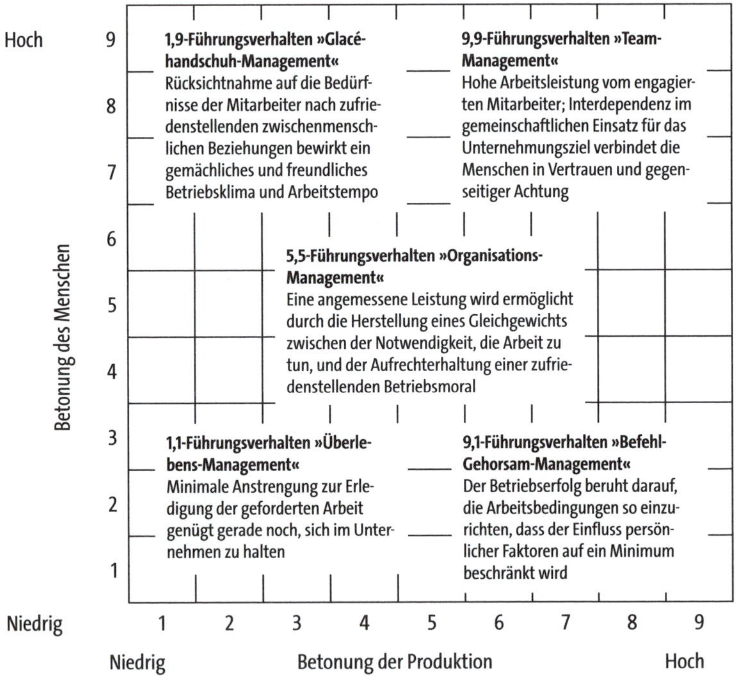

(3) Kombinationstypen

Eine Führungsstiltypologie, die als Kombination der Typologien nach dem Gebrauch von Positionsmacht und der Orientierungsrichtung inter-

Führungsstiltypologie nach WUNDERER

pretiert werden kann, ist die Führungsstiltypologie nach WUNDERER. Die Führungsstile werden nach

- der prosozialen Dimension und
- der Machtdimension der Führung

abgegrenzt. Mit der *prosozialen Dimension* wird die Qualität der zwischenmenschlichen Beziehungen beschrieben, die durch das Ausmaß an wechselseitigem Vertrauen, gegenseitiger Unterstützung und Akzeptanz geprägt ist. Dieses Kriterium entspricht der Beziehungsorientierung. Die *Machtdimension* bezieht sich in dieser Führungsstiltypologie auf die den Mitarbeitern gewährte Entscheidungsbeteiligung oder Autonomie. Mit diesen beiden Kriterien werden die in Abbildung 5.18 genannten Führungsstiltypen abgegrenzt (vgl. WUNDERER (2011), S. 210).

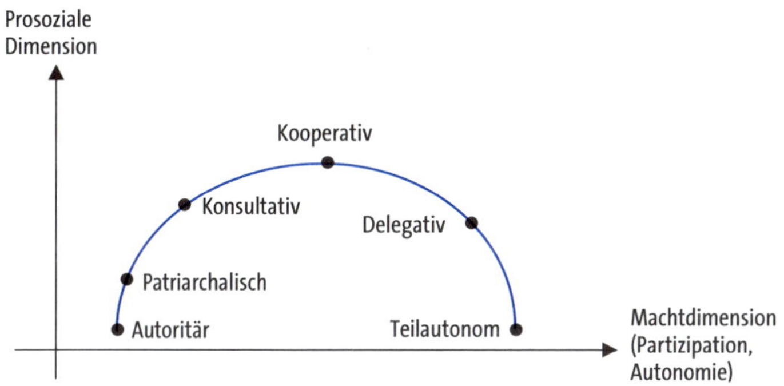

Abb 5.18

Führungsstiltypologie nach Wunderer

Bei einem *autoritären Führungsstil* stützt sich der Vorgesetzte ausschließlich auf seine Positionsmacht. Er entscheidet ohne jede Konsultation mit den Mitarbeitern über die zu erfüllenden Aufgaben. Er setzt seine Entscheidungen mit Anordnungen unter Androhung von Sanktionen durch und kontrolliert die Ausführung der Aufgaben. Der *patriarchalische Führungsstil* beruht wie auch der autoritäre Führungsstil auf einem absoluten Führungsanspruch. Dieser ist jedoch mit einer Treue- und Versorgungspflicht des Vorgesetzten gegenüber den Mitarbeitern verbunden, die umgekehrt zu folgsamer Treue und Unterordnung verpflichtet sind. Der *konsultative Führungsstil* zeichnet sich dadurch aus, dass Mitarbeiter auf Initiative des Vorgesetzten beratend tätig werden. Merkmal eines *kooperativen Führungsstils* ist, dass bei der Festlegung der auszuführenden Aufgaben, der Vorbereitung des Aufgabenvollzugs und der Kontrolle der Aufgabenerfüllung ein intensiver Austausch zwischen Vorgesetzten und Mitarbeitern gepflegt wird. Konflikte werden durch Aushandeln und Verhandeln geregelt. Der *delegative Führungsstil* unterscheidet sich vom kooperativen durch eine weitergehende Delegation von Entscheidungs- und Kontrollbefugnissen, so dass Vorgesetzte und Mitarbeiter unabhängiger voneinander arbeiten und der Austausch zwischen Vorgesetzten und Mitarbeitern deutlich geringer ist. Bei einem *teilautonomen Führungsstil* entscheiden die Mitarbeiter selbst. Der Vorgesetzte fungiert als Koordinator nach innen und außen.

(4) Führungsstile nach dem Selbstverständnis der Führungskraft

Wird als Kriterium zur Unterscheidung von Führungsstilen das *Verständnis* herangezogen, das der Vorgesetzte *von seiner Rolle* hat, ergeben sich

- der transaktionale und
- der transformatorische Führungsstil.

transaktionaler Führungsstil

Diese beiden Führungsstile sind nicht als Extremtypen zu verstehen, sondern als zeitlich aufeinanderfolgende Phasen in einer Vorgesetzten-Mitarbeiter-Beziehung. Der transaktionale Führungsstil prägt in der ersten Phase die gegenseitige Verständigung. Für herausfordernde Aufgaben reicht der transaktionale Führungsstil nicht aus und muss durch den transformatorischen abgelöst werden (vgl. Oechsler/Paul (2015), S. 309 f.).

Definition

Beim *transaktionalen Führungsstil* sieht die Führungskraft ihre Rolle in der Lenkung eines Austauschprozesses, in dem Leistungen gegen Belohnungen getauscht werden.

Entsprechend der *Erwartungs-Valenz-Theorien* liegt der Fokus der Führung bei diesem Führungsstil auf (vgl. Boerner (2004), Sp. 319 f.)

- der Festlegung und Vorgabe von Rollen und Anforderungen, die von den Mitarbeitern erfüllt werden müssen,
- der Qualifizierung der Mitarbeiter, um sie in die Lage zu versetzen, die geforderte Leistung zu erbringen,
- der Gestaltung und Ankündigung von Anreizen, denen die Mitarbeiter einen Wert beimessen, sowie
- der leistungsgerechten Entlohnung der Mitarbeiter.

transformatorischer Führungsstil

Das *Menschenbild*, das dem transaktionalen Führungsstil zugrunde liegt, ist der rational-ökonomische Mensch. Der transformatorische Führungsstil geht dagegen vom Bild des komplexen Menschen aus.

Die Führungskraft geht bei diesem Führungsstil nicht von gegebenen Werten, Bedürfnissen und Motiven der Mitarbeiter aus. Sie sollen vielmehr verändert (transformiert) werden, so dass die Mitarbeiter höhere und gezieltere Anstrengungen für die Erreichung der Unternehmungsziele erbringen. Das *Füh-*

Definition

Wird ein *transformatorischer Führungsstil* gepflegt, sieht der Vorgesetzte seine Rolle darin, einen Veränderungsprozess zu initiieren und zu lenken.

rungsverhalten ist durch die folgenden vier Merkmale geprägt (vgl. BASS/RIGGIO (2005), S. 6 f.):

- Vorbildcharakter (Idealized Influence)
  Der Vorgesetzte ist Vorbild für die Mitarbeiter. Er wird bewundert, respektiert und besitzt das Vertrauen der Mitarbeiter. Er verfügt über außergewöhnliche Fähigkeiten, Beharrlichkeit und Entschlossenheit.
- Schaffen von Begeisterung (Inspirational Motivation)
  Der Vorgesetzte motiviert und begeistert die Mitarbeiter. Er kommuniziert das Bekenntnis zu den gemeinsamen Zielen und Visionen sowie klar formulierte Erwartungen, die von den Mitarbeitern angenommen werden.
- Stärkung kreativen und innovativen Denkens (Intellectual Stimulation)
  Der Vorgesetzte ermutigt die Mitarbeiter, etablierte Sichtweisen infrage zu stellen und neue Blickwinkel einzunehmen. Er fordert zur Erarbeitung neuer Ideen und kreativer Problemlösungen auf. Die Mitarbeiter werden ermutigt, neue Wege zu gehen.
- Individuelle Förderung (Individualized Consideration)
  Der Vorgesetzte fungiert für jeden einzelnen Mitarbeiter als Coach oder Mentor. Er geht auf die Bedürfnisse, Stärken und Schwächen des Einzelnen ein, fördert gezielt die Entwicklung ihrer Kompetenzen und unterstützt sie im Rahmen ihrer Möglichkeiten.

Abbildung 5.19 gibt einen vergleichenden Überblick über diese beiden Führungsstile (vgl. STOCK-HOMBURG (2008), S. 387).

Abb 5.19

Transaktionaler und transformatorischer Führungsstil

Führungsstil / Merkmal des Führungsverhaltens	Transaktionaler Führungsstil	Transformatorischer Führungsstil
Mittel der Einflussnahme	Verträge, Belohnung, Bestrafung	Begeisterung, Selbstverpflichtung, Vertrauen
Art der Motivation der Mitarbeiter	Extrinsisch	Intrinsisch
Rolle der Führungskraft	Instrukteur	Lehrer, Coach
Art der Aufgabe	Routineaufgaben; begrenzt innovative Aufgaben	Herausfordernde, innovative Aufgaben in einem Veränderungsprozess

5.3.2.3 Führungsgrundsätze

Um das Führungsverhalten der Führungskräfte in der Unternehmung in eine gewünschte Richtung zu lenken, kann das normativ erwartete Führungsverhalten in Führungsgrundsätzen niedergelegt werden. Führungsgrundsätze sind eine Teilmenge der Werte im *normativen Rahmen* der

Definition

Führungsgrundsätze **sind generalisierte verbindliche, schriftlich festgelegte Richtlinien, welche die Führungsbeziehungen zwischen Vorgesetzten und Mitarbeitern zur Förderung eines erwünschten Arbeitsverhaltens beschreiben oder vorgeben (vgl. Domsch (2005), S. 406).**

Unternehmung (→ Abschnitt 3.2.1.4, S. 98 f.) und gelten für die Führungskräfte auf allen Ebenen der Managementhierarchie und alle Mitarbeiter in gleicher Weise (vgl. Scholz (2014), S. 1021).

Führungsgrundsätze legen Ziele und Werte sowie Vorgaben für die Ausführung der Führungsaufgaben und die einzusetzenden Führungsinstrumente bei der Verhaltenslenkung, Verhaltensbeurteilung und Verhaltensabgeltung fest. Sie geben damit den erwünschten Führungsstil vor und gewährleisten ein einheitliches Führungsverhalten der Vorgesetzten in der Unternehmung. Führungsgrundsätze erfüllen sowohl für Vorgesetzte als auch für Mitarbeiter eine Orientierungsfunktion, indem sie über das erwünschte Führungs- und Arbeitsverhalten informieren (vgl. Wunderer (2011), S. 385 ff., Weibler (2012), S. 441 ff.). Abbildung 5.20 zeigt ein Beispiel für Führungsgrundsätze.

Orientierungsfunktion

Abb 5.20

Führungsgrundsätze der Robert Bosch GmbH

1. **Zielen Sie auf Erfolg.**
   Ertrag, Wachstum, Qualität, Kunden- und Prozessorientierung – das sind die Größen, an denen sich unsere Ziele ausrichten. Vermitteln Sie Ihren Mitarbeitern laufend die Unternehmensziele und machen Sie deutlich, was jeder Einzelne zu deren Erreichung beitragen kann.
2. **Zeigen Sie Initiative.**
   Entwickeln Sie mit Ihren Mitarbeitern neue Ideen und Strategien, die das Unternehmen voranbringen. Ermutigen Sie Ihre Mitarbeiter zu Veränderungen und Eigeninitiative und unterstützen Sie sie bei der Umsetzung.
3. **Zeigen Sie Initiative.**
   Entwickeln Sie mit Ihren Mitarbeitern neue Ideen und Strategien, die das Unternehmen voranbringen. Ermutigen Sie Ihre Mitarbeiter zu Veränderungen und Eigeninitiative und unterstützen Sie sie bei der Umsetzung.
4. **Setzen Sie Ihre Mitarbeiter ins Bild.**
   Sachinformationen sind eine Selbstverständlichkeit. Aber Ihre Mitarbeiter sollten auch betriebliche Zusammenhänge und Hintergründe kennen – sie sind eine wichtige Voraussetzung für die Identifikation mit dem Unternehmen.
5. **Führen Sie über Ziele.**
   Übertragen Sie Aufgaben und Kompetenzen. Vereinbaren Sie klare Ziele und schaffen Sie Freiräume, damit sich Kreativität, Selbstvertrauen und Verantwortungsbewusstsein entwickeln können. So führen Sie Ihre Mitarbeiter zum Erfolg.
6. **Geben Sie Feedback.**
   Sehen Sie bei Ihren Mitarbeitern die Stärken und helfen Sie, diese zu nutzen und weiter auszubauen. Schauen Sie genau hin: Loben Sie – aber üben Sie auch faire, konstruktive Kritik. Fehler passieren auf allen Seiten; sprechen Sie diese sofort und offen an.

7. **Schenken Sie Vertrauen.**
   Ihre Mitarbeiter sind leistungsfähig und leistungsbereit. Wagen Sie es, mit wenig Kontrolle auszukommen. Ihr Vertrauen wird den unternehmerischen Schwung auslösen, den wir alle wollen.
8. **Wechseln Sie die Perspektive.**
   Versetzen Sie sich in die Lage Ihrer Mitarbeiter und betrachten Sie Situationen auch aus deren Perspektive. Wie würden Sie Ihre Entscheidungen aufnehmen – und welche Begründung würden Sie erwarten?
9. **Gestalten Sie gemeinsam.**
   Ihre Mitarbeiter denken mit. Beteiligen Sie sie an der Vorbereitung von Entscheidungen und nutzen Sie die Ideen und das Potenzial, das sich Ihnen durch die kulturelle Vielfalt im Unternehmen bietet. Arbeiten Sie mit Ihren Mitarbeitern daran, Schnittstellen in Kontaktstellen und Barrieren in neue Möglichkeiten zu verwandeln.
10. **Fördern Sie Ihre Mitarbeiter.**
    Beraten Sie Ihre Mitarbeiter in der beruflichen Entwicklung und begleiten Sie diese systematisch. Unterstützen Sie sie, wenn sie sich an anderer Stelle im Unternehmen weiter entwickeln können oder wollen.

http://www.bosch.com/media/de/com/sustainability/archive_1/download_and_order_1/bosch_guidelines_for_leadership_en.pdf

Führungsinstrumente

5.3.3

Klassifikation der Führungsinstrumente

5.3.3.1

Um das Verhalten der Mitarbeiter zu beeinflussen, können die Führungskräfte auf eine Vielzahl von Führungsinstrumenten zurückgreifen.

Die Führungsinstrumente können nach den Führungsaufgaben und der Nähe zum Einzelfall klassifiziert werden. Nach den *Führungsaufgaben* werden Instrumente der Verhaltenslenkung, der Verhaltensbeurteilung und der Verhaltensabgeltung abgegrenzt. Instrumente, die mehrere Führungsaufgaben unterstützen können, werden zur Klasse der übergreifenden Führungsinstrumente zusammengefasst. Die *Nähe zum Einzelfall* führt zur Unterscheidung

- struktureller und
- dispositiver Führungsinstrumente.

Definition

***Führungsinstrumente* sind Verfahrensvorschriften für Handlungen der Führungskräfte zur Beeinflussung von Mitarbeitern, um ihr Arbeitsverhalten an den Unternehmungszielen auszurichten. Die Verfahrensvorschriften können die Handlung selbst oder ihre Ergebnisse betreffen.**

Als *strukturell* werden Führungsinstrumente klassifiziert, die für die gesamte Unternehmung gestaltet und von der Führungskraft genutzt werden. In einer konkreten Führungssituation verfügen die Führungskräfte bei Einsatz struktureller Instrumente nur noch über einen geringen Gestaltungsspielraum. *Dispositive* Führungsinstrumente werden von der Führungskraft in einer konkreten Führungssituation selbst gestaltet. Das eröffnet umfangreiche Gestaltungsspielräume, um personen- oder situationsspezifischen Einfluss ausüben zu können (vgl. WEIBLER (2012), S. 396 f.). Abbildung 5.21 gibt einen Überblick über die Führungsinstrumente (vgl. KOSSBIEL (2001), S. 288).

Abb 5.21 | *Klassifikation der Führungsinstrumente*

Nähe zum Einzelfall / Phase	Strukturelle Führungsinstrumente	Dispositive Führungsinstrumente
Führungsinstrumente der Verhaltenslenkung	► Verhaltensnormen ► Budgets ► On-the-job-Personalentwicklung	► Weisungen ► Training on the Job
Führungsinstrumente der Verhaltensbeurteilung	► Systeme der personenbezogenen Kontrolle ► Systeme der Personalbeurteilung	Personenbezogene Ad-hoc-Kontrolle
Führungsinstrumente der Verhaltensabgeltung	► Anreizsysteme ► Beteiligungssysteme (Erfolgs- und Kapitalbeteiligung)	► Anerkennung und Kritik ► Sanktionen
Übergreifende Führungsinstrumente	Mitarbeitergespräche	Kommunikation

5.3.3.2 | Führungsinstrumente der Verhaltenslenkung

Die Führungsinstrumente der Verhaltenslenkung sind Verfahrensvorschriften zu den Inhalten und der Fristigkeit der fallweisen situations- und personenspezifischen Regelungen, die den Mitarbeitern vorgegeben werden. Sie unterscheiden sich u.a. in den Handlungsspielräumen, die sie den Mitarbeitern einräumen.

(1) Verhaltensnormen und Weisungen

Verhaltensnormen und Weisungen

Verhaltensnormen sind allgemeine Anweisungen, die einer Person bestimmte Verhaltensweisen auf Dauer verbindlich vorschreiben. Durch ihren allgemeinen Charakter unterscheiden sie sich von den *Weisungen* (vgl. HAX (1965), S. 75 f.). Das sind situationsspezifische Regelungen. Sie schreiben dem Mitarbeiter die Verhaltensweisen für die jeweils vorliegende Situation vor. Verhaltensnormen und Weisungen werden festgelegt, indem die Führungskraft die übergeordneten Vorgaben (Pläne, Organisation, Kultur) für den eigenen Verantwortungsbereich (situationsbezogen) interpretiert, modifiziert und präzisiert.

Es werden mehrere Arten von Verhaltensnormen unterschieden (vgl. Abbildung 5.22). Nach der Dimension des vorgeschriebenen Arbeitsverhaltens können

Arten von Verhaltensnormen

- die funktionalen und
- die extrafunktionalen Verhaltensnormen

unterschieden werden (vgl. KOSSBIEL (2006), S. 570 ff.). Funktionale Verhaltensnormen fassen die Erwartungen an das Leistungsverhalten zusammen und beziehen sich auf die konkrete Arbeitsaufgabe. Sie betreffen die Ausführung der Handlungen, das Arbeitsergebnisses oder die einzusetzenden Mittel sowie die Art und Weise des Einsatzes dieser Mittel.

funktionale Verhaltensnormen

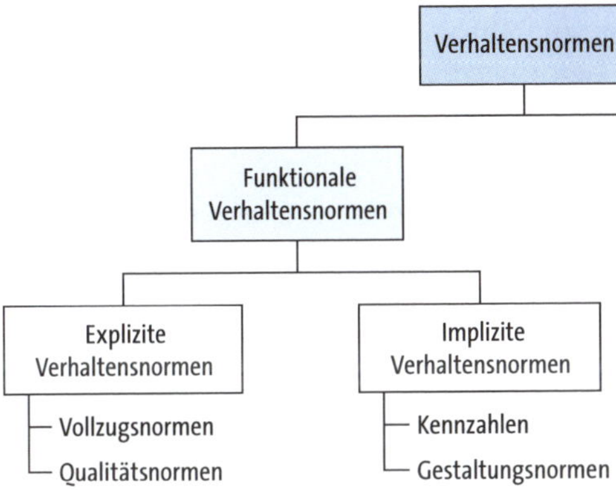

Abb 5.22

Arten von Verhaltensnormen

Der *Handlungsspielraum*, der bei den Mitarbeitern verbleibt, führt zur Unterscheidung (vgl. HAX (1965), S. 73 ff.)

- expliziter und
- impliziter Verhaltensnormen.

Mit expliziten Verhaltensnormen wird exakt vorgeschrieben, welche Handlungen die Mitarbeiter ausführen sollen. Die Mitarbeiter verfügen über keinerlei Handlungsspielräume. Explizite Verhaltensnormen können als Vollzugs- und Qualitätsnormen formuliert werden. *Vollzugsnormen* geben vor, in welcher Weise das Arbeitsergebnis erzielt werden soll. Werden die Art und die Güte des Arbeitsergebnisses vorgegeben, liegt eine *Qualitätsnorm* vor. Die expliziten Verhaltensnormen können auch als *bedingte Weisungen* gestaltet werden, die Aktivitäten an bestimmte Ereignisse oder Beobachtungen knüpfen (Programme; → Abschnitt 4.2.2.1, S. 161). Auch bedingte Weisungen belassen bei den Mitarbeitern keine Handlungsspielräume, da mit dem Eintritt der Bedingungen eindeutig festliegt, welche Aktivitäten auszuführen sind.

explizite Verhaltensnormen

implizite Verhaltensnormen

Implizite Verhaltensnormen geben Ziele vor, an denen die Mitarbeiter ihr Arbeitsverhalten ausrichten sollen. Der Handlungsspielraum der Mitarbeiter ist größer, da sie selbst über die Handlungen zur Zielerreichung entscheiden. Beispiele für implizite Verhaltensnormen sind Gestaltungsnormen und Kennzahlen. Gestaltungsnormen geben das Handlungsergebnis in abstrakter Form vor, wie z. B. durch eine Problembeschreibung. Sie enthalten keine Vorschriften zur Mittel- und Verfahrenswahl. Mit Kennzahlen wird ein quantitatives Ziel vorgegeben. Beispiele für Kennzahlen sind der Wert des durchschnittlichen Lagerbestands, die durchschnittliche Durchlaufzeit der Aufträge und der Umsatz.

extrafunktionale Verhaltensnormen

Die extrafunktionalen Verhaltensnormen haben die Erwartungen hinsichtlich der Orientierung der Mitarbeiter an den allgemein akzeptierten Verhaltensregeln zum Inhalt. Diese Verhaltensregeln können die Hilfsbereitschaft, die Gewissenhaftigkeit, das Verbesserungsverhalten oder die Loyalität betreffen.

(2) Stellenbeschreibungen

Stellenbeschreibung

Verhaltensnormen können nicht nur personenbezogen formuliert werden, sondern auch für eine bestimmte Stelle. Eine Stellenbeschreibung ist eine schriftlich fixierte personenunabhängige Darstellung der Aufgabengebiete, die auf den Inhaber einer Stelle entfallen. In dieser Form wird einem bestimmten Mitarbeiter die Verhaltensnorm durch die Zuweisung zu einer Stelle vorgegeben. Abbildung 5.23 zeigt eine mögliche Einteilung der Inhalte einer Stellenbeschreibung (vgl. KRÜGER (1995a), Sp. 1987).

Inhalte einer Stellenbeschreibung

Allen Stellenbeschreibungen gemeinsam ist die Festschreibung des Instanzenbildes. Schwerpunkte hinsichtlich der anderen Inhalte führen zur Unterscheidung folgender Varianten von Stellenbeschreibungen (vgl. KRÜGER (1995a), Sp. 1988):

Varianten von Stellenbeschreibungen

- Funktionsorientierte Stellenbeschreibung
  Den Schwerpunkt bilden das *Aufgabenbild* und das *Kompetenzbild*. Mit dieser Variante der Stellenbeschreibung werden explizite Verhaltensnormen und die Verfügungsmöglichkeiten über Ressourcen dauerhaft festgeschrieben.
- Leistungsorientierte Stellenbeschreibung
  Vorrangig beschrieben werden die zu erzielenden Ergebnisse oder die zu erbringenden Leistungen. Im Vordergrund steht das *Zielbild*, durch das implizite Verhaltensnormen dauerhaft festgelegt werden. Das Beurteilungsbild ist die Grundlage für die personenbezogenen Kontrollen.
- Rollenorientierte Stellenbeschreibung
  Diese Variante kommt bei sehr unspezifizierten oder häufig wechselnden Aufgaben und Zielen zum Einsatz. Sie beschreibt die Anforderungen und insbesondere die Verhaltenserwartungen an den Stelleninhaber.

Abb 5.23

Inhalte einer Stellenbeschreibung

Kategorie	Inhalte
Instanzenbild	► Bezeichnung und Inhaber der Stelle, Stellenvertretung ► Über- und untergeordnete Stellen
Aufgabenbild	► Haupt-, Einzel-, Sonderaufgaben ► Arbeitsort, Arbeitszeit, Ausstattung ► Richtlinien, Vorschriften, Verfahren
Kompetenzbild (Befugnisse)	► Verfügungsrechte über Geld und Sachmittel ► Entscheidungsrechte, Unterschriftsbefugnisse ► Einflussrechte auf Personen/Stellen ► Sonderrechte
Informations- und Kommunikationsbild	► Ein- und ausgehende Berichte ► Information anderer Stellen ► Konsultation, Beratung, Genehmigung ► Gemeinsame Entscheidungen
Kooperationsbild	► Zusammenarbeit mit ungleich-/gleichrangigen Stellen ► Mitwirkung in internen/externen Arbeitsgruppen, Teams, Gremien
Anforderungsbild (Anforderungen)	► Vorbildung, Ausbildung, Erfahrung ► Persönlichkeit, Verhalten ► Fachliche und soziale Fähigkeiten ► Interaktions- und Kommunikationsfähigkeit
Zielbild (Ziele der Stelle)	► Standardziele ► Sonder- und Innovationsziele ► Persönliche Entwicklungsziele
Beurteilungsbild (Bewertungsmaßstäbe)	► Quantität/Qualität der Zielerreichung/Aufgabenerfüllung ► Individuelles Verhalten und äußere Erscheinung ► Verhalten gegenüber Kollegen, Mitarbeitern, Vorgesetzten sowie externen Stellen

Über das *Anforderungs-*, *Beurteilungs-* und *Kooperationsbild* wird eine Arbeitsrolle definiert, die vom Stelleninhaber zu übernehmen und auch bei wechselnden Aufgabeninhalten auszufüllen ist. Beispiele für solche Rollen sind der Innovator und der Coach.

(3) Budgets

Ein *Budget* ist eine schriftlich festgelegte monetäre Plangröße, die einem Verantwortungsbereich zur Umsetzung übergeordneter Pläne für eine Periode vorgegeben wird. Nach der Art der monetären Plangröße, die vorgegeben wird, werden input-, output- und ergebnisorientierte Budgets unterschieden. Kosten- und Ausgabenbudgets sind *inputorientiert*, Umsatz- und Einnahmenbudgets sind *outputorientiert* und Deckungsbeitragsbudgets sind *ergebnisorientierte* Budgets.

monetäre Plangröße

Budgets erfüllen in mehreren Phasen des Managementprozesses verschiedene Funktionen, wie z.B. eine Planungs-, eine Koordinations- und eine Kontrollfunktion (vgl. z.B. Friedl (2013), S. 198 f.). Als Führungsinstrumente dienen Budgets entweder als

Führungsinstrumente

- implizite Verhaltensnormen oder als
- Ergänzung einer Verhaltensnorm.

Als *implizite Verhaltensnorm* dienen output- und ergebnisorientierte Budgets. Ein Beispiel ist der Umsatz, der einem Außendienstmitarbeiter für das nächste Quartal vorgegeben wird. Durch inputorientierte Budgets werden Qualitätsnormen oder implizite *Verhaltensnormen ergänzt*. Sie geben die finanziellen Mittel vor, die zur Realisation des durch die Verhaltensnorm definierten Arbeitsergebnisses zur Verfügung stehen. Beispiele für inputorientierte Budgets sind der Tagesspesensatz eines LKW-Fahrers, die Kosten einer Fertigungsstelle für die nächste Periode, der für die Werbung in einer Produktsparte bereitgestellte Betrag und die für die Durchführung eines Entwicklungsprojektes genehmigten Mittel (vgl. Troßmann (2013), S. 190).

5.3.3.3 Führungsinstrumente der Verhaltensbeurteilung

Führungsinstrumente der Verhaltensbeurteilung legen u.a. den Gegenstand der Beurteilung und das Ausmaß fest, in dem Mitarbeiter bei der Beurteilung mitwirken. Zu diesen Führungsinstrumenten zählen u.a. die Formen der personenbezogenen Kontrolle und die Verfahren der Personalbeurteilung.

(1) Personenbezogene Kontrolle

Kontrolle

Die Kontrolle ist einerseits eine sachbezogene Managementaufgabe, andererseits ist sie auch eine personenbezogene Aufgabe (vgl. Frese/Simon (1987), Sp. 1247 f.). Als *sachbezogene Aufgabe* sichert die Kontrolle die Planrealisation (→ Abschnitt 3.1.1.2, S. 75 f.). Als *personenbezogene Aufgabe* bezieht sich die Kontrolle auf konkrete Mitarbeiter und ihr tatsächliches Arbeitsverhalten. Sie dient der Durchsetzung der von der Unternehmung an die Mitarbeiter gestellten Erwartungen hinsichtlich des Arbeitsverhaltens. Das bedeutet, dass Abweichungen vom erwarteten Arbeitsverhalten möglichst verhindert und bereits eingetretene Abweichungen frühzeitig erkannt und korrigiert werden sollen.

Funktionen

Über die folgenden drei Funktionen übt die personenbezogene Kontrolle Einfluss auf das Arbeitsverhalten der Mitarbeiter aus (vgl. Franken/Frese (1989), Sp. 892 f.):

- Informationsfunktion
  Durch Rückkopplung der durch die Kontrollen gewonnenen Informationen an die Mitarbeiter kann die Leistung und das Arbeitsverhalten der Mitarbeiter verbessert werden.
- Beurteilungsfunktion
  Auf der Grundlage der durch die Kontrolle gewonnenen Informationen können Belohnungen gewährt oder Sanktionen verhängt werden.
- Prophylaxefunktion
  Kontrollen können Abweichungen verhindern, da von Mitarbeitern, die mit Kontrollen rechnen müssen, eher erwartet werden kann, dass sie ihre Aufgaben entsprechend den Vorgaben erfüllen.

Kontrollformen

Bei der personenbezogenen Kontrolle können folgende Kontrollformen zur Anwendung gelangen (vgl. Laux/Liermann (2003), S. 460 f.):
- die Handlungskontrolle und
- die Ergebniskontrolle.

Handlungskontrolle

Bei der Handlungskontrolle werden die vom Mitarbeiter ausgeführten Arbeitsverrichtungen vom Vorgesetzten nachvollzogen und darauf hin überprüft, ob die gewählte Vorgehensweise im Einklang mit den Anweisungen steht und der Mitarbeiter auf die in der jeweiligen Situationen eingetretenen Bedingungen adäquat reagiert hat. Das setzt voraus, dass Vollzugsnormen oder bedingte Weisungen definiert und vorgegeben werden. Die Durchführung von Handlungskontrollen spiegelt einen *leistungsorientierten Führungsstil* wider.

Ergebniskontrolle

Bei der Ergebniskontrolle stehen meist quantifizierte Ergebnisse im Vordergrund. Die Ergebniskontrolle ist mit größeren Freiheiten der Mitarbeiter bei der Verfahrens- und Mittelwahl verbunden. Sie eignet sich bei der Vorgabe von Qualitätsnormen, Kennzahlen und Budgets.

Info

Beispiele für Kontrollgrößen der Ergebniskontrolle

Bei ausführenden Handlungen in der Produktion eignen sich für die Ergebniskontrolle z. B. die Produktmenge, die Ausschussrate, der Materialverbrauch und der Zustand der Maschinen. Ein Einkäufer kann anhand des durchschnittlichen Lagerbestands oder des Quotienten aus der Anzahl verspäteter Lieferungen und der Anzahl der Lieferungen insgesamt kontrolliert werden. Ergebnisgrößen für einen Verkäufer können die Absatzmengen oder der Umsatz sein.

Die Kompetenzen für die personenbezogenen Kontrollen müssen nicht ausschließlich beim Vorgesetzten liegen. Nach der Verteilung der *Kontroll-*

kompetenzen zwischen dem Vorgesetzten und den Mitarbeitern können folgende Kontrollformen abgegrenzt werden (vgl. Treuz (1974), S. 96 ff.):

- die Selbstkontrolle und
- die Fremdkontrolle.

Selbstkontrolle

Bei der Selbstkontrolle werden die Kontrollen überwiegend von den Mitarbeitern selbst durchgeführt. Sie setzt deshalb einen *delegativen Führungsstil* voraus. Der Vorteil dieser Kontrollform ist der handlungsbegleitende Charakter. Dadurch kann auf Abweichungen oder Störungen schnell und fachgerecht reagiert werden. Die Selbstkontrolle ist jedoch mit der Gefahr verbunden, dass Kontrollen nicht durchgeführt, Kontrollergebnisse falsch interpretiert oder manipuliert werden. Zudem können Fehler nicht aufgedeckt werden, die durch unzureichende Qualifikation des Mitarbeiters entstanden oder von diesem gewollt sind.

Fremdkontrolle

Führt überwiegend der Vorgesetzte die Kontrollen durch, liegt eine Fremdkontrolle vor. In ihr spiegelt sich ein *autoritärer Führungsstil* wider. Sie weist den Vorteil auf, dass sie neutral und objektiv ist.

(2) Personalbeurteilung

Definition

Die *Personalbeurteilung* ist die planmäßige formalisierte und standardisierte Bewertung eines Mitarbeiters im Hinblick auf bestimmte Kriterien durch dazu explizit beauftragte Personen (Beurteiler) auf der Grundlage der Wahrnehmung des Beurteilers im Arbeitsalltag (vgl. Domsch/Gerpott (1992), Sp. 1632).

Ziele der Personalbeurteilung

Ziele der Personalbeurteilung sind die Verbesserung des Arbeitsverhaltens des Mitarbeiters in seiner aktuellen Position durch

- offenes und systematisches Feedback,
- das Anstoßen von Personalentwicklungsmaßnahmen und
- die Intensivierung einer vertrauensvollen Zusammenarbeit zwischen dem Vorgesetzten und seinen Mitarbeitern.

Formen der Personalbeurteilung

Als *Führungsinstrument* zeichnet sich die Personalbeurteilung dadurch aus, dass ein Mitarbeiter durch seinen Vorgesetzten beurteilt wird. Das schließt nicht aus, dass auch Ergebnisse der Bewertung durch andere Personen in den Beurteilungsprozess einfließen. Nach der mit der Beurteilung beauftragten Person werden folgende Formen der Personalbeurteilung unterschieden:

- Mitarbeiterbeurteilung
  Vorgesetzte beurteilen die ihnen direkt unterstellten Mitarbeiter.

- Kollegenbeurteilung
  Die Mitarbeiter der gleichen Hierarchieebene in einem Bereich beurteilen sich gegenseitig.
- Vorgesetztenbeurteilung
  Mitarbeiter beurteilen ihren unmittelbaren Vorgesetzten hinsichtlich seines Führungsverhaltens, seiner Kenntnisse oder Fähigkeiten. Diese Form der Personalbeurteilung dient der Unterstützung eines partizipativen Führungsstils und bezweckt die Verbesserung der Führungsqualität sowie die Erhöhung der Leistung und der Arbeitszufriedenheit von Vorgesetzten und Mitarbeitern.
- Selbstbeurteilung
  Die Mitarbeiter beurteilen ihre Leistung selbst. Die unabhängig vom Vorgesetzten erstellte Selbstbeurteilung wird der Beurteilung des Vorgesetzten gegenübergestellt, um anschließend Abweichungen und Übereinstimmungen zu analysieren. Dadurch soll die Akzeptanz der endgültigen Beurteilung erhöht und Erwartungen des Mitarbeiters und des Vorgesetzten abgeglichen werden.
- 360°-Beurteilung
  Neben der Selbstbeurteilung des Beurteilten und der Fremdbeurteilung des Vorgesetzten werden die Einschätzungen weiterer Personen einbezogen. Diese können untergeordnete Mitarbeiter, Kollegen und Außenstehende sein, wie z.B. Kunden und Lieferanten.

Bewertungsgrundlage

Nach der Bewertungsgrundlage werden unterschieden (vgl. KLIMECKI/GMÜR (2005), S. 266; ROBBINS (2001), S. 565):

- Leistungsbezogene Beurteilung
  Es stehen die in der vergangenen Periode erreichten Leistungsergebnisse im Vordergrund. Bewertet wird, inwieweit die vorab festgelegten Ziele erreicht wurden. Sie ist *vergangenheitsbezogen* und hat nur einen unbestimmten Einfluss auf das Verhalten der Mitarbeiter, da dieser seine Leistung hinterfragen und sich selbst neu orientieren muss.
- Verhaltensbezogene Beurteilung
  Primäres Beurteilungskriterium ist das Arbeitsverhalten des Mitarbeiters. Beispiele für Beurteilungskriterien sind Pünktlichkeit, Flexibilität, Hilfestellungen für Kollegen, Verbesserungsvorschläge und freiwillige Übernahme von Zusatzaufgaben. Sie ist *gegenwartsbezogen* und geeignet, das Arbeitsverhalten der Mitarbeiter in eine spezifische Richtung zu lenken.
- Personenbezogene Beurteilung
  Dieser Ansatz zielt auf die Einschätzung der Bereitschaft und der Fähigkeit zur Aneignung spezifischer Qualifikationen. Sie beeinflusst das Arbeitsverhalten der Mitarbeiter in die Richtung künftiger Anforderungen und ist *zukunftsorientiert*.

Beurteilungsverfahren

Nach der Art und Weise, wie die Beurteilung erarbeitet wird, werden folgende Typen von Beurteilungsverfahren unterschieden (vgl. Domsch/Gerpott (1992), Sp. 1637; Berthel/Becker (2013), S. 275):

- Rangordnungsverfahren
  Die Mitarbeiter werden hinsichtlich der Beurteilungskriterien verglichen und in eine Rangfolge eingeordnet.
- Kennzeichnungsverfahren
  Der Vorgesetzte gibt an, ob die Beurteilungskriterien oder bestimmte Aussagen auf den Mitarbeiter zutreffen. Für jedes Beurteilungskriterium gibt es zwei Ausprägungen (»ja/nein«; »Aussage trifft zu/Aussage trifft nicht zu«).
- Einstufungsverfahren
  Diese Verfahren sehen eine Beurteilung nach mehreren Kriterien mit mehreren Ausprägungsgraden vor. Das ermöglicht es, unterschiedliche Ausprägungen der Kriterien bei den Mitarbeitern zu erfassen.

Beurteilungsfehler

Beurteilungsfehler verzerren eine objektive Urteilsbildung und vermindern damit die Aussagekraft und die Verhaltenswirkungen von Personalbeurteilungen. Beurteilungsfehler können durch Probleme im Prozess der Informationserfassung und -verarbeitung verursacht werden. Sie können unbewusst entstehen oder auch bewusst herbeigeführt werden, weil z.B. ein wenig geeigneter Mitarbeiter weggelobt werden soll. Abbildung 5.24 gibt einen Überblick über unbewusste Beurteilungsfehler (vgl. Berthel/Becker (2013), S. 265 ff.).

Beurteilungsfehlern kann u.a. durch folgende Maßnahmen entgegengewirkt werden (vgl. Wunderer (2011), S. 337):

- Verwendung eines anforderungsgerechten systematisch, umfassend und verständlich formulierten Kriterienkatalogs,
- Einbeziehung einer Selbstbeurteilung in den Urteilsfindungsprozess,
- Beurteilung durch mehrere Personen (z.B. 360°-Beurteilung) sowie
- Besprechung der Beurteilung mit dem Beurteilten.

Abb 5.24

Unbewusste Fehler bei der Personalbeurteilung

Ursache der Beurteilungsfehler	Beurteilungsfehler
Wahrnehmungsfehler Einzelne Beurteilungsmerkmale werden unbewusst zu stark gewichtet.	*Halo-Effekt* Der Beurteiler lässt sich von einem Beurteilungsmerkmal positiv oder negativ leiten und generalisiert diese Einschätzung für alle anderen Beurteilungsmerkmale.
	Recency-Effekt Die Bewertung wird auf die zuletzt stattgefundenen Ereignisse abgestellt.
	Primacy-Effekt Der erste Eindruck als Momentaufnahme führt zu einem Gesamturteil.
	Klebereffekt Längere Zeit nicht beförderte Mitarbeiter werden unterschätzt und entsprechend schlecht bewertet.
	Hierarchieeffekt Mitarbeiter, die auf einer höheren Hierarchieebene eingeordnet sind, werden besser beurteilt.
	Lorbeereffekt In die Beurteilung fließen vor allem die in der Vergangenheit erreichten »Lorbeeren« ein.
Maßstabsverzerrungen Es wird unbewusst ein unzutreffendes Anspruchsniveau verwendet.	*Tendenz zur Mitte* Deutlich positive und negative Urteile werden vermieden.
	Tendenz zur Härte Der Vorgesetzte stellt unrealistisch überhöhte Anforderungen.
	Tendenz zur Milde Der Beurteilung wird ein zu niedriges Anspruchsniveau zugrunde gelegt.
	Sympathie-/Antipathie-Effekt Mitarbeiter, die auf den Vorgesetzten besonders sympathisch/unsympathisch wirken, werden besser/schlechter bewertet.

Führungsinstrumente der Verhaltensabgeltung

5.3.3.4

Anreize sind alle Merkmale einer Situation, die Motive aktivieren. Zu den Anreizen, die das Management zur Einflussnahme auf das Arbeitsverhalten zielorientiert gestalten kann, zählen u.a. der normative Rahmen der Unternehmung (→ QR-Glossar), die Planung und die Pläne, die Kontrollen, die Organisationsstruktur, die Arbeitsbedingungen und Arbeitsabläufe, der Führungsstil, Anerkennung, Kritik und Belohnungen. Ein Anreizsystem, das als strukturelles Führungsinstrument zur Verhaltensabgeltung gestaltet wird, sieht als Anreize nur *Belohnungen* vor. Es umfasst die

Anreizsystem

Gesamtheit der Regelungen zu den Belohnungen, die eine Unternehmung zur Beeinflussung des Arbeitsverhaltens der Mitarbeiter anbietet und gewährt (vgl. Hofmann (2002), Sp. 69).

Definition

***Anreizsysteme* legen die Art, den Umfang und den Zeitpunkt einer Belohnung fest. Eine *Belohnung* ist eine Maßnahme, die als Folge eines erwünschten Arbeitsverhaltens des Mitarbeiters eintritt oder veranlasst wird und die einen Beitrag zur Befriedigung mindestens eines seiner Motive bewirkt (in Anlehnung an KOSSBIEL (1994), S. 77 f.).**

Funktionen

Anreizsysteme dienen u.a. den folgenden Funktionen (vgl. BECKER (1995), Sp. 39 ff.):

- Aktivierungsfunktion
  Belohnungen sind Anreize, die Motive der Mitarbeiter aktivieren. Es entsteht Motivation.
- Verhaltensbeeinflussungsfunktion
  Belohnungen werden für ein im Hinblick auf die Unternehmungsziele erwünschtes Arbeitsverhalten gewährt und richten das Arbeitsverhalten der Mitarbeiter an den Unternehmungszielen aus.
- Informationsfunktion
  Die Mitarbeiter werden über das erwünschte Arbeitsverhalten informiert.

Struktur eines Anreizsystems

Die Struktur eines Anreizsystems lässt sich durch folgende Merkmale beschreiben (vgl. HUNGENBERG (2006), S. 358 ff.):

- die Art der Belohnung,
- die Bemessungsgrundlage,
- die Belohnungsregel sowie
- die Ausschüttungsregel.

Belohnungen

Belohnungen können extrinsisch und intrinsisch sein. Bei den *extrinsischen Belohnungen* werden materielle und immaterielle Belohnungen unterschieden (vgl. Abbildung 5.25). Für *materielle Belohnungen* lässt sich ein monetärer Wert angeben. Beispiele für diese Belohnungsart sind Geldprämien, Incentive Reisen und Dienstwagen. Kann der Belohnung kein monetärer Wert zugewiesen werden, ist sie *immateriell*. Qualifizierungsangebote, Auszeichnungen und die Übertragung interessanterer Aufgaben sind Beispiele für immaterielle Belohnungen. *Intrinsische Belohnungen* resultieren direkt aus der Aufgabe oder aus der Aufgabenerfüllung. Sie sind kein Gegenstand der Regelungen eines Anreizsystems.

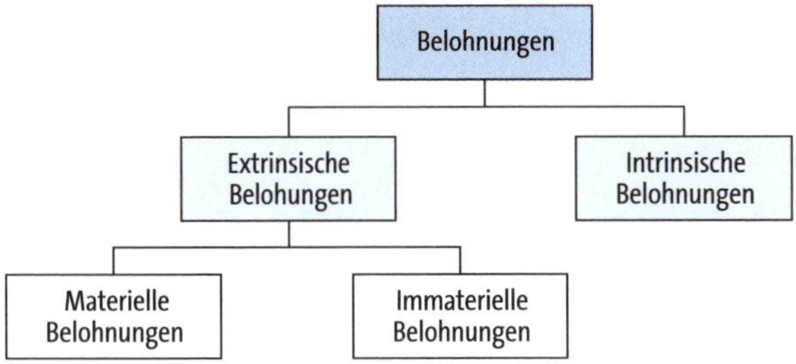

Abb 5.25

Arten von Belohnungen

Bemessungsgrundlage

Die Bemessungsgrundlage ist ein Indikator für das erwünschte Arbeitsverhalten des Mitarbeiters. Damit das Anreizsystem seine Verhaltensbeeinflussungsfunktion erfüllen kann, sollte die Bemessungsgrundlage u.a. folgende Eigenschaften haben:

- Beeinflussbarkeit (Controllability)
  Der Mitarbeiter kann über sein Arbeitsverhalten Einfluss auf den Wert der Bemessungsgrundlage nehmen.
- Anreizkompatibilität
  Der Wert der Bemessungsgrundlage kann nur durch ein Arbeitsverhalten gesteigert werden, durch das der Mitarbeiter einen Beitrag zur Erreichung der Unternehmungsziele erbringt.

Beispiele für die Bemessungsgrundlage im Absatzbereich sind der Umsatz oder der erzielte Deckungsbeitrag, im Produktionsbereich der Anteil der fehlerfrei bearbeiteten Menge an der gesamten Produktionsmenge und in der Beschaffung der durchschnittliche Lagerbestand.

Belohnungsregel

Die Belohnungsregel legt fest, wie für eine Ausprägung der Bemessungsgrundlage die Höhe der Belohnung bestimmt wird. Die Höhe der Belohnung kann durch eine übergeordnete *Instanz subjektiv festgelegt* werden. Diese Regelung findet sich z.B. im betrieblichen Vorschlagswesen. Es kann vorsehen, dass der Vorgesetzte über die Prämie für den Verbesserungsvorschlag eines Mitarbeiters entscheidet (vgl. FRIEDL (2009), S. 160 f.). Bei quantifizierbaren Bemessungsgrundlagen kann die Belohnungsregel auch die Form einer *Belohnungsfunktion* haben. Sie definiert den Zusammenhang zwischen der Bemessungsgrundlage und der Höhe der Belohnung. Sie gelangen bei Prämienlöhnen zur Anwendung, die sich aus einem Grundlohn und einem leistungsabhängigen Zuschlag zusammensetzen. Der Zuschlag stellt die Prämie dar, die eine Mengenleistungs-, eine Qualitäts-, eine Ersparnis- oder eine Nutzungsgradprämie sein kann. Abbildung 5.26 zeigt mögliche Verlaufsformen für Prämienlöhne. Bestimmt wird der Verlauf durch die Relation zwischen dem Grundlohn und der Prämie, das Verhalten der Prämie bei Änderungen der Ausprägung der Bemessungsgrundlage (linearer, progressiver, degressiver Verlauf) und die Leistungs- und die Prämienspanne. Die Leistungsspanne definiert das Intervall, in dem für Leistungen eine Prämie gewährt wird. Der Bereich, in dem die Prämie variieren kann, wird durch die Prämienspanne begrenzt (vgl. SCHANZ (2000), S. 600 ff.).

Abb 5.26

Verlaufsformen eines Prämienlohns

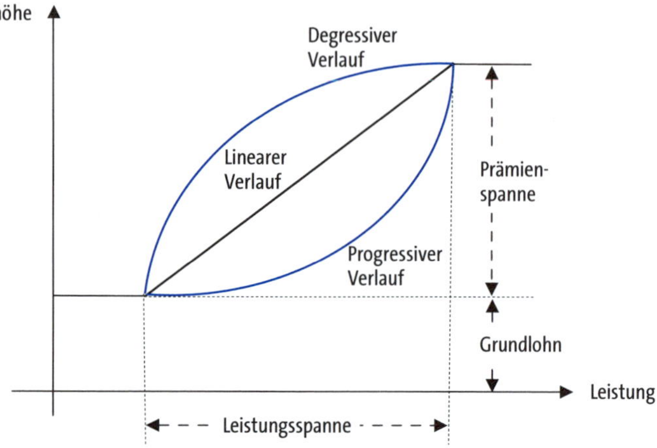

Ausschüttungsregel

Die Ausschüttungsregel legt fest, zu welchem Zeitpunkt die Belohnung gewährt wird. Sie ist immer dann von Bedeutung, wenn die Wirkungen des Arbeitsverhaltens von Mitarbeitern zeitlich verzögert eintreten, wie z. B. bei der Entwicklung eines Produktes.

materielles Anreizsystem

Ein Teilsystem des Anreizsystems der Unternehmung ist das materielle Anreizsystem, das die monetären und geldwerten Belohnungen für die erbrachte Arbeitsleistungen regelt. Sie dienen folgenden Funktionen (vgl. DRUMM (2005), S. 591):

- Vergütungsfunktion
  Die erbrachte Leistung soll angemessen vergütet werden.
- Gewinnungs- und Bindungsfunktion
  Es soll die Wahrscheinlichkeit gesteigert werden, passende Mitarbeiter gewinnen und in der Unternehmung halten zu können.
- Verhaltensbeeinflussungsfunktion
  Das Leistungsverhalten der Mitarbeiter soll an den Unternehmungsziele len ausgerichtet werden.

Belohnungen materieller Anreizsysteme

Die Belohnungen materieller Anreizsysteme bestehen aus einem obligatorischen und einem fakultativen Teil (vgl. BECKER (1995), Sp. 40). Der *obligatorische Teil* setzt sich zusammen aus

- dem Grundentgelt (Grundlohn, Grundgehalt),
- den leistungsorientierten Entgelten,
- den tarifvertraglich festgelegten Sozial- und Zusatzleistungen (z. B. Urlaubsentgelt, Weihnachtsentgelt) und
- die freiwilligen Zusatzleistungen (z. B. verbilligtes Kantinenessen, Fahrtkostenzuschüsse, Kindergartengebühren).

Über den *fakultativen Teil* werden die Mitarbeiter über das Entgelt für die geleistete Arbeit hinaus am Erfolg der Unternehmung beteiligt. Formen des fakultativen Teils der Belohnung sind (vgl. WUNDERER (2011), S. 402 ff.):

- Erfolgsbeteiligungen
  Zusätzlich zum obligatorischen Teil der Belohnung wird ein Anteil am Erfolg gewährt. Nach der Bemessungsgrundlage werden Ertrags-, Gewinn- und Leistungsbeteiligungen unterschieden.
- Kapitalbeteiligungen
  Die Mitarbeiter sind am Eigen- oder Fremdkapital der Unternehmung beteiligt. Bei einer Eigenkapitalbeteiligung sind sie am Gewinn der Unternehmung beteiligt, bei einer Fremdkapitalbeteiligung haben sie Anspruch auf eine vorab festgelegte Zinszahlung.
- Kombinationen aus Erfolgs- und Kapitalbeteiligung
  Die Erfolgsanteile der Mitarbeiter verbleiben ganz oder teilweise als Eigen- oder Fremdkapital in der Unternehmung.

Einen Überblick über die Formen der Erfolgs- und Kapitalbeteiligung gibt Abbildung 5.27 (vgl. WUNDERER (2011), S. 403; OECHSLER/PAUL (2015), S. 396 ff.).

Erfolgsbeteiligung	Leistungsbeteiligung	▶ Produktivitätsbeteiligung ▶ Kostenersparnisbeteiligung ▶ Beteiligung am Produktionsvolumen
	Ertragsbeteiligung	▶ Umsatzbeteiligung ▶ Netto- oder Rohertragsbeteiligung ▶ Wertschöpfungsbeteiligung
	Gewinnbeteiligung	▶ Bilanzgewinnbeteiligung ▶ Ausschüttungsgewinnbeteiligung ▶ Substanzgewinnbeteiligung
Kapitalbeteiligung	Fremdkapitalbeteiligung	▶ Mitarbeiterdarlehen ▶ Schuldverschreibungen
	Eigenkapitalbeteiligung	▶ Belegschaftsaktien ▶ GmbH-Anteile ▶ Genossenschaftsanteile
	Mischformen	▶ Genussrechte ▶ Stille Beteiligung

Abb 5.27

Formen der Erfolgs- und Kapitalbeteiligung

5.3.3.5 Übergreifende Führungsinstrumente

Kommunikation

Die situations- und personenspezifischen fallweisen Regelungen, die Informationen über das tatsächliche Arbeitsverhalten sowie die Reaktionen auf das Ergebnis der Verhaltensbeurteilung müssen zwischen Vorgesetzten und Mitarbeitern übertragen werden. Die Kommunikation zählt damit zu den wichtigsten Führungsinstrumenten, denn Führungskräfte können ihre Aufgaben nur dann erfüllen, wenn sie mit ihren Mitarbeitern in unmittelbaren Kontakt treten (vgl. NEUBERGER (2015), S. 6).

Definition

Kommunikation ist die zweckgerichtete Übertragung von Informationen zwischen Sender und Empfänger zu einem bestimmten Zeitpunkt in einem bestimmten Kontext mit den folgenden Phasen: Auswahl der Information durch den Sender, Austausch der ausgewählten Informationen und Verstehen der übermittelten Informationen durch den Empfänger (vgl. ROBBBINS/COULTER/FISCHER (2014), S. 447).

Richtung des Kommunikationsflusses

Nach der Richtung des Kommunikationsflusses werden die laterale, die diagonale, die absteigende und die aufsteigende Kommunikation unterschieden (vgl. Abbildung 5.28). *Lateral* ist die Kommunikation zwischen Mitarbeitern der gleichen Ebene der Unternehmungshierarchie. Tauschen Mitarbeiter verschiedener Arbeitsbereiche und Unternehmungsebenen Informationen aus, liegt eine *diagonale* Kommunikation vor (vgl. ROBBINS/COULTER (2012), S. 440 f.). Die absteigende und die aufsteigende Kommunikation finden zwischen den Vorgesetzten und ihren Mitarbeitern statt. Sie sind Formen der Vorgesetzten-Untergebenen-Kommunikation. Die *abstei-*

Abb 5.28 *Richtung des Kommunikationsflusses*

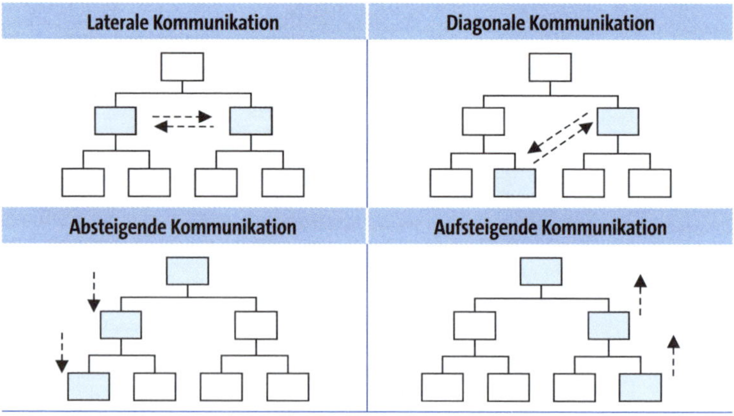

gende Kommunikation schließt alle Informationen ein, die Mitarbeiter für die Erledigung ihrer Aufgaben benötigen. Diese beziehen sich auf konkrete Arbeitsvorgaben, die Erläuterung und Begründung von Verfahrensweisen sowie die Ergebnisse und Konsequenzen der personenbezogenen Kontrolle und der Personalbeurteilung. Bei der *aufsteigenden* Kommunikation erhält der Vorgesetzte von seinen Mitarbeitern die Information, die er für seine Arbeit benötigt, wie z.B. Daten, Berichte und Verbesserungsvorschläge (vgl. Nerdinger (2014b), S. 61 f.).

Der Führungsstil eines Vorgesetzten wird auch durch den Stil bei der Vorgesetzten-Untergebenen-Kommunikation umgesetzt.

Definition

Der *Kommunikationsstil* einer Führungskraft ist ein relativ stabiles Muster der Art und Weise, wie sie kommuniziert.

Kommunikationsform

Der Kommunikationsstil wird u.a. von der Kommunikationsform geprägt. Die Kommunikationsform lässt sich durch die in Abbildung 5.29 genannten Merkmale beschreiben (vgl. Hungenberg/Wulf (2011), S. 330 ff.).

Abb 5.29

Kommunikationsformen

Merkmal	Ausprägungen
Individualisierungsgrad der Kommunikation	*Persönliche Kommunikation* Der Vorgesetzte und der Mitarbeiter stehen in direktem Kontakt und die Kommunikationsinhalte sind auf den jeweiligen Kommunikationspartner zugeschnitten.
	Unpersönliche Kommunikation Es werden standardisierte Inhalte übertragen, die sich an eine mehr oder weniger große Zahl von Empfängern richtet.
Feedbackmöglichkeiten bei der Kommunikation	*Einwegekommunikation* Dem Empfänger werden keine Feedbackmöglichkeiten eingeräumt.
	Zweiwegekommunikation Dem Empfänger werden Feedbackmöglichkeiten eingeräumt.
Verbindlichkeit der Kommunikation	*Formale Kommunikation* Sie ist an hierarchisch vorgegebene Strukturen gebunden und vollzieht sich auf dem »Dienstweg«, sie ist verbindlich, findet in offiziellen Räumen statt (z. B. Büros, Konferenzräume), ist sorgfältig ausgearbeitet und kann immer einem Sender zugeordnet werden[1])
	Informale Kommunikation Sie ist nicht an hierarchisch vorgegebene Strukturen gebunden und dient vor allem dem Bedürfnis der Mitarbeiter nach sozialen Kontakten.

1) vgl. Nerdinger (2014b), S. 65

Kommunikationsstile einer Führungskraft

Mit diesen Merkmalen lassen sich zwei mögliche Kommunikationsstile einer Führungskraft abgrenzen:

- der direktive und
- der partizipative Kommunikationsstil.

Der *direktive Kommunikationsstil* lässt sich als eine absteigende, formale, unpersönliche Einwegekommunikation kennzeichnen. Aufwärtsgerichtete Kommunikation findet sehr viel seltener statt, ist kürzer und tendiert zu Verzerrungen, d.h. die Informationen werden unvollständig, tendenziös oder verfälscht weitergegeben (vgl. Nerdinger (2014b), S. 62). Eine auf- und absteigende persönliche Zweiwegekommunikation, die auch informal abläuft, kennzeichnet einen *partizipativen Kommunikationsstil*.

Abbildung 5.30 zeigt den Zusammenhang zwischen dem Führungsstil und dem Kommunikationsstil in einem Führungsstilkontinuum mit vier Stufen (vgl. Sadler (1970), S. 7), das aus dem Ansatz von Tannenbaum/Schmidt (→ Abschnitt 5.3.2.2, S. 223f.) durch Zusammenfassung sehr ähnlicher oder sich überlappender Stufen hervorgeht (vgl. Richmond/McCrosky (1979), S. 362f.).

Mitarbeitergespräch

Eine Form der persönlichen Zweiwegekommunikation in einer Vorgesetzten-Mitarbeiter-Beziehung ist das Mitarbeitergespräch.

Abb 5.30 | *Führungs- und Kommunikationsstil*

Vorgesetztenzentrierter Führungsstil →

← **Mitarbeiterzentrierter Führungsstil**

Gebrauch von Positionsmacht durch den Vorgesetzten

Entscheidungsspielraum der Mitarbeiter

Tells Style	Sells Style	Consults Style	Joins Style
Der Vorgesetzte trifft die Entscheidung und gibt sie den Mitarbeitern mit der Erwartung vor, dass sie ohne hinterfragt zu werden realisiert wird.	Der Vorgesetzte entscheidet, er ist aber bestrebt, die Mitarbeiter von seiner Entscheidung zu überzeugen, bevor er sie vorgibt.	Der Vorgesetzte trifft die endgültige Entscheidung, nachdem er den Mitarbeitern das Problem aufgezeigt hat und er ihre Informationen, Empfehlungen und Lösungsvorschläge erhalten hat.	Die Mitarbeiter entscheiden mit oder auch ohne den Vorgesetzten, nachdem dieser zuvor das Problem und die Grenzen des Entscheidungsspielraums aufgezeigt hat. Nach einer offenen Diskussion wird eine Mehrheitsentscheidung getroffen.
Absteigende, unpersönliche Einwegekommunikation Fragen zur Klarstellung oder zur Verfahrensweise sind erlaubt. Fragen zur Richtigkeit der Entscheidung sind unerwünscht.	*Teilweise persönliche Zweiwegekommunikation, die vorwiegend, aber nicht ausschließlich absteigend verläuft* Kritische Fragen werden mit dem Ziel beantwortet, die Mitarbeiter von der Entscheidung zu überzeugen.	*Überwiegend aufsteigende, persönliche Zweiwegekommunikation* Die Mitarbeiter kommunizieren mit den Vorgesetzten über verschiedene Problemlösungen hinsichtlich der Unternehmungs- und Mitarbeiterziele.	*Überwiegend laterale, persönliche Zweiwegekommunikation* Vorgesetzte und Mitarbeiter kommunizieren als Gleichberechtigte. Die Mitarbeiterziele bestimmen die Diskussion und die Entscheidung.

Nicht zu den Mitarbeitergesprächen zählt die routinemäßige Alltagskommunikation im direkten Zusammenhang mit der Erledigung einer Aufgabe, wie z.B. die laufenden Arbeitsanweisungen des Vorgesetzten (vgl. MENTZEL/GROTZFELD/HAUB (2012), S. 17 f.). Mitarbeitergespräche können der Verhaltenslenkung, der Verhaltensbeurteilung und der Verhaltensabgeltung dienen. Nach dem Zweck werden verschiedene Arten von Mitarbeitergesprächen unterschieden. Einen Überblick über die Arten von Mitarbeitergesprächen gibt Abbildung 5.31.

Definition

Zu den *Mitarbeitergesprächen* zählen alle regelmäßig, zu geplanten Terminen stattfindenden oder anlassbezogenen Gespräche zwischen dem Vorgesetzten und seinen Mitarbeitern zu einem bestimmten Sachverhalt oder mit einer bestimmten Zielsetzung.

Arten von Mitarbeitergesprächen

Abb 5.31

Arten von Mitarbeitergesprächen

Rhythmus	Zweck des Mitarbeitergesprächs
Regelmäßige Mitarbeitergespräche	*Zielvereinbarungsgespräch* Gegenstand ist die Vorgabe oder Vereinbarung überprüfbarer Ziele für eine Periode.
	Ziel- und Arbeitsüberprüfungsgespräch Themen sind der Zielerfüllungsgrad, die Leistungsbedingungen, aufgetretene Abweichungen von den vereinbarten oder vorgegebenen Zielen.
	Beurteilungsgespräch Der Vorgesetzte erläutert und begründet seine Beurteilung gegenüber dem Mitarbeiter. Der Mitarbeiter nimmt Stellung zur Beurteilung.
	Fördergespräch Gesprächszweck ist die Personalentwicklung.
Anlassabhängige Mitarbeitergespräche	*Einführungsgespräch* Zweck dieses Gesprächs ist die Personalintegration.
	Unterweisungsgespräch Zweck ist die Vermittlung von Fachkenntnissen und Fähigkeiten.
	Delegationsgespräch Der Vorgesetzte überträgt einem Mitarbeiter eine Aufgabe mit genau abgegrenzten Kompetenzen und Verantwortlichkeiten zur selbstständigen Erledigung.
	Feedbackgespräch Themen sind die erzielten Leistungen oder Fehler, die dem Mitarbeiter unterlaufen sind, sowie die damit verbundene Anerkennung und Kritik.
	Abgangsgespräch Um negative Faktoren der Arbeitssituation zu identifizieren, werden Gespräche mit Mitarbeitern geführt, die selbst gekündigt haben.
	Disziplinar- oder Abmahngespräch Anlass ist eine Verfehlung des Mitarbeiters.

Vier-Seiten-Modell der Kommunikation

Jeder Austausch von Nachrichten ist untrennbar mit dem Austausch emotionaler Botschaften verbunden. Nach dem Vier-Seiten-Modell der Kommunikation nach SCHULZ VON THUN enthält eine Nachricht gleichzeitig vier Botschaften, die als Seiten einer Nachricht bezeichnet werden. In Abbildung 5.32 werden die vier Seiten einer Nachricht erläutert (vgl. SCHULZ VON THUN (1998), S. 26 ff.).

Abb 5.32

Vier Seiten einer Nachricht

Seite der Nachricht		Übermittelte Inhalte
Sachseite		Übermittelt werden Sachinformationen, d. h. Daten, Fakten, Sachverhalte.
Emotionale Seite	Beziehungsseite (Du- und Wir-Botschaft)	Übermittelt wird, was der Sender vom Empfänger hält und wie der Sender die Beziehung zum Empfänger einschätzt, z. B. Wertschätzung, Respekt, Wohlwollen, Gleichgültigkeit oder Abneigung in Bezug auf den Empfänger. Nach der Wahrnehmung kann sich der Empfänger akzeptiert, herabgesetzt, respektiert oder bevormundet fühlen.
	Selbstoffenbarungsseite (Ich-Botschaft)	Vom Sender werden gewollt oder ungewollt Informationen über die eigene Person übermittelt (z. B. Gefühl der Überlegenheit, der Unwissenheit).
	Appellseite	Übermittelt wird die beabsichtigte Wirkung, um Einfluss auf den Empfänger zu nehmen. Der Sender will den Empfänger mit der übermittelten Nachricht veranlassen, etwas zu tun oder zu unterlassen, zu denken oder zu fühlen.

emotionale Botschaften

Die emotionalen Botschaften müssen vom Empfänger interpretiert werden, sie können missverstanden werden und zu unterwarteten, unverständlichen Reaktionen führen (vgl. Infokasten). Nur wenn die emotionalen Botschaften der ausgetauschten Nachrichten geklärt sind und kein Interpretationsspielraum besteht, kann eine sachliche Kommunikationsatmosphäre entstehen. Diese ist geeignet, die Bereitschaft der Mitarbeiter zur Aufnahme und Verarbeitung der Nachricht zu erhöhen und die mit der Kommunikation beabsichtigten Wirkungen zu erreichen (vgl. BÜHNER (2005), S. 292 f.).

Info

Aussage des Meisters:
»Meier, Sie haben im letzten Monat 20 % Ausschuss produziert.«
Interpretation der Aussage des Meisters durch den Mitarbeiter:
Beziehungsebene:
Kritisch-positiv: »Sie brauchen meine Hilfe.«

Fürsorglich: »Kann ich Ihnen irgendwie helfen?«
Kritisch-negativ: »Sie sind schlecht, Sie enttäuschen mich.«
Wehleidig: »Warum tun Sie mir das an?«
Selbstoffenbarungsebene:
Neutral: »Ich verstehe die Ursache nicht.«
Negativ: »Ich bin ärgerlich.«
Appellebene:
Mögliche Interpretation: »Arbeiten Sie sorgfältiger.«
Aufforderung wird nicht wahrgenommen.

Beeinflussung von Mitarbeitern

Die Beeinflussung von Mitarbeitern setzt voraus, dass so klar wie möglich kommuniziert wird, um Missverständnisse mit unerwünschten Verhaltenswirkungen zu vermeiden. Die übermittelten Nachrichten sollten folgenden Anforderungen genügen (vgl. Bühner (2005), S. 292 f.):

- Sachlichkeit,
- Verständlichkeit und
- Ausführlichkeit.

Sachlichkeit verlangt, dass die Führungskraft die emotionalen Bestandteile der Nachricht deutlich macht. Im Beispiel könnte der Meister seine Aussage etwa wie folgt ergänzen: *»Sie sind sonst ein sehr zuverlässiger und sorgfältiger Mitarbeiter. Gibt es ein technisches oder organisatorisches Problem, das sie nicht lösen können?«* Um die *Verständlichkeit* der Nachricht zu gewährleisten, sind einfache und prägnante Formulierungen und Darstellungsformen zu wählen, die an den Erfahrungs- und Kenntnisstand sowie das Informationsverhalten des Empfängers angepasst sind. Der Forderung nach *Ausführlichkeit* wird entsprochen, wenn auch über die Hintergründe, Ziele, Wirkungen und Konsequenzen der Sachverhalte (z.B. bei der Übermittlung von Anweisungen, Beurteilungen) informiert wird.

Führungsmodelle

5.3.4

Definition

***Führungsmodelle* sind Soll-Konzepte für die Gestaltung der Vorgesetzten-Mitarbeiter-Beziehung, die Orientierungshilfen für die Unternehmungspraxis vermitteln können.**

Die Empfehlungen der Führungsmodelle betreffen die Auswahl und Kombination von Führungsinstrumenten, um darüber einen spezifischen Führungsstil umzusetzen. Zu den bekanntesten Führungsmodellen zählen die Management-by-Konzepte. Es ist inzwischen eine Vielzahl solcher Konzepte vorgeschlagen worden. Einige können als *Grundkonzepte* verstanden werden, die allgemeine Grundsätze zur Gestaltung der Beziehungen zwischen Vorgesetz-

Management-by-Konzepte

ten und Mitarbeitern im Führungsprozess zum Inhalt haben. Andere Konzepte präzisieren einzelne Aspekte dieser allgemeinen Grundsätze und stellen nur *Ausgestaltungsformen der Grundkonzepte* dar (vgl. Krüger (1995b), S. 174). Abbildung 5.33 gibt einen Überblick über die Konzepte.

Abb 5.33 | *Management-by-Konzepte*

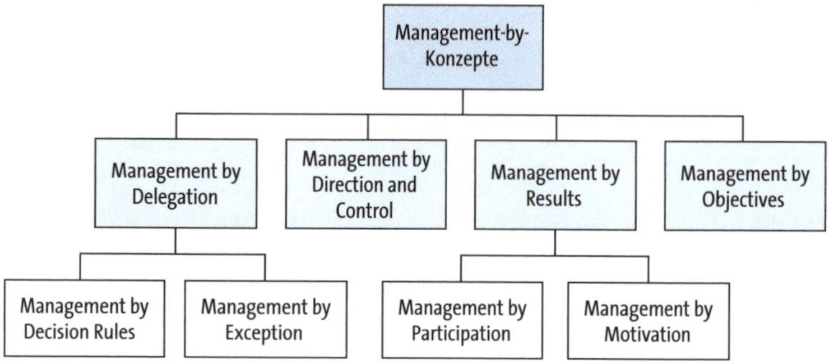

Management by Direction and Control

(1) Management by Direction and Control

Das Management by Direction and Control (Management durch Anweisung und Kontrolle) sieht die Vorgabe *expliziter Verhaltensnormen* und *Fremdkontrollen* vor. Merkmal dieses Führungsmodells ist eine stark ausgeprägte *Entscheidungszentralisation* (→ QR-Glossar). Dieses Führungsverhalten entspricht einem *autoritären Führungsstil* (vgl. Krüger (1995b), S. 175).

(2) Management by Results

Management by Results

Das Management by Results beruht auf der Annahme, dass durch die Vorgabe von Ergebnissen höhere Leistungen erzielt werden können als durch Verfahrensvorschriften. Vorgegeben werden deshalb *implizite Verhaltensnormen*, die ohne Beteiligung der Mitarbeiter vom Vorgesetzten festgelegt werden. Die Erreichung der Ergebnisse wird ebenfalls durch den Vorgesetzten kontrolliert, es werden *Fremdkontrollen* durchgeführt. Auch dieses Konzept steht für einen *autoritären Führungsstil* (vgl. Fuchs-Wegner (1987), Sp. 1368).

Management by Participation

Beim Management by Participation handelt es sich um eine Ausgestaltungsform des Management by Results. Es sieht eine *Beteiligung der Mitarbeiter* an der Festlegung der impliziten Verhaltensnormen vor. Es nutzt die Erkenntnis der Zielsetzungstheorie (→ Abschnitt 5.1.2.3, S. 207 ff.), dass die Partizipation der Mitarbeiter an der Festlegung der Ziele leistungssteigernd wirkt.

Management by Motivation

Das Management by Motivation kann als Weiterführung des Management by Participation verstanden werden. Bei diesem Konzept soll das Leistungsverhalten der Mitarbeiter nicht nur durch die Beteiligung an der Festlegung der Verhaltensnormen beeinflusst werden, sondern auch durch eine *Ausweitung der Handlungsspielräume* und die Betonung von *Selbstkontrollen* gegenüber Fremdkontrollen (vgl. Fuchs-Wegner (1987), Sp. 1368 f.).

(3) Management by Delegation

Management by Delegation

Der Grundgedanke des Management by Delegation ist gekennzeichnet durch die Abkehr vom traditionellen autoritär-patriarchalischen Führungsstil, der dem Management by Direction and Control und dem Management by Results zugrunde liegt. Es sieht die *Delegation von Entscheidungskompetenzen* an die Mitarbeiter vor, die in Stellenbeschreibungen fixiert ist. Die Führung durch Einzelaufträge wird ersetzt durch die Übertragung von Daueraufgaben einschließlich der für die Durchführung dieser Aufgaben erforderlichen Entscheidungskompetenzen. Die Leitungsbefugnisse verbleiben bei den Vorgesetzten. Das bedeutet u. a., dass die personenbezogene Kontrolle als *Ergebniskontrolle durch den Vorgesetzten* (Fremdkontrolle) durchgeführt wird (vgl. Krüger (1995b), S. 176).

Management by Decision Rules

Das Management by Decision Rules sieht vor, dass der gewährte Entscheidungsspielraum durch die Vorgabe *bedingter Verhaltensnormen* in der Form von Entscheidungsregeln begrenzt wird. Ein Beispiel für eine solche Entscheidungsregel ist die Vorgabe für einen Sachbearbeiter in der Schadensregulierung einer Versicherungsunternehmung, bei Schäden unter einem vorgegebenen Betrag den Schadensbetrag ohne weitere Prüfung an den Geschädigten zu überweisen (vgl. Hungenberg/Wulf (2011), S. 385). Da die Formulierung von Entscheidungsregeln nur möglich ist, wenn alle möglichen Entscheidungssituationen bekannt sind, ist der Anwendungsbereich des Management by Decision Rules auf *Routineentscheidungen* beschränkt (vgl. Fuchs-Wegner (1987), Sp. 1367).

Management by Exception

Das Management by Exception zielt darauf, den Vorgesetzten von Routineaufgaben zu entlasten und sieht deshalb eine *weitgehende Delegation* der Kompetenzen für die mit der Aufgabenerfüllung verbundenen Entscheidungen sowie eine begrenzte *Selbstkontrolle* der Ergebnisse vor. In die Aufgabenerfüllung durch den Mitarbeiter soll der Vorgesetzte nur noch in *Ausnahmefällen* eingreifen. Diese liegen vor, wenn die Aufgabenerfüllung Entscheidungen verlangt, die den gewährten Entscheidungsspielraum überschreiten, oder die bei den Selbstkontrollen identifizierten Ergebnisabweichungen über oder unter den vorgegebenen Schwellenwerten liegen. Da die Kommunikation zwischen Mitarbeiter und Führungskraft auf die meist negativen Ausnahmesituationen begrenzt ist, kann sich dieses Konzept ungünstig auf das Arbeitsverhalten des Mitarbeiters auswirken (vgl. Frese (1969), Sp. 958).

(4) Management by Objectives

Management by Objectives

Das Management by Objectives, das auch als Führung durch Ziele bezeichnet wird, sieht die *Vorgabe von Zielen* vor. Die Ziele werden aus den Unternehmungszielen hergeleitet und bringen zum Ausdruck, welchen Beitrag der Mitarbeiter in einem bestimmten vorgegebenen Zeitraum zur Erreichung der Unternehmungsziele zu erbringen hat. Die hergeleiteten Ziele sollten mit den Unternehmungszielen vereinbar, klar und exakt formuliert, realisierbar und flexibel sein, d.h. an Änderungen der Unternehmungs- und Umweltbedingungen angepasst werden können (vgl. FRESE (1987), S. 279 f.).

Führungsstil

Die Ziele können von der Führungskraft allein festgelegt und vorgegeben oder von Führungskraft und Mitarbeiter gemeinsam vereinbart werden. Die erste Variante der Führung durch Ziele steht für einen *autoritären Führungsstil* (Führung durch Zielvorgabe), mit der zweiten Variante (Führung durch Zielvereinbarung) wird ein *kooperativer Führungsstil* umgesetzt (vgl. KRÜGER (1995b), S. 176).

personenbezogene Kontrollen

Festgelegt werden auch *Zwischenziele*, auf deren Basis die Zielerreichung bereits während des betrachteten Zeitraums kontrolliert werden kann, um Fehlentwicklungen möglichst frühzeitig erkennen zu können. Am Ende des Bezugszeitraums wird die Zielerreichung abschließend kontrolliert, Verbesserungsmaßnahmen diskutiert und für den folgenden Zeitraum neue Ziele und Zwischenziele festgelegt. Die personenbezogenen Kontrollen werden als *Ergebniskontrollen von Vorgesetzten und Mitarbeitern gemeinsam* durchgeführt (vgl. FUCHS-WEGNER (1987), Sp. 1369 f.).

Zusammenfassung

Führung ergänzt die Organisation um Reglungen zur situations- und personenspezifischen Einflussnahme auf die Mitarbeiter, um ihr Arbeitsverhalten an den Unternehmungszielen auszurichten. *Aufgaben der Führung* sind die Anordnung dieser Regelungen (Verhaltenslenkung), die Beurteilung der Ausführung dieser Regelungen (Verhaltensbeurteilung) sowie die Reaktion auf die Ergebnisse dieser Beurteilung gegenüber den Mitarbeitern (Verhaltensabgeltung).

Ein Grund für die Unterschiede im *Führungsverhalten* sind die verschiedenen Menschenbilder, die Führungskräfte von den Mitarbeitern haben können. Das in der Unternehmungspraxis beobachtbare Verhalten der Führungskräfte ist durch mehrere Führungsstiltypologien beschrieben worden. Sie grenzen die verschiedenen Führungs-

stile u.a. nach dem Einsatz der Positionsmacht und der Orientierung an den Leistungs- und Mitarbeiterzielen ab.

Instrumente **der Verhaltenslenkung sind die verschiedenen Regelungen, die eine Führungskraft zur situations- und personenspezifischen Einflussnahme auf das Arbeitsverhalten anordnen kann. Sie unterscheiden sich vor allem in den Handlungsfreiräumen, die sie den Mitarbeitern lassen. Die Instrumente der Verhaltensbeurteilung unterscheiden sich u.a. in der Mitwirkung des Mitarbeiters bei der personenbezogenen Kontrolle und der Personalbeurteilung. Grundlage der Verhaltenslenkung, der Verhaltensbeurteilung und der Verhaltensabgeltung ist die Kommunikation zwischen dem Vorgesetzten und seinen Mitarbeitern. Erscheinungsformen der Vorgesetzten-Untergebenen-Kommunikation werden anhand der Kommunikationsformen und Kommunikationsstile aufgezeigt.**

Fragen

1. Wie unterscheidet sich die Positions- von der Personenmacht?
2. Was wird unter einem Menschenbild verstanden und welches Menschbild beschreibt die Theorie X?
3. Erläutern Sie das Führungsstilkontinuum nach Tannenbaum/Schmidt.
4. Welche Führungsstile werden nach der Orientierungsrichtung der Führungskräfte abgegrenzt?
5. Nennen Sie Beispiele für Vollzugs-, Qualitäts- und Gestaltungsnormen, die einem Mitarbeiter in der Produktion vorgegeben werden könnten.
6. Wie unterscheidet sich die personenbezogene von der sachbezogenen Kontrolle?
7. Welche Vor- und Nachteile hat die Selbstkontrolle?
8. Aus welchen Gründen wird die Mitarbeiterbeurteilung durch andere Formen der Personalbeurteilung ergänzt?
9. Wie unterscheiden sich der direktive und der partizipative Kommunikationsstil?
10. Was besagt das Vier-Seiten-Modell der Kommunikation und welche Konsequenzen lassen sich für die Vorgesetzten-Untergebenen-Kommunikation ableiten?
11. Für welchen Führungsstil steht das Management by Exception?

Literatur | 5.3.5

Oechsler/Paul (2015); Weibler (2012); Wunderer (2011)

Web-Service: http://www.uvk-lucius.de/generalmanagement

Literatur

ABELL, D.: Defining the Business. Englewood Cliffs (NJ) 1980.

ACHTZIGER, A./GOLLWITZER, P. M.: Motivation und Volition im Handlungsverlauf. In: Motivation und Handeln. Hrsg. von J. HECKHAUSEN und H. HECKHAUSEN. 4. Aufl., Berlin u .a. 2010, S. 309–335.

ADAM, D.: Planung und Entscheidung. 4. Aufl., Wiesbaden 1996.

ALEWELL, D.: Arbeitsteilung und Spezialisierung. In: Handwörterbuch Unternehmensführung und Organisation. Hrsg. von G. SCHREYÖGG und A. VON WERDER. 4. Aufl., Stuttgart 2004, Sp. 37–45.

ALEXANDER, L.: Successfully Implementing Strategic Decisions. In: Long Range Planning (18) 1985, S. 91–97.

ANSOFF, I.: Corporate Strategy. London u. a. 1988.

ANTHONY, R./GOVINDARAJAN, V.: Management Control Systems. 12. Aufl., Boston (MA) u. a. 2007.

BAMBERG, G./COENENBERG, A. G./KRAPP, M.: Betriebswirtschaftliche Entscheidungslehre. 15. Aufl., München 2012.

BAMBERGER, I./WRONA, T.: Strategische Unternehmensführung. 2. Aufl., München 2012.

BARNEY, J. B.: Gaining and Sustaining Competitive Advantage. 2. Aufl., Upper Saddle River (NJ) 2002.

BARNEY, J. B./HESTERLY, W. S.: Strategic Management and Competitive Advantage. 4. Aufl., Upper Saddle River (NJ) 2012.

BASS, B. M./RIGGIO, R. E.: Transformational Leadership. 2. Aufl., Mahwah (NJ) 2005.

BEA, F. X./GÖBEL, E.: Organisation. 4. Aufl., Stuttgart 2010.

BEA, F. X./HAAS, J.: Strategisches Management. 7. Aufl., Konstanz/München 2015.

BEA, F. X./SCHEURER, S./HESSELMANN, S.: Projektmanagement. 2. Aufl., Konstanz/München 2011.

BECK, T.: Die Projektorganisation und ihre Gestaltung. Berlin 1996.

BECKER, F. G.: Anreizsysteme als Führungsinstrumente. In: Handwörterbuch der Führung. Hrsg. von A. KIESER, G. REBER und R. WUNDERER. 2. Aufl., Stuttgart 1995, Sp. 34–45.

BECKER, F. G.: Grundlagen der Unternehmungsführung. Berlin 2011.

BERTHEL, J./BECKER, F. G.: Personal-Management. 10. Aufl., Stuttgart 2013.

BLAKE, R. R./MOUTON, J. S.: Verhaltenspsychologie im Betrieb. Düsseldorf/Wien 1986.

BLEICHER, K./MEYER, E.: Führung in der Unternehmung. Reinbek bei Hamburg 1976.

BOERNER, S.: Führungsstile und -konzepte. In: Handwörterbuch der Unternehmensführung und Organisation. Hrsg. von G. SCHREYÖGG und A. VON WERDER. 4. Aufl., Stuttgart 2004, Sp. 316–323.

BRAUN, G. E./BECKERT, J.: Funktionalorganisation. In: Handwörterbuch der Organisation. Hrsg. von E. FRESE. 3. Aufl., Stuttgart 1992, Sp. 640–655.

BRONNER, R.: Verantwortung. In: Handwörterbuch der Organisation. Hrsg. von E. FRESE. 3. Aufl., Stuttgart 1992, Sp. 2503–2513.

BROSE, P./CORSTEN, H.: Verhaltenstheoretische Überlegungen zur Partizipation. Entwurf eines interaktiven Ansatzes. In: Zeitschrift für Betriebswirtschaft (53) 1983, S. 26–44.

BÜHNER, R.: Betriebswirtschaftliche Organisationslehre. 10. Aufl., München/Wien 2004.

BÜHNER, R.: Personalmanagement. 3. Aufl., München/Wien 2005.

CHMIELEWICZ, K.: Unternehmungsleitung, Organisation der. In: Handwörterbuch der Organisation. Hrsg. von E. FRESE, 3. Aufl., Stuttgart 1992, Sp. 2464–2480.

COENENBERG, A.G./SALFELD, R.: Wertorientierte Unternehmensführung. 2. Aufl., Stuttgart 2007.

COLLEY, J. ET AL.: Principles of General Management. New Haven (CT)/London 2007.

COLLINS, J. C./PORRAS, J. I.: Building your Company's Vision. In: Harvard Business Review (74) 1996, Heft 5, S. 65–77.

COMELLI, G./VON ROSENSTIEL, L./NERDINGER, F. W.: Führung durch Motivation. 5. Aufl., München 2014.

CORSTEN, H./CORSTEN, M.: Einführung in das strategische Management. Konstanz/München 2012.

DAFT, R. L./ KENDRICK, M./VERSHININA, N.: Management. Andover (MA) 2010.

DAVID, F. R.: Strategic Management. 14. Aufl., Boston (MA) u. a. 2013.

DAY, G. S.: Tough Questions for Developing Strategies. In: Journal of Business Strategy (15) 1986, S. 60–68.

DOMSCH, M.: Qualitätszirkel - Baustein einer mitarbeiterorientierten Führung und Zusammenarbeit. In: Zeitschrift für betriebswirtschaftliche Forschung (37) 1985, S. 428–441.

DOMSCH, M.: Personal. In: Vahlens Kompendium der Betriebswirtschaftslehre. Hrsg. von M. BITZ u. a. 5. Aufl., München 2005, S. 385–447.

DOMSCH, M./GERPOTT, T. J.: Personalbeurteilung. In: Handwörterbuch des Personalwesens. Hrsg. von E. GAUGLER und W. WEBER. 2. Aufl., Stuttgart 1992, Sp. 1631–1641.

DRUMM, H. J.: Personalwirtschaft. 5. Aufl., Berlin u. a. 2005.

EWERT, R./WAGENHOFER, A.: Externe Unternehmensrechnung. 8. Aufl., Wiesbaden 2014.

FALBE, C. M./YUKL, G.: Consequences for Managers of Using Single Influence Tactics and Combinations of Tactics. In: Academy of Management Journal (35) 1992, S. 638–652.

FAYOL, H.: Allgemeine und industrielle Verwaltung. München/Berlin 1929.

FRANKEN, R./FRESE, E: Kontrolle und Planung. In: Handwörterbuch der Planung. Hrsg. von N. SZYPERSKI. Stuttgart 1989, Sp. 888–898.

FREEMAN, R. E.: Strategic Management. Boston (MA) 1984.

FRESE, E.: Management by Exception. In: Handwörterbuch der Organisation. Hrsg. von E. GROCHLA. Stuttgart 1969, Sp. 956–959.

FRESE, E.: Unternehmungsführung. Landsberg 1987.

FRESE, E./SIMON, R.: Kontrolle und Führung. In: Handwörterbuch der Führung. Hrsg. von A. KIESER, G. REBER und R. WUNDERER. Stuttgart 1987, Sp. 1247–1257.

FRESE, E./GRAUMANN, M./THEUVSEN, L.: Grundlagen der Organisation. 10. Aufl., Wiesbaden 2012.

FRIEDL, B.: Kostenmanagement. Stuttgart 2009.

FRIEDL, B.: Controlling. 2. Aufl., München/Konstanz 2013.

FUCHS-WEGNER, G.: Management-by-Konzepte. In: Handwörterbuch der Führung. Hrsg. von A. KIESER, G. REBER und R. WUNDERER. Stuttgart 1987, Sp. 1366–1372.

GRANT, R. M./NIPPA, M.: Strategisches Management. 5. Aufl., München u.a. 2006.

GRÜN, O.: Projektorganisation. In: Handwörterbuch der Organisation. Hrsg. von E. FRESE. 3. Aufl., Stuttgart 1992, Sp. 2102–2116.

GULICK, L.: Notes on the Theory of Organization. In: Papers on the Science of Administration. Hrsg. von L. GULIK und L. URWICK. Concord (NH) 1937, S. 1–45.

HACKMAN, J. R./OLDHAM, G. R.: Work Redesign. Reading (MA) u. a. 1980.

HAHN, D.: Strategische Kontrolle. In: Strategische Unternehmungsplanung - Strategische Unternehmungsführung. Hrsg. von D. HAHN und B. TAYLOR. 9. Aufl., Berlin u. a. 2006, S. 451–464.

HAHN, D./HUNGENBERG, H.: PuK. Wertorientierte Controllingkonzepte. 6. Aufl., Wiesbaden 2001.

HAMBRICK, D. C./FREDERICKSON, J. W.: Are You Sure You Have a Strategy? In: Academy of Management Executive (19) 2005, S. 51–62.

HAMEL, R.: Zielplanung. In: Handwörterbuch der Planung. Hrsg. von N. SZYPERSKI. Stuttgart 1989, Sp. 2302–2316.

HAUSCHILDT, J.: Verantwortung. In: Handwörterbuch der Organisation. Hrsg. von E. GROCHLA. Stuttgart 1969, Sp. 1693–1702.

HAUSCHILDT, J.: Zielsysteme. In: Handwörterbuch der Organisation. Hrsg. von E. GROCHLA. 2. Aufl., Stuttgart 1980, Sp. 2417–2430.

HAX, H.: Die Koordination von Entscheidungen. Köln u. a. 1965.

HECKHAUSEN, H.: Motivation und Handeln. 2. Aufl., Berlin u. a. 2003.

HECKHAUSEN, J./HECKHAUSEN, H.: Motivation und Handeln: Einführung und Überblick. In: Motivation und Handeln. Hrsg. von J. HECKHAUSEN und H. HECKHAUSEN. 4. Aufl., Berlin u. a. 2010, S. 1–9.

HEINEN, E.: Betriebswirtschaftliche Kostenlehre. 6. Aufl., Wiesbaden 1983.

HENDERSON, B. D.: Die Erfahrungskurve in der Unternehmensstrategie. 2. Aufl., Frankfurt/New York 1984.

HILL, W./FEHLBAUM, R./ULRICH, P.: Organisationslehre 1. 5. Aufl., Bern/Stuttgart/Wien 1994.

HOFER, C. W./SCHENDEL, D.: Strategy Formulation. St. Paul u. a. 1978.

HOFMANN, C.: Anreizsysteme. In: Handwörterbuch Unternehmensrechnung und Controlling. Hrsg. von H.-U. KÜPPER und A. WAGENHOFER. 4. Aufl., Stuttgart 2002, Sp. 69–79.

HORVÁTH, P.: Controlling. 12. Aufl., München 2011.

HORVÁTH & PARTNERS (Hrsg.): Blanced Scorecard umsetzen. 4. Aufl., Stuttgart 2007.

HUNGENBERG, H.: Anreizsysteme für Führungskräfte. Theoretische Grundlagen und praktische Ausgestaltung. In: Strategische Unternehmungsplanung - Strategische Unternehmungsführung. Hrsg. von D. HAHN und B. TAYLOR. Berlin u. a. 2006, S. 353–364.

HUNGENBERG, H.: Strategisches Management in Unternehmen. 8. Aufl., Wiesbaden 2014.

HUNGENBERG, H./WULF, T.: Grundlagen der Unternehmensführung. 4. Aufl., Berlin/Heidelberg 2011.

JOHNSON, G./SCHOLES, K./WHITTINGTON, R.: Strategisches Management. 9. Aufl., München u. a. 2011.

KAPLAN, R. S./NORTON, D. P.: The Balanced Scorecard – Measures that Drive Performance. In: Harvard Business Review (70) 1992, S. 71–79.

KAPLAN, R. S./NORTON, D. P.: Balanced Scorecard. Stuttgart 1997.

KAPLAN, R. S./NORTON, D. P.: Die strategiefokussierte Organisation. Stuttgart 2001.

KIESER, A./WALGENBACH, P.: Organisation. 6. Aufl., Stuttgart 2010.

KIESER, A.: Abteilungsbildung. In: Handwörterbuch der Organisation. Hrsg. von E. FRESE. 3. Aufl., Stuttgart 1992, Sp. 57–72.

KIESER, A.: Einarbeitung neuer Mitarbeiter. In: Führung von Mitarbeitern Hrsg. von L. VON ROSENSTIEL, E. REGNET und M. E. DOMSCH. 6. Aufl., Stuttgart 2009, S. 148–157.

KLEIN, R./SCHOLL, A.: Planung und Entscheidung. 2. Aufl., München 2011.

KLEINBECK, U.: Handlungsziele. In: Motivation und Handeln. Hrsg. von J. HECKHAUSEN und H. HECKHAUSEN. 4. Aufl., Berlin u .a. 2010, S. 285–307.

KLIMECKI, R./GMÜR, M.: Personalmanagement. 3. Aufl., Stuttgart 2005.

KOLKS, U.: Strategieimplementierung. Wiesbaden 1990.

KOONTZ, H./WEIHRICH, H.: Management. 9. Aufl., New York u. a. 1988.

KOSIOL, E.: Organisation der Unternehmung. Wiesbaden 1962a.

KOSIOL, E.: Unternehmung. In: Handwörterbuch der Betriebswirtschaft. Hrsg. von H. SEISCHAB und K. SCHWANTAG. 3. Aufl., Stuttgart 1962b, Sp. 5540–5545.

KOSIOL, E.: Die Unternehmung als wirtschaftliches Aktionszentrum. Reinbek bei Hamburg 1972.

KOSSBIEL, H.: Überlegungen zur Effizienz betrieblicher Anreizsysteme. In: Die Betriebswirtschaft (54) 1994, S. 75–95.

KOSSBIEL, H.: Führungsinstrumente. In: Management-Lexikon. Hrsg. von R. BÜHNER. München/Wien 2001, S. 288–290.

KOSSBIEL, H.: Personalwirtschaft. In: Allgemeine Betriebswirtschaftslehre. Band 3: Leistungsprozesse. Hrsg. von F. X. BEA, B. FRIEDL und M. SCHWEITZER. 9. Aufl., Stuttgart 2006, S. 517–622.

KREIKEBAUM, H.: Strategische Unternehmensplanung. 4. Aufl., Stuttgart u. a. 1991.

KREIKEBAUM, H./GILBERT, D. U./ BEHNAM, M.: Strategisches Management. 7. Aufl., Stuttgart 2011.

KRÜGER, W.: Organisation der Unternehmung. 2. Aufl., Stuttgart 1993a.

KRÜGER, W.: Projektmanagement. In: Handwörterbuch der Betriebswirtschaft. Hrsg. von W. WITTMANN u. a. 5. Aufl., Stuttgart 1993b, Sp. 3559–3570.

KRÜGER, W.: Stellenbeschreibung als Führungsinstrument. In: Handwörterbuch der Führung. Hrsg. von A. KIESER, G. REBER und R. WUNDERER. 2. Aufl., Stuttgart 1995a, Sp.1986–1995.

KRÜGER, W.: Management-by-Konzepte. In: Handbuch Unternehmungsführung. Hrsg. von H. CORSTEN und M. REISS. Wiesbaden 1995b, S. 173–186.

KRÜGER, W.: Organisation. In: Allgemeine Betriebswirtschaftslehre. Band 2: Führung. Hrsg. von F. X. BEA, B. FRIEDL und M. SCHWEITZER. 9. Aufl. Stuttgart 2005, S. 140–234.

KRUSCHWITZ, L.: Investitionsrechnung. 14. Aufl., Berlin u. a. 2014.

KÜNZLI, H.: Motivation. In: Handbuch Angewandte Psychologie für Führungskräfte. Band II. Hrsg. von T. STEIGER und E. LIPPMANN. 4. Aufl., Berlin u. a. 2013, S. 145–158.

KÜPPER, H.-U. u. a.: Controlling. 6. Aufl., Stuttgart 2013.

LAUX, H./GILLENKIRCH, R. M./SCHENK-MATHES, H. Y.: Entscheidungstheorie. 8. Aufl., Berlin/Heidelberg 2012.

LAUX, H./LIERMANN, F.: Grundlagen der Organisation. 5. Aufl., Berlin u. a. 2003.

LAWLER, E. E.: Pay and Organizational Effectiveness. New York u. a. 1971.

LAWLER, E. E.: Motivierung in Organisationen. Bern, Stuttgart 1977.

LOCKE, E. A. u. a.: Goal Setting and Task Performance: 1969–1980. In: Psychological Bulletin (90) 1981, Heft 1, S. 125–152.

LOCKE, E. A./LATHAM, G. P./EREZ, M.: The Determinants of Goal Commitment. In: Academy of Management Review (13) 1988, Heft 1, S. 23–39.

LOMBRISER, R./ABPLANALP, P. A.: Strategisches Management. 5. Aufl. Zürich 2010.

LUTHANS, F.: Organizational Behavior. 10. Aufl., Boston (MA) 2005.

LYNCH, R.: Strategic Management. 6. Aufl., Harlow u. a. 2012.

MACHARZINA, K./WOLF, J.: Unternehmensführung. 9. Aufl., Wiesbaden 2015.

MAG, W.: Ausschüsse. In: Handwörterbuch der Organisation. Hrsg. von E. FRESE. 3. Aufl., Stuttgart 1992, Sp. 252–262.

MAG, W.: Unternehmungsplanung. München 1995.

MCGREGOR, D.: Der Mensch im Unternehmen. Hamburg u. a. 1986.

MENTZEL, W./GROTZFELT, S./ HAUB, C.: Mitarbeitergespräche erfolgreich führen. 10. Aufl., Freiburg, München 2012.
MINTZBERG, H./AHLSTRAND, B./LAMPEL, J.: Strategy Safari. Wien 1999.
MINTZBERG, H.: Patterns in Strategy Formation. In: Management Science (24) 1978, S. 934–948.
MÜLLER-STEWENS, G./BRAUER, M.: Corporate Strategy & Governance. Stuttgart 2009.
MÜLLER-STEWENS, G./LECHNER, D.: Strategisches Management. 4. Aufl., Stuttgart 2011.
NERDINGER, F. W.: Motivation und Handeln in Organisationen. Stuttgart 1995.
NERDINGER, F. W.: Arbeitsmotivation und Arbeitszufriedenheit. In: Arbeits- und Organisationspsychologie. Hrsg. von F. W. NERDINGER, G. BLICKLE und N. SCHAPER. 3. Aufl., Berlin u. a. 2014a, S. 419–440.
NERDINGER, F. W.: Interaktion und Kommunikation. In: Arbeits- und Organisationspsychologie. Hrsg. von F. W. NERDINGER, G. BLICKLE und N. SCHAPER. 3. Aufl. Berlin u. a. 2014b, S. 55–70.
NEUBERGER, O.: Das Mitarbeitergespräch. 6. Aufl., Wiesbaden 2015.
NEUS, W.: Einführung in die Betriebswirtschaftslehre aus institutionenökonomischer Sicht. 8. Aufl., Tübingen 2013.
OECHSLER, W. A.: Personal als Managementfunktion. In: Handwörterbuch der Unternehmensführung und Organisation. Hrsg. von G. SCHREYÖGG und A. VON WERDER. 4. Aufl., Stuttgart 2004, Sp. 1123–1133.
OECHSLER, W. A./PAUL, C.: Personal und Arbeit. 10. Aufl., Berlin/München/Boston 2015.
OHNO, TAIICHI: Das Toyota-Produktionssystem. Frankfurt/New York 1993.
PFOHL, H.-C./STÖLZLE, W.: Planung und Kontrolle. 2. Aufl., München 1997.
PICOT, A./LANGE, B.: Synoptische versus inkrementale Gestaltung des Strategischen Planungsprozesses. In: Zeitschrift für betriebswirtschaftliche Forschung (31) 1979, S. 569–596.
PORTER, L. W./LAWLER, E.: Managerial Attitudes and Performance. Homewood (IL) 1968.
PORTER, M. E.: Diversifikation. Konzerne ohne Konzept. In: Harvard Business Manager (9) 1987, S. 30–49.
PORTER, M. E.: Wettbewerbsstrategie. 6. Aufl., Frankfurt 1990.
PORTER, M. E.: Wettbewerbsvorteile. Frankfurt 1992.
PORTER, M. E.: The Five Competitive Forces that Shape Strategy. In: Harvard Business Review (86) 2008, S. 78–93.
RICHMOND, V. P./MCCROSKEY, J. C.: Management Communication Style, Tolerance for Disagreement, and Innovativeness as Predictors of Employee Satisfaction. In: Communication Yearbook. Hrsg. von D. NIMMO. Mahwah (NJ) 1979, S. 359–373.
ROBBINS, S. P.: Organisation der Unternehmung. 9. Aufl., München 2001.
ROBBINS, S. P./COULTER, M.: Management. 9. Aufl., Upper Saddle River (NJ) 2007.
ROBBINS, S. P./COULTER, M.: Management. 11. Aufl., Upper Saddle River (NJ) 2012.
ROBBINS, S. P./COULTER, M./FISCHER, I.: Management. 12. Aufl., Hallbergmoos 2014.
ROBBINS, S. P./DECENZO, D. A./COULTER, M.: Fundamentals of Management. 9. Aufl., Boston (MA) u. a. 2015.
VON ROSENSTIEL, L./NERDINGER, F. W.: Grundlagen der Organisationspsychologie. 7. Aufl., Stuttgart 2011.
RÜHLI, E.: Funktionen der Planung. In: Handwörterbuch der Planung. Hrsg. von N. SZYPERSKI. Stuttgart 1989, Sp. 11566–578.
RÜHLI, E.: Koordination. In: Handwörterbuch der Organisation. Hrsg. von E. FRESE. 3. Aufl., Stuttgart 1992, Sp. 1164–1175.
SADLER, P. J.: Leadership Style, Confidence in Management, and Job Satisfaction. In: Journal of Applied Behavioral Science (6) 1970, Heft 1, S. 3–19.
SCHANZ, G.: Personalwirtschaftslehre. 3. Aufl., München 2000.
SCHEIN, E. H.: Organisationspsychologie. Wiesbaden 1980.
SCHEWE, G.: Spartenorganisation. In: Handwörterbuch der Unternehmensführung und Organisation. Hrsg. von G. SCHREYÖGG und A. VON WERDER. 4. Aufl., Stuttgart 2004, Sp. 1333–1341.
SCHIERENBECK, H./WÖHLE, C. B.: Grundzüge der Betriebswirtschaftslehre. 18. Aufl. München 2012.
SCHILDBACH, T.: Entscheidung. In: Vahlens Kompendium der Betriebswirtschaftslehre. Hrsg. von M. BITZ u. a. 5. Aufl., München 2005, S. 1–41.
SCHOLZ, C.: Matrix-Organisation. In: Handwörterbuch der Organisation. Hrsg. von E. FRESE. 3. Aufl., Stuttgart 1992, Sp. 1302–1315.
SCHOLZ, C.: Personalmanagement. 6. Aufl., München 2014.
SCHREYÖGG, G.: Der Managementprozess – neu gesehen. In: Managementforschung 1. Hrsg. von W. H. STAEHLE und J. SYDOW. Berlin/New York 1991, S. 255–289.

SCHREYÖGG, G.: Organisation. 5. Aufl., Wiesbaden 2008.

SCHREYÖGG, G.: Grundlagen der Organisation. Wiesbaden 2012.

SCHREYÖGG, G./KOCH, J.: Grundlagen des Managements. 3. Aufl., Wiesbaden 2015.

SCHREYÖGG, G./STEINMANN, H.: Strategische Kontrolle. In: Zeitschrift für betriebswirtschaftliche Forschung (37) 1985, S. 391–410.

SCHULTE-ZURHAUSEN, M.: Organisation. 6. Aufl., München 2014.

SCHULZ VON THUN, F.: Miteinander Reden. Reinbek bei Hamburg 1998.

SIEBEN, G./SCHILDBACH, T.: Betriebswirtschaftliche Entscheidungstheorie. 4. Aufl., Düsseldorf 1994.

SIEGWART, H./MENZL, I.: Kontrolle als Führungsaufgabe. Bern/Stuttgart 1978.

STAEHLE, W.: Management. 8. Aufl., München 1999.

STEINLE, C.: Delegation. In: Handwörterbuch der Organisation. Hrsg. von E. FRESE. 3. Aufl., Stuttgart 1992, Sp. 500–532.

STEINMANN, H./SCHREYÖGG, G./ KOCH, J.: Management. 7. Aufl., Wiesbaden 2013.

STOCK-HOMBURG, R.: Personalmanagement. Wiesbaden 2008.

TANNENBAUM, R./SCHMIDT, W. H.: How to Choose a Leadership Pattern. In: Harvard Business Review (36) 1958, Heft 2, S. 95–101.

THOMMEN, J.-P./ACHLEITNER, A.-K.: Allgemeine Betriebswirtschaftslehre. 7. Aufl., Wiesbaden 2012.

THOMMEN, J.-P./RICHTER, A.: Matrixorganisation. In: Handwörterbuch der Unternehmensführung und Organisation. Hrsg. von G. SCHREYÖGG und A. VON WERDER. 4. Aufl., Stuttgart 2004, Sp. 828–836.

THOMPSON, A. A. u. a.: Crafting and Executing Strategy. 19. Aufl., New York (NY) 2012.

TREUZ, W.: Betriebliche Kontroll-Systeme. Berlin 1974.

TROßMANN, E.: Controlling als Führungsfunktion. München 2013.

ULRICH, P./FLURI, E.: Management. 7. Aufl., Bern u. a. 1995.

VOLCK, S.: Die Wertkette im prozeßorientierten Controlling. Wiesbaden 1997.

VROOM, V.: Work and Motivation. Malabar (FL) 1982.

WEIBLER, J.: Personalführung. 2. Aufl., München 2012.

WEINERT, A. B.: Menschenbilder und Führung. In: Handwörterbuch der Führung. Hrsg. von A. KIESER, G. REBER und R. WUNDERER. 2. Aufl., Stuttgart 1995, Sp. 1495–1510.

WELGE, M. K.: Unternehmungsführung. Band 2: Organisation. Stuttgart 1987.

WELGE, M. K./AL-LAHAM, A.: Strategisches Management. 6. Aufl., Wiesbaden 2012.

VON WERDER, A.: Effizienzbewertung organisatorischer Strukturen. In: Wirtschaftswissenschaftliches Studium (28) 1999, S. 412–417.

WHEELEN, T. L./HUNGER, J. D.: Strategic Management and Business Policy. 13. Aufl., Upper Saddle River (NJ) 2012.

WILD, J.: Grundlagen der Unternehmungsplanung. Opladen 1981.

WINAND, U./MUßHOFF, J.: Geschäftsfeldsegmentierung. In: Handwörterbuch der Planung. Hrsg. von N. SZYPERSKI. Stuttgart 1989, Sp. 579–590.

WITTE, E.: Entscheidungsprozesse. In: Handwörterbuch der Betriebswirtschaft. Hrsg. von W. WITTMANN u. a. 5. Aufl., Stuttgart 1993, Sp. 910–920.

WÖHE, G.: Einführung in die Allgemeine Betriebswirtschaftslehre. 25. Aufl., München 2013.

WOLLNIK, M.: Plandurchsetzung. In: Handwörterbuch der Planung. Hrsg. von N. SZYPERSKI. Stuttgart 1989, Sp. 1381–1397.

WUNDERER, R.: Führung und Zusammenarbeit. Köln 2011.

YUKL, G.: Leadership in Organizations. 8. Aufl., Boston (MA) u. a. 2013.

ZELEWSKI, S.: Planung und Entscheidung. In: Betriebswirtschaftslehre. Band 1. Hrsg. von H. CORSTEN und M. REIß. 4. Aufl., München/Wien 2008, S. 1–97.

Register

Ideal für alle Berufseinsteiger

Hablas español?

Do you speak English?

Das Taschenbuch vermittelt das notwendige Grundwissen: Es enthält Wortschatzlisten und geht auf die Arbeitssuche, wichtige interkulturelle Aspekte des Arbeitslebens und das Präsentieren auf Spanisch ein.

Andrés Moncho Brunengo
Wirtschaftsspanisch für Berufseinsteiger
kompakt
2015, 54 Seiten, Broschur
ISBN 978-3-8252-4407-1
€ (D) 7,99

Der Autor vermittelt prägnant das notwendige wirtschaftsenglische Know-how durch Beispieldialoge und Wortschatzlisten. Themen sind u.a. Kontakte knüpfen, telefonieren, E-Mails schreiben, verhandeln und präsentieren. Zudem gibt er interkulturelle Tipps zu Erleichterung der Kommunikation.

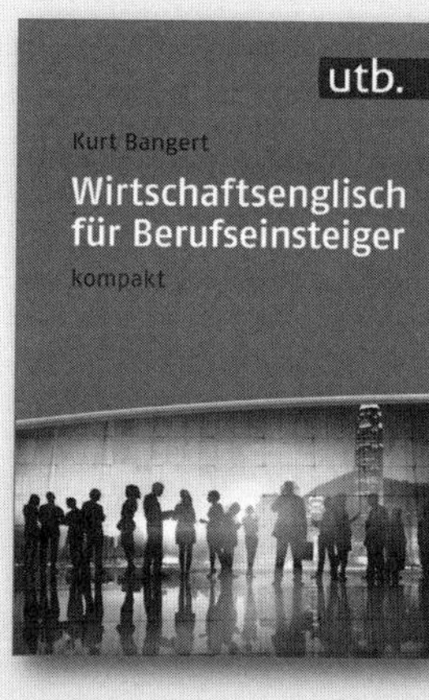

Kurt Bangert
Wirtschaftsenglisch für Berufseinsteiger
kompakt
2015, 48 Seiten, Broschur
ISBN 978-3-8252-4294-7
€ (D) 7,99

www.utb-shop.de

UVK Lucius utb.

Bringen Sie Farbe in Ihr Leben –
mit den Lernpostern von utb
Marketing-Mix
MIX IT, BABY!
Mitarbeiterführung
Immer auf Kurs
Konjunkturzyklen
Die Suche nach der perfekten Welle
Lernposter
• helfen Zusammenhänge zu verstehen
• sind übersichtlich und leicht einprägsam
• sorgen für die bildliche Vermittlung des Stoffs
• sind ideal zur Prüfungsvorbereitung
• kosten nur € 4,99
Alle 12 Lernposter unter
www.fit-lernhilfen.de/lp.htm
UVK Lucius
utb.